国家出版基金项目
NATIONAL PUBLICATION FOUNDATION

中国草原保护与牧场利用丛书

（汉蒙双语版）

名誉主编 任继周

我国北方常见优良饲草

徐丽君 孙雨坤 那 亚

著

上海科学技术出版社

图书在版编目（CIP）数据

我国北方常见优良饲草 / 徐丽君，孙雨坤，那亚著
. -- 上海 : 上海科学技术出版社，2021.1
（中国草原保护与牧场利用丛书 : 汉蒙双语版）
ISBN 978-7-5478-4759-6

Ⅰ. ①我… Ⅱ. ①徐… ②孙… ③那… Ⅲ. ①牧草－栽培技术－汉、蒙 Ⅳ. ①S54

中国版本图书馆CIP数据核字(2020)第234649号

中国草原保护与牧场利用丛书（汉蒙双语版）

我国北方常见优良饲草

徐丽君　孙雨坤　那　亚　著

上海世纪出版(集团)有限公司
上 海 科 学 技 术 出 版 社　出版、发行
（上海钦州南路71号　邮政编码200235　www.sstp.cn）
上海中华商务联合印刷有限公司印刷
开本 787×1092　1/16　印张 12.25
字数 210千字
2021年1月第1版　2021年1月第1次印刷
ISBN 978-7-5478-4759-6 / S·191
定价：80.00元

中国草原保护与牧场利用丛书（汉蒙双语版）

编／委／会

序

“中国草原保护与牧场利用丛书（汉蒙双语版）”很有特色，令人眼前一亮。

这是一套朴实无华，尊重自然，贴近生产，心里装着牧民和草原生态系统的小智库。该套丛书采用汉蒙两种语言表达了编著者对草原的理解和关怀。这是我国新一代草地科学工作者的青春足迹，弥足珍贵。它记录了编著者的忠诚心志和科学素养，彰显了对草原生态系统整体关怀的现代农业伦理观。

我国是个草原大国，各类天然草原近4亿公顷，约占陆地面积的40%以上，为森林面积的2.5倍、耕地面积的3.2倍，是我国面积最大的陆地生态系统。草原不仅是我国陆地的生态屏障，也是草原与它所养育的牧业民族所共同铸造的草原文明的载体。这是无私的自然留给中华民族的宝贵遗产。我们应清醒地认知，内蒙古草原，尤其是呼伦贝尔草原是欧亚大草原仅存的一角，是自然的、历史的遗产。

这里原本是生草土发育良好，草地丰茂，畜群如云，居民硕壮，万古长青的草地生态系统，人类文明的重要组分，是中华民族获得新鲜活力的源头之一。但是由于农业伦理观缺失的历史背景，先后被农耕生态系统和工业生态系统长期、不断地入侵和干扰，草原生态系统的健康遭受破坏，变为“生态脆弱区”。

目前大国崛起的形势已经到来，我们对草原的科学保护、合理利用、复壮草原生态系统势在必行。党的十九届四中全会提出“坚持和完善生态文明制度体系，促进人与自然和谐共生”。保护好草原，建设好草原生态文明，就是关系边疆各族人民生产、生活和生态环境永续发展，维护草原文化摇篮的千年大计。必须坚持保护优先、自然恢复为主，科技先行、多种措施并举，坚定走生产发展、生活富裕、生态良好的草原发展道路。

目前，草原科学新理念、新技术、新成果多以汉文材料为主，草原牧民汉语识别能力较弱，增加了在少数民族牧民中推广的难度。为此，该套丛书采用汉蒙双语对照，图文并茂，以便牧区广大群众看得懂、学得会和用得上，广泛推广最新研究成果，促进农牧民对汉字的识别能力。

该套丛书涵盖了草原保护与利用、栽培草地建植与管理等实用技术与原理，贯彻最新中央精神，可满足全国高校院所、农业、林业和草业部门对草牧业教材和乡村振兴战略读本的迫切需求。该套丛书的出版，可为恢复“风吹草低见牛羊”的富饶壮美的草原画卷提供有力支撑。

任继周

序于涵虚草舍，2019年初冬

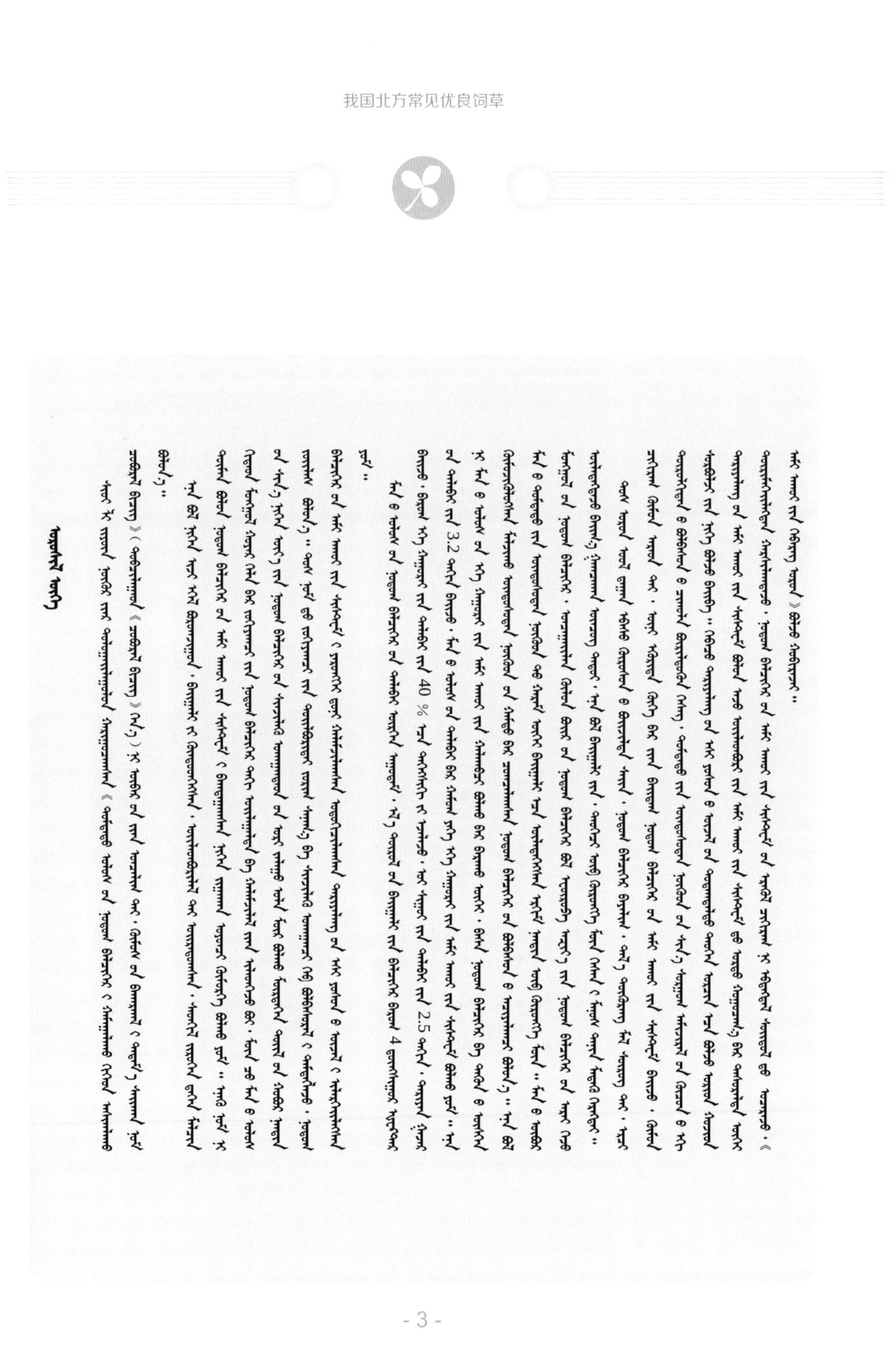

[illegible]

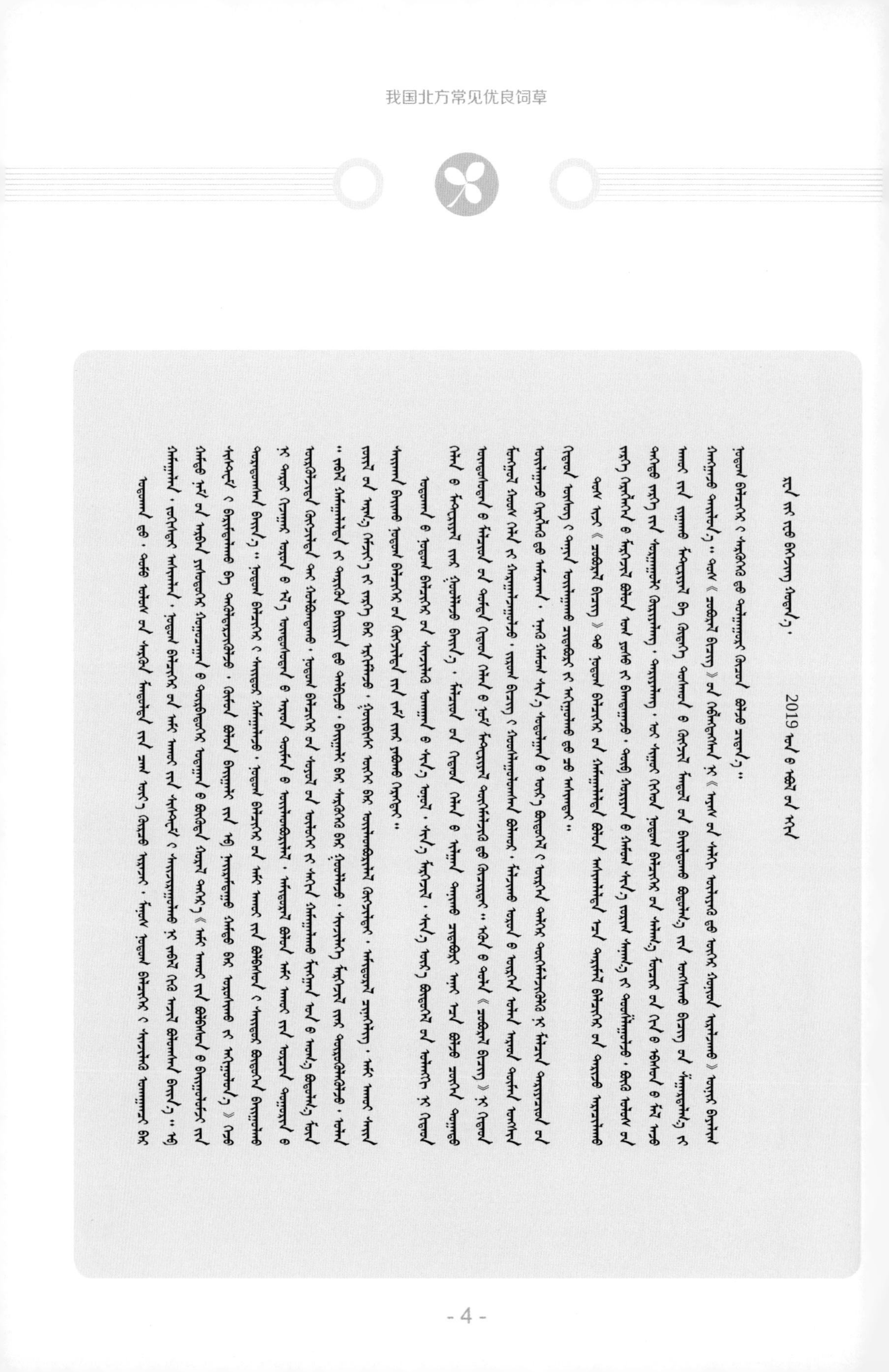

[illegible] 2019 [illegible]

[illegible]

前 / 言

北方地区是我国重要的农业和牧业生产基地，是推进农牧业现代化的主战场。丰富的草地资源，为我们构建现代化牧草生产体系，提供了多样的饲草种类。现代化的牧草生产体系是现代农牧业的重要组成部分。生产实践证明，没有优质饲草和饲料作物，完全依赖于作物秸秆和精料，畜牧业不可能稳定、优质、高效地发展，而种植优质饲草和饲料作物，建立人工草地，以优质饲草产业发展为支撑，推动农区、半农半牧区、牧区饲草产业的良性互动、优势互补，有效解决草畜平衡问题，减轻天然草原生态压力，实现生产发展、增加农牧民收益与草原生态保护共赢。

我国北方地区适宜饲草和饲料作物生长，具有发展生态农业得天独厚的条件。随着草原生态加快恢复，种植业结构优化调整和粮改饲试点继续深化，饲草种植面积将会进一步扩大，草食畜牧业发展的优质饲草料基础日益夯实，对优质饲草种类和品质要求也日益趋高，提供可选择的优质、高产、高值的饲草已刻不容缓。为适应现代草业发展对饲草种类特征、特性及生产性能的要求，以及推广优质饲草在草业生产中的应用，特此编著本书。

本书主要选择适宜北方地区种植的优质的豆科牧草、禾本科牧草、禾谷类饲草作物、豆类饲料作物和其他科饲用牧草等五类饲草，介绍其植物学和生物学特征、利用价值、栽培技术要点及其注意事项，内容是基于多年生产实践经验积累而成。本书成果的积累得到了许多科研项目的资助，主要包括：科学技术部重点研发项目（2016YFC0500600、2018YFF0213405）、国家自然基金青年项目（41703081）、农业农村部国家牧草产业技术体系经费（CARS-34）、中国农业科学院创新工程、国家农业科学数据共享中心-草地与草业数据分中心、呼伦贝尔国家野外台站运行经费等科研项目。

本书内容科学实用、通俗易懂、操作性强，非常适合广大农牧民、草原技术推广工作者以及大中专农业院校师生阅读和参考。相信本书出版，将对我国北方优良饲草建植与栽培技术推广起到积极的推动作用。由于时间和水平有限，书中难免出现遗漏、偏差甚至错误，恳请读者批评指正。

徐丽君

2019年冬

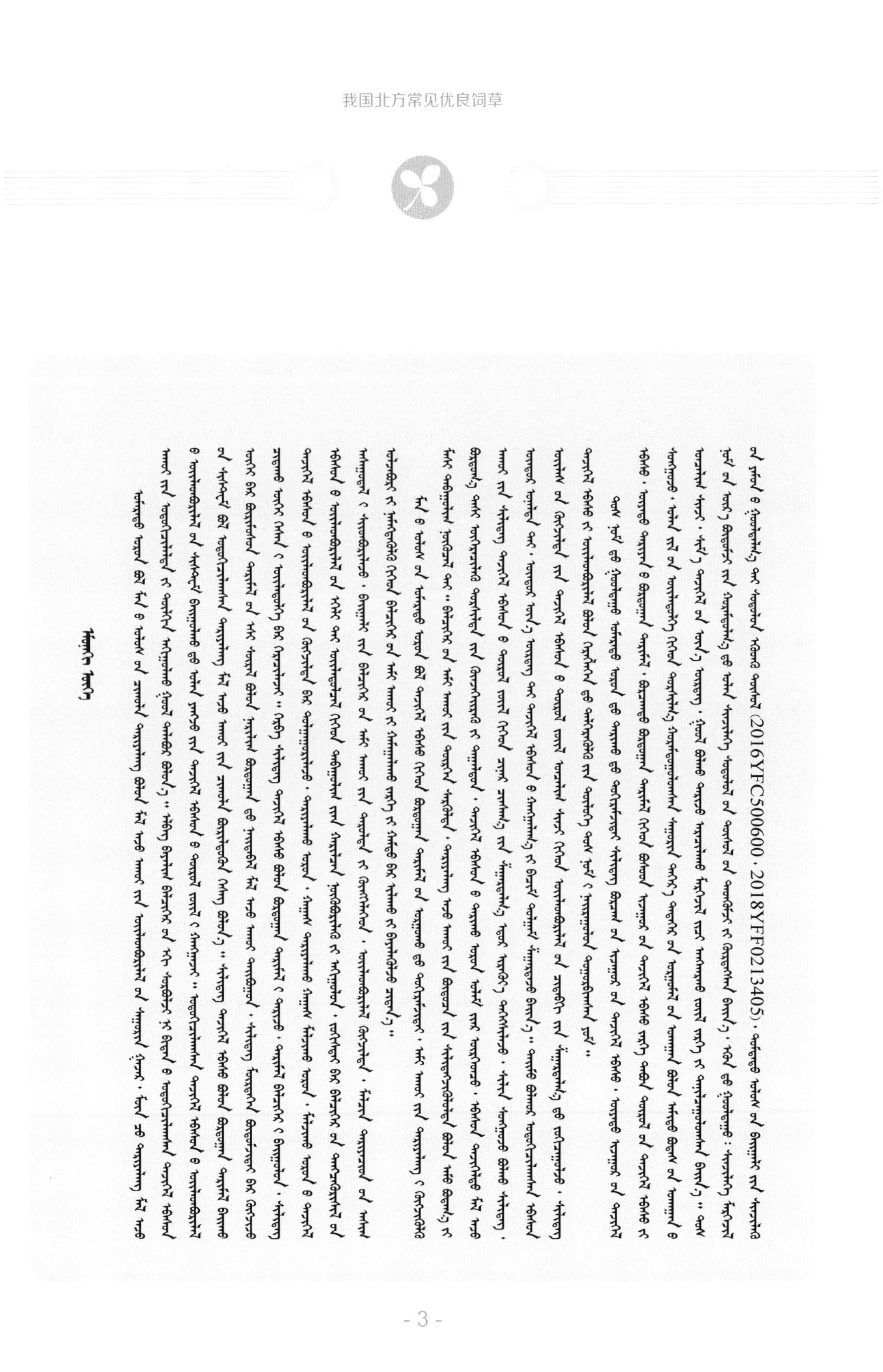

ᠤᠷᠢᠳᠤ ᠦᠭᠡ

(2016YFC500600 · 2018YFF0213405)

ᠲᠤᠰ ᠨᠣᠮ ᠤᠨ ᠬᠡᠪᠯᠡᠯ ᠢ ᠦᠨᠳᠦᠰᠦᠲᠡᠨ ᠦ ᠮᠠᠯᠵᠢᠯ ᠤᠨ ᠡᠪᠡᠰᠦ ᠦᠢᠯᠡᠳᠪᠦᠷᠢ ᠶᠢᠨ ᠠᠵᠤ ᠦᠢᠯᠡᠳᠪᠦᠷᠢ ᠶᠢᠨ ᠲᠡᠬᠨᠢᠭ ᠦᠨ ᠰᠢᠰᠲ᠋ᠧᠮ (CARS-34)᠂ ᠦᠨᠳᠦᠰᠦᠲᠡᠨ ᠦ ᠪᠠᠶᠢᠭᠠᠯᠢ ᠶᠢᠨ ᠰᠢᠨᠵᠢᠯᠡᠬᠦ ᠤᠬᠠᠭᠠᠨ ᠤ ᠰᠠᠩ ᠤᠨ ᠲᠥᠰᠥᠯ (41703081)᠂ ᠦᠪᠦᠷ ᠮᠣᠩᠭᠣᠯ ᠤᠨ ᠦᠢᠯᠡᠳᠪᠦᠷᠢ ᠶᠢᠨ ᠪᠦᠰᠡ ᠨᠤᠲᠤᠭ ᠤᠨ ᠠᠵᠤ ᠦᠢᠯᠡᠳᠪᠦᠷᠢ ᠶᠢᠨ ᠬᠥᠭᠵᠢᠯ ᠳᠦ ᠲᠤᠰᠠᠯᠠᠬᠤ ᠲᠥᠰᠥᠯ ᠦᠨ ᠬᠥᠷᠥᠩᠭᠡ ᠪᠡᠷ ᠳᠡᠮᠵᠢᠭᠦᠯᠦᠭᠰᠡᠨ ᠪᠣᠯᠤᠨ᠂ ᠡᠨᠳᠡ ᠡᠴᠡ ᠴᠢᠨ ᠰᠡᠳᠬᠢᠯ ᠡᠴᠡ ᠪᠠᠶᠠᠷᠯᠠᠯ ᠢᠷᠡᠭᠦᠯᠦᠶ᠎ᠡ᠃

目 / 录

ᠭᠠᠷᠴᠠᠭ

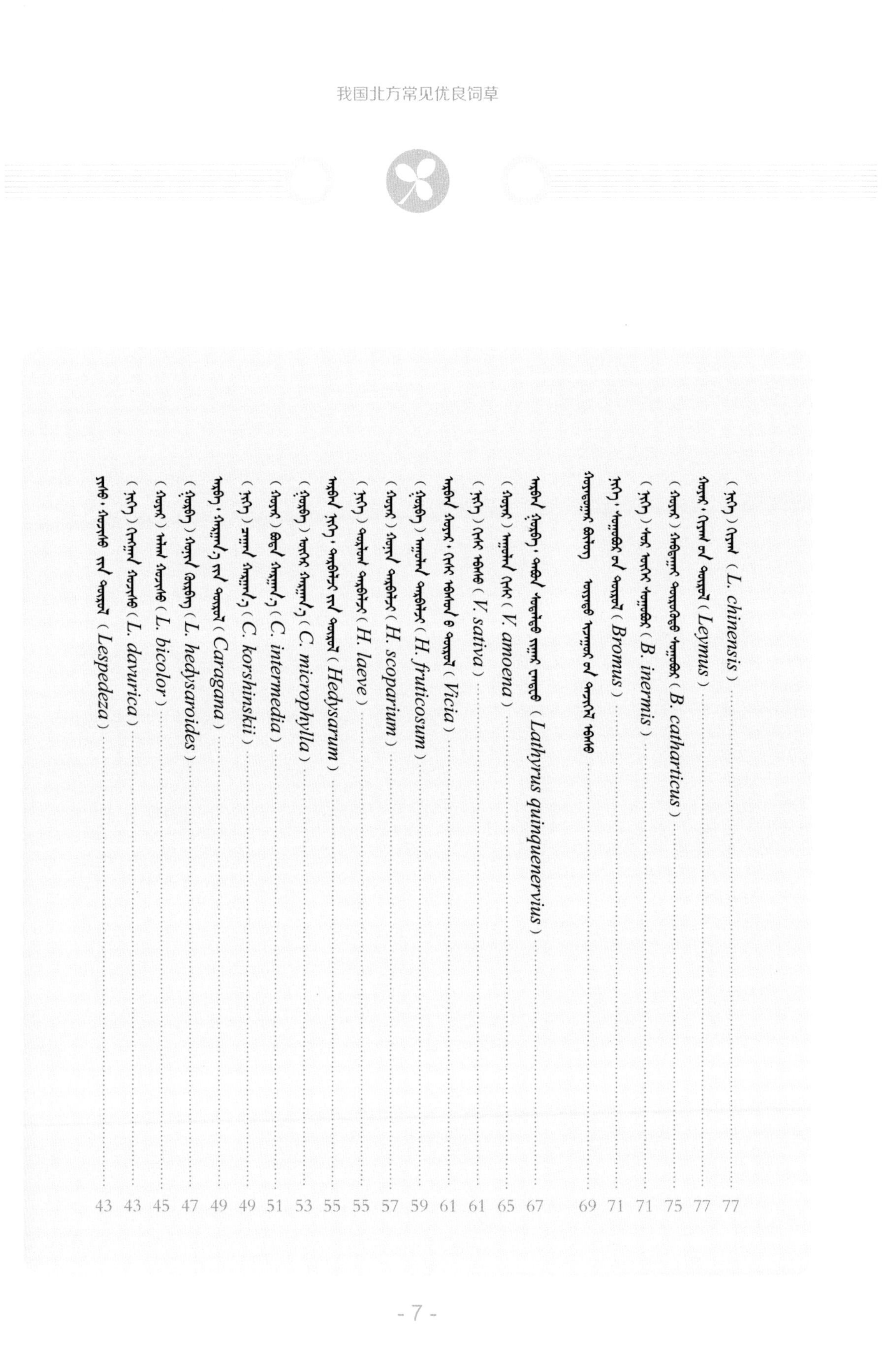

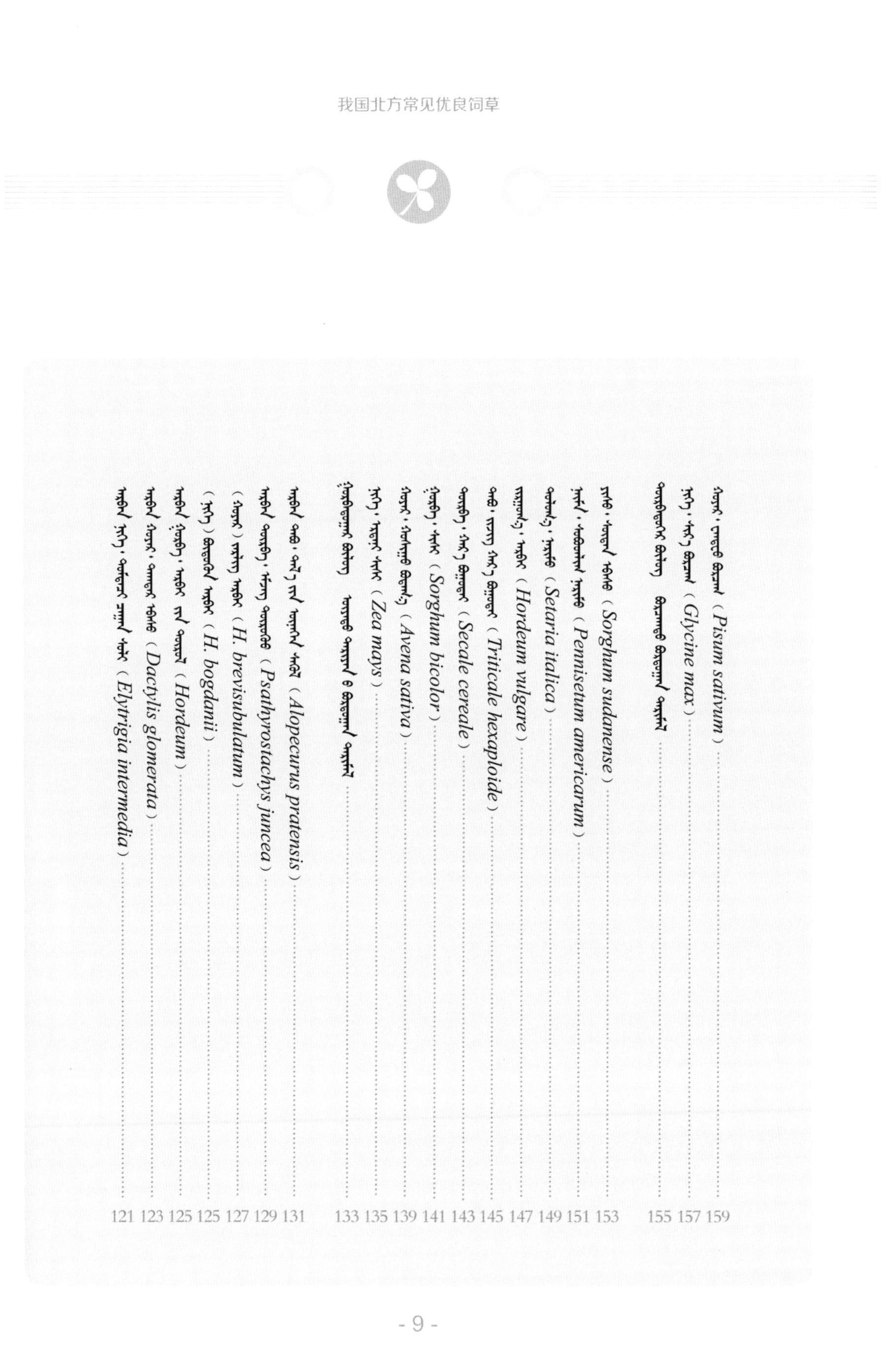

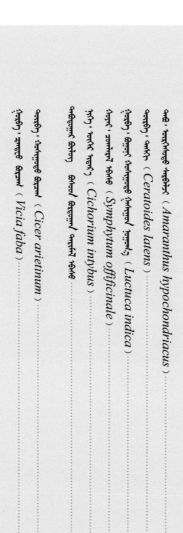

（汉蒙双语版）

我国北方常见优良饲草

第一章　豆科牧草

豆科牧草种类虽不如禾本科牧草多，但在农牧业生产中具有举足轻重的地位。世界上一些发达国家非常重视对豆科牧草的利用，豆科牧草人工草地面积及豆科牧草与禾本科牧草混播人工草地面积合计占总人工草地面积的20% ～ 30%。豆科牧草不仅在农牧业生产中占有重要地位，在生态环境建设及其综合利用等方面还具有重要利用价值。

纵观全球，苜蓿、三叶草、草木樨、百脉根、胡枝子和山黧豆等是具有世界意义的豆科牧草，栽培面积逐年扩大，草产量也有较大幅度提高。特别是在放牧混播草地中，多以豆科牧草与禾本科牧草混播为主，而豆科牧草中则以白三叶的利用率最高，其次为红三叶、苜蓿等。

豆科牧草富含蛋白质和钙质，维生素和胡萝卜素的含量均高于禾本科牧草。动物所必需的氨基酸、消化能、代谢能均优于其他科牧草，但其耐牧性不如禾本科牧草，有的易引发臌胀病，调制干草时易落叶。

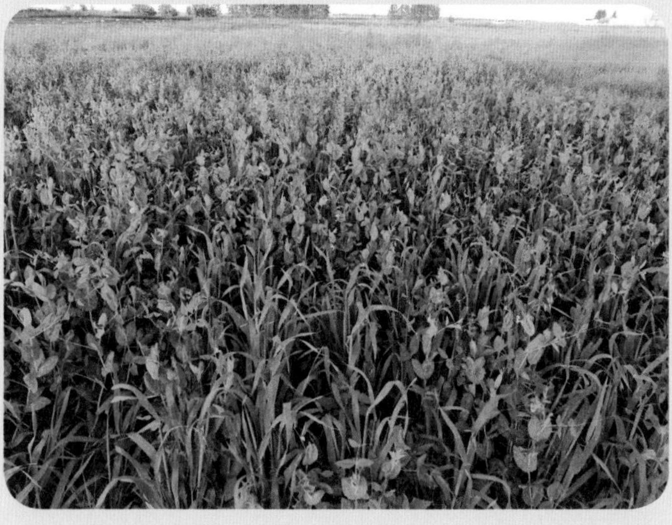

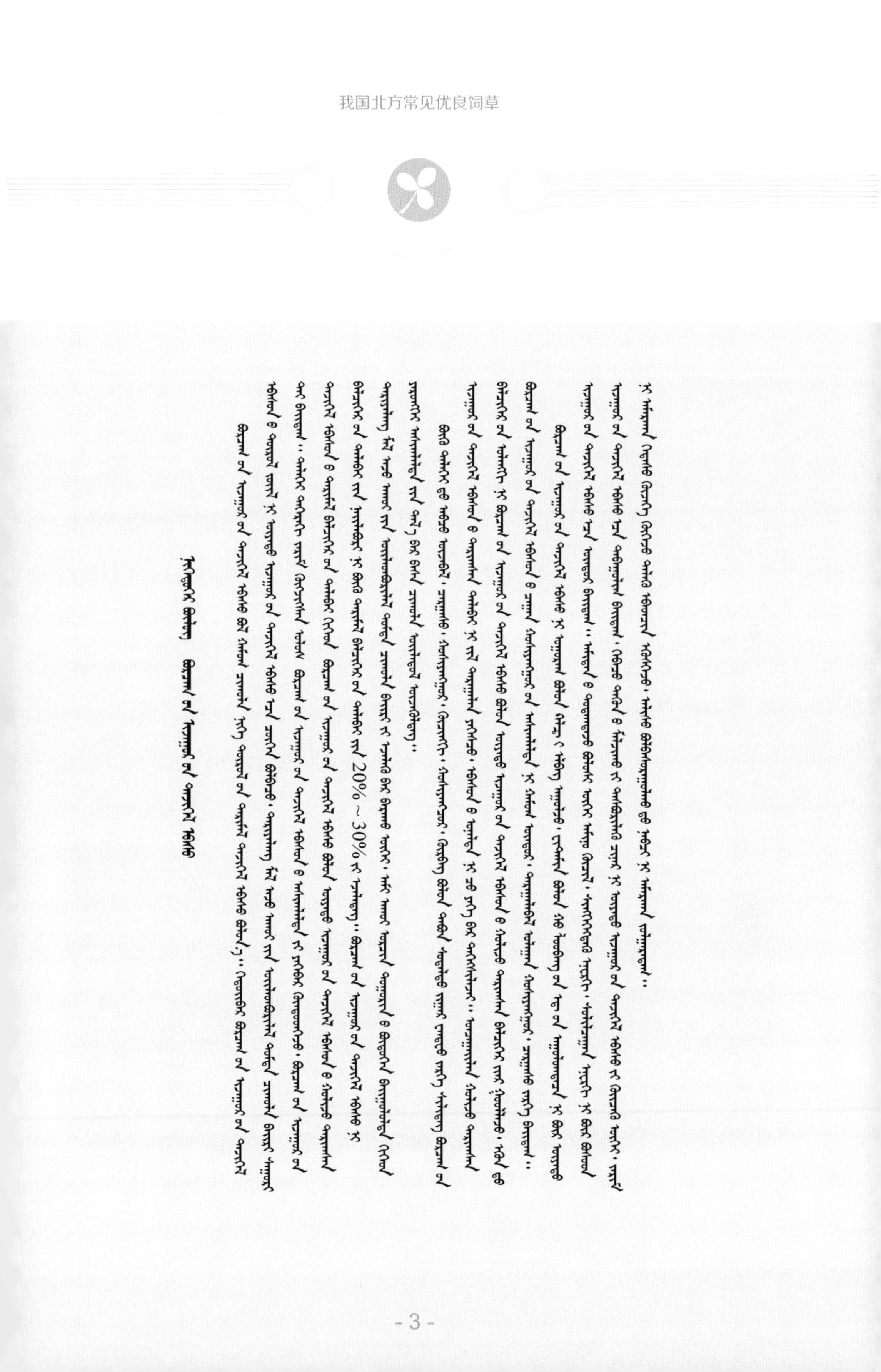

[illegible]

[illegible] 20%～30% [illegible]

[illegible]

[illegible]

一、苜蓿属（*Medicago*）

苜蓿属植物有60余种，为一年生或多年生草本，分布于欧洲、亚洲和非洲。中国有13种，1变种，主要分布在北方。苜蓿属包括紫花苜蓿（*M. sativa*）、黄花苜蓿（*M. falcata*）和杂花苜蓿（*M. varia* /*M. media* /*M. sativa*×*M. falcata*），其中紫花苜蓿栽培面积最大、经济价值最高。

紫花苜蓿种植区域在我国的分布区域比较广泛，东北、华北、西北、西南均有大面积栽培种植，目前在海南也有紫花苜蓿种植成功的案例；黄花苜蓿种植区域主要分布于东北、华北、西北各地，新疆和内蒙古是我国野生黄花苜蓿的主要地理分布区域，呈现集中连片分布；杂花苜蓿种植区域主要分布在我国东北地区和青藏高原地区。

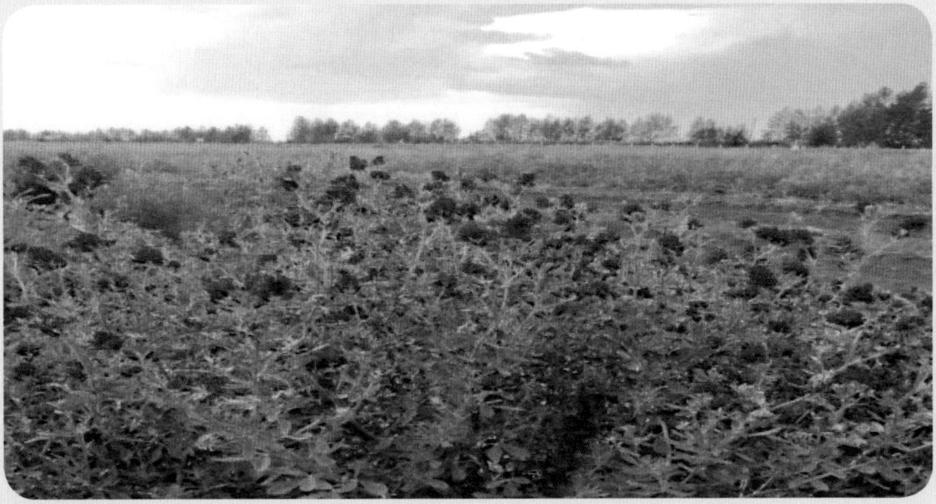

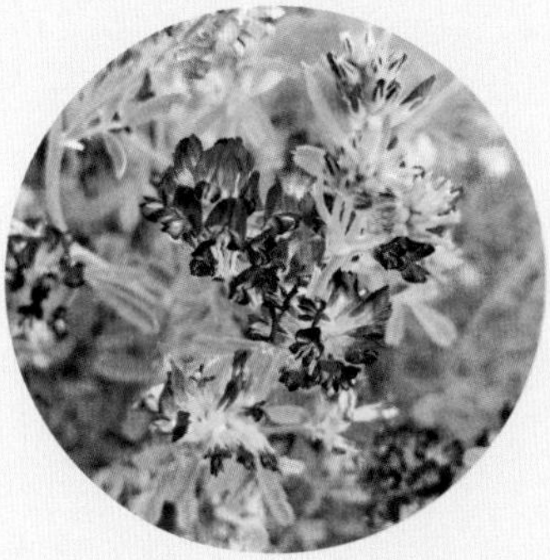

[illegible] (*Medicago*)

[illegible] 60 [illegible] 1 [illegible] 13 [illegible] (*M. sativa*) , [illegible] (*M. falcata*) [illegible] (*M. varia* / *M. media* / *M. sativa* × *M. falcata*) [illegible] ::

[illegible] ::

（一）紫花苜蓿（*M. sativa*）

1. 植物学与生物学特性

多年生草本植物。根系发达，直根系，主根入土较深，侧根大多分布在30 cm以内的土层中，其上着生根瘤。从根颈长出茎枝，一般有10 ～ 25条。羽状三出复叶，总状花序簇生。蝶形花冠，紫色，有深紫、中紫、浅紫之分。荚果螺旋形，种子肾形，黄色或淡黄褐色，千粒重1.8 ～ 2.3 g。紫花苜蓿适应性强，喜温、耐寒，喜水、耐旱、忌积水，适宜土层深厚、疏松肥沃壤土，耐盐性较强，适宜中性至微碱性。

2. 利用价值

紫花苜蓿利用价值高，饲用、食用、固氮肥田、水土保持、蜜源均可；草产量高，可多次刈割。利用价值高，营养期粗蛋白质含量高达26.10%，初花期粗蛋白质含量高达20.50%。

3. 栽培技术要点

＊ 播种时间：4月下旬至5月下旬抢墒播种，施足底肥（厩肥15.0 ～ 30.0 t/hm^2）、及时追肥，以氮肥为主。

＊ 播种量：裸种子18.0 ～ 22.5 kg/hm^2，包衣种子22.5 ～ 30.0 kg/hm^2。种子发芽率偏低，可适当调高播种量。

＊ 播种方式：条播，行距15 ～ 20 cm，覆土厚度1 ～ 2 cm。

＊ 管理与收获：播种前封闭灭杂草，苗期（3 ～ 5 cm）喷施专用苜蓿除草剂，追肥120 kg/hm^2，有灌溉条件的尽量灌溉1 ～ 2次，多用于调制干草。

＊ 注意事项：北方地区种植当年不建议收获。

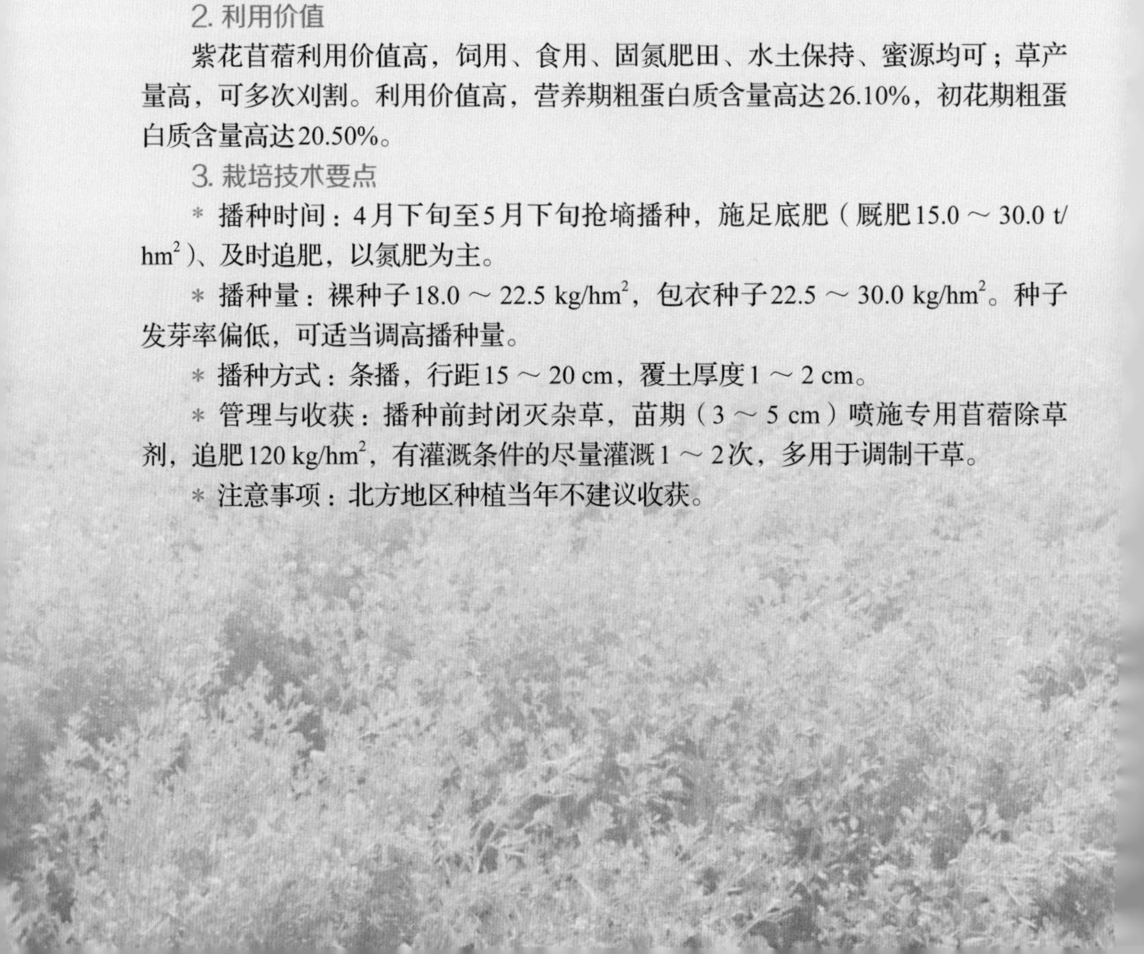

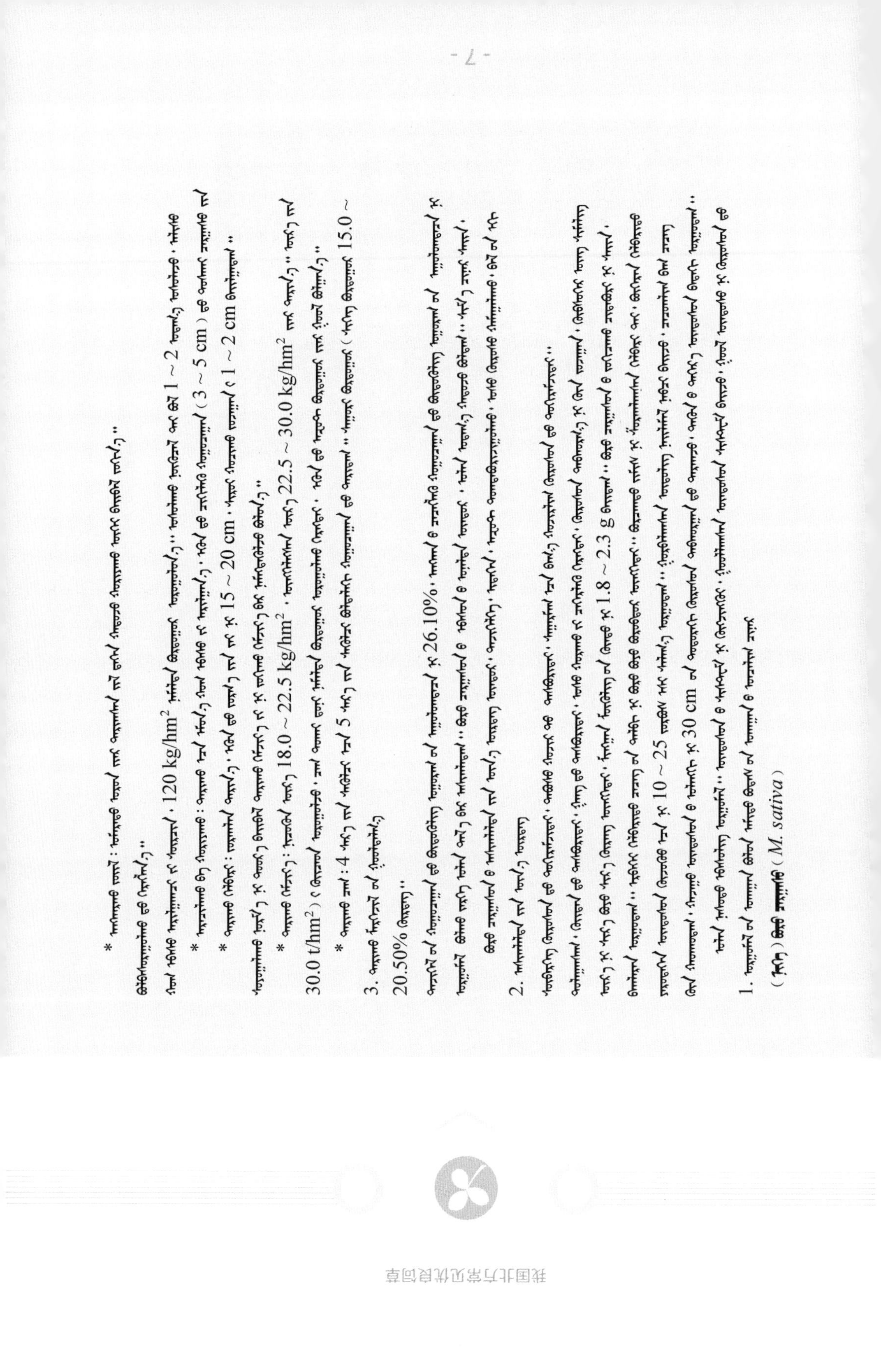

* [illegible] :

[illegible] 120 kg/hm² [illegible] 1 ~ 2 [illegible]

* [illegible] (3 ~ 5 cm) [illegible]

* [illegible] 15 ~ 20 cm [illegible] 1 ~ 2 cm [illegible]

* [illegible] : [illegible] 18.0 ~ 22.5 kg/hm² [illegible] 22.5 ~ 30.0 kg/hm² [illegible]

30.0 t/hm²) [illegible]

* [illegible] : 4 [illegible] 5 [illegible] 15.0 ~

20.50% [illegible]

3. [illegible]

[illegible] 26.10% [illegible]

2. [illegible]

[illegible] 1.8 ~ 2.3 g [illegible] 10 ~ 25 [illegible] 30 cm [illegible]

1. [illegible]

([illegible]) [illegible] (*M. sativa*)

紫花苜蓿的营养成分

（引自陈默君和贾慎修，2002）

生长阶段	水分(%)	占干物质(%)				
		粗蛋白质	粗脂肪	粗纤维	无氮浸出物	粗灰分
营养期	—	26.10	4.50	17.20	42.20	10.00
现蕾期	—	22.10	3.50	23.60	41.20	9.60
初花期	—	20.50	3.10	25.80	41.30	9.30
盛花期	—	18.20	3.60	28.50	41.50	8.20
结荚期	—	12.30	2.40	40.60	37.20	7.50
二茬草	6.70	19.07	3.21	28.83	42.44	6.45

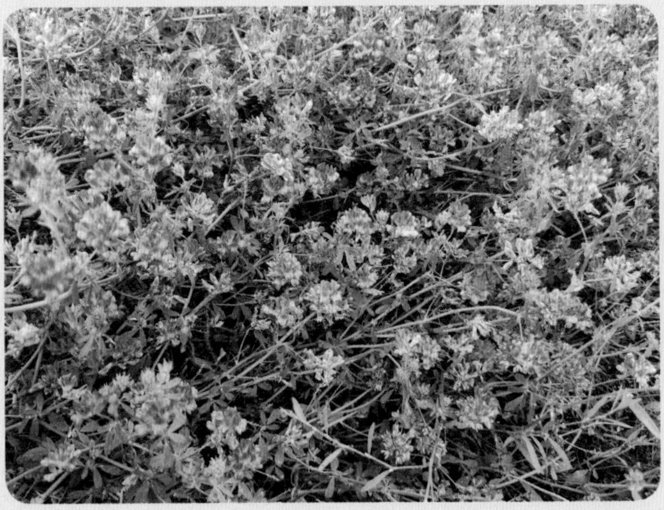

[illegible]

（[illegible] · 2002）

[illegible]	(%) [illegible]	[illegible] (%)				
		[illegible]	[illegible]	[illegible]	[illegible]	[illegible]
[illegible]	——	26.10	4.50	17.20	42.20	10.00
[illegible]	——	22.10	3.50	23.60	41.20	9.60
[illegible]	——	20.50	3.10	25.80	41.30	9.30
[illegible]	——	18.20	3.60	28.50	41.50	8.20
[illegible]	——	12.30	2.40	40.60	37.20	7.50
[illegible]	6.70	19.07	3.21	28.83	42.44	6.45

（二）黄花苜蓿（*M. falcata*）

1. 植物学与生物学特性

多年生草本。主根粗壮，须根发达。茎平卧或上升，多分枝。羽状三出复叶，花序短总状，花冠黄色，荚果镰形。种子黄褐色，千粒重1.2 ～ 1.5 g。黄花苜蓿适应能力强，耐寒抗旱，抗病虫害。

2. 利用价值

黄花苜蓿营养丰富，粗蛋白质含量和紫花苜蓿不相上下，初花期蛋白质含量28.03%，盛花期蛋白质含量20.11%，纤维素含量低于紫花苜蓿，但结实后粗蛋白质含量下降明显。

3. 栽培技术要点

* 播种时间：同紫花苜蓿。

* 播种量：裸种子22.5 ～ 30.0 kg/hm^2，需要进行播种前种子硬实处理，种子发芽率偏低，可适当调高播种量。

* 播种方式：同紫花苜蓿。

* 管理与收获：管理方式同紫花苜蓿。主要利用方式，刈割放牧兼用。

* 注意事项：北方地区种植当年不建议收获。

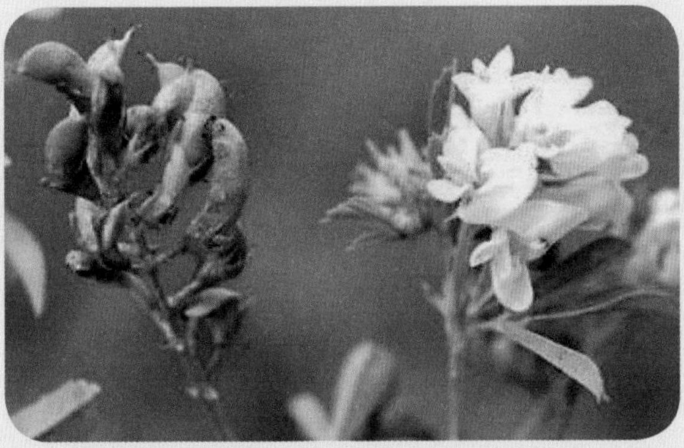

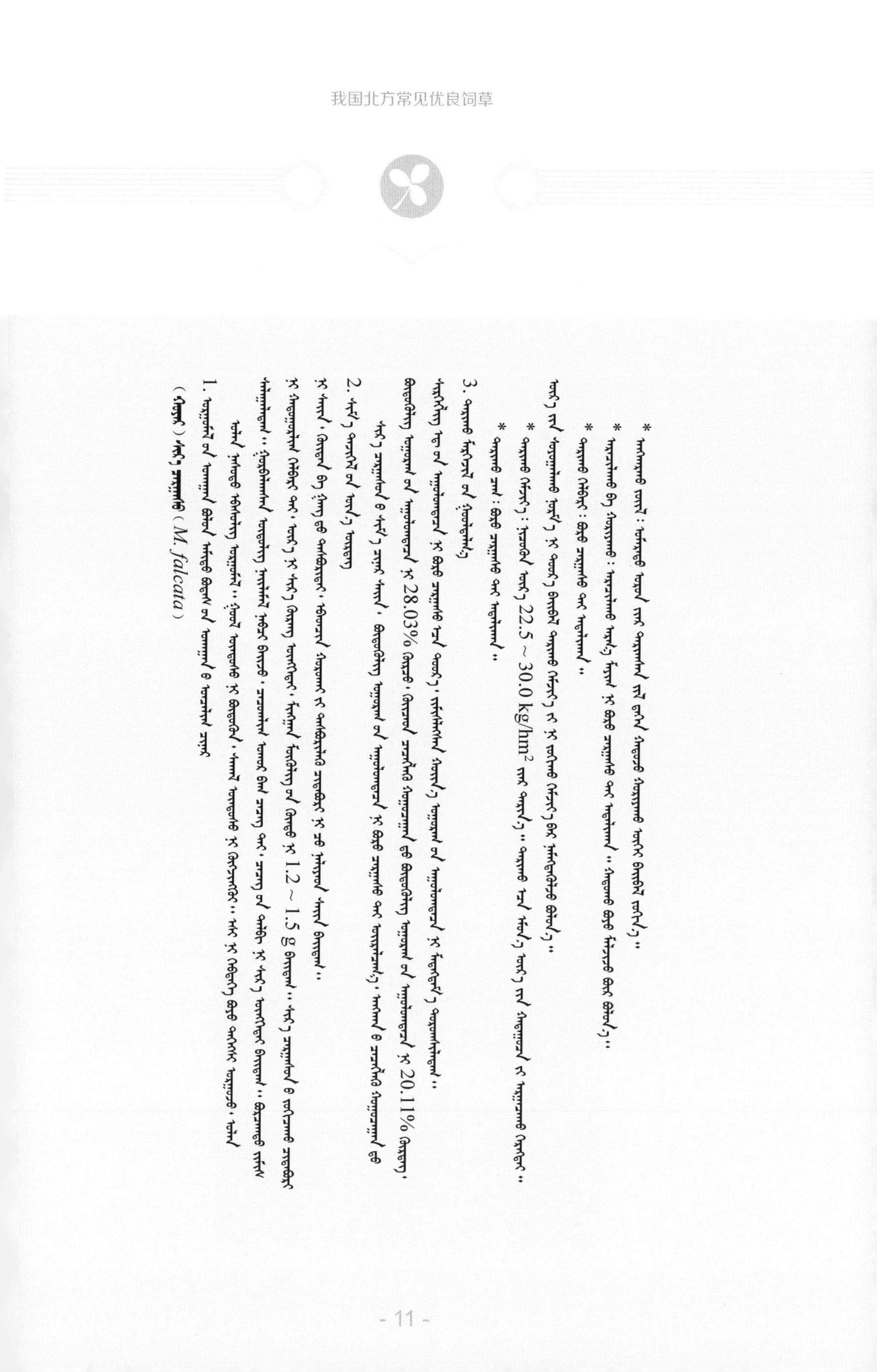

* [illegible]
* [illegible]
* [illegible]

[illegible]

* [illegible] 22.5 ~ 30.0 kg/hm² [illegible]
* [illegible]

3. [illegible]

[illegible] 28.03% [illegible] 20.11% [illegible]

2. [illegible]

[illegible] 1.2 ~ 1.5 g [illegible]

1. [illegible]

([illegible]) [illegible] (*M. falcata*)

（三）杂花苜蓿（*M. varia/M. media/M. sativa × M. falcata*）

1. 植物学与生物学特性

多年生草本植物。杂花苜蓿形态与紫花苜蓿相似。根系发达，三出羽状复叶，花冠蝶形、杂色，荚果螺旋状卷曲。花杂色，有紫、蓝紫、浅紫、白、黄绿、黄等色。种子肾形，黄色或棕黄色，千粒重2.0 g左右。喜温暖半干旱气候，最适日均气温为15 ～ 20℃。抗寒性强，可耐−30 ～−40℃低温，有雪覆盖时可耐−48℃安全越冬，越冬率达90%以上。

2. 利用价值

杂花苜蓿与紫花苜蓿利用价值基本一致。不同生育时期，粗蛋白质含量存在一定差异。

3. 栽培技术要点

＊ 播种时间：5月下旬至6月下旬播种。施足底肥（厩肥15.0 ～ 30.0 t/hm^2）或磷酸二铵120.0 ～ 150.0 kg/hm^2，追肥以尿素为主。

＊ 播种量：裸种子18.0 ～ 22.5 kg/hm^2，种子发芽率偏低，可适当调高播种量。

＊ 播种方式：条播，行距15 ～ 20 cm，覆土厚度1 ～ 2 cm。

＊ 管理与收获：同紫花苜蓿。

＊ 注意事项：北方地区种植当年不建议收获。

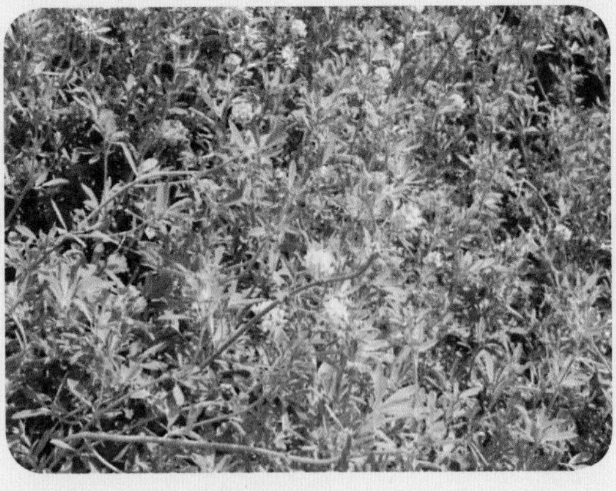

（ᠭᠤᠷᠪᠠ）**ᠡᠷᠢᠶᠡᠨ ᠴᠠᠷᠭᠠᠰᠤ**（*M. varia* /*M. media* /*M. sativa* × *M. falcata*）

1. ᠤᠷᠭᠤᠮᠠᠯ ᠤᠨ ᠬᠡᠯᠪᠡᠷᠢ ᠪᠠᠶᠢᠳᠠᠯ ᠪᠣᠯᠤᠨ ᠠᠮᠢᠳᠤ ᠪᠣᠳᠠᠰ ᠤᠨ ᠣᠨᠴᠠᠯᠢᠭ

ᠡᠷᠢᠶᠡᠨ ᠴᠠᠷᠭᠠᠰᠤ ᠨᠢ ᠣᠯᠠᠨ ᠨᠠᠰᠤᠲᠤ ᠤᠯᠠᠭᠠᠨ ᠤᠨᠳᠤᠰᠤᠲᠤ ᠤᠷᠭᠤᠮᠠᠯ ᠪᠣᠯᠤᠨ᠎ᠠ᠃ ᠡᠷᠢᠶᠡᠨ ᠴᠠᠷᠭᠠᠰᠤ ᠶᠢᠨ ᠬᠦᠢᠲᠡᠨ ᠢ ᠲᠡᠰᠪᠦᠷᠢᠬᠦ ᠴᠢᠳᠠᠪᠤᠷᠢ ᠨᠢ ᠬᠦᠴᠦᠲᠡᠢ᠂ ᠲᠠᠷᠢᠮᠠᠯ ᠴᠠᠷᠭᠠᠰᠤ ᠡᠴᠡ ᠰᠠᠢᠨ᠃ ᠡᠭᠦᠯᠡᠷᠡᠬᠦ ᠦᠶ᠎ᠡ ᠳᠦ ᠬᠢᠷᠠᠭᠤ ᠶᠢ ᠲᠡᠰᠪᠦᠷᠢᠬᠦ ᠴᠢᠳᠠᠪᠤᠷᠢ ᠲᠠᠢ᠂ ᠬᠠᠷᠢᠨ ᠨᠠᠮᠤᠷ ᠤᠨ ᠬᠦᠢᠲᠡᠨ ᠳᠦ ᠪᠠᠰᠠ ᠬᠣᠬᠢᠷᠠᠯ ᠦᠭᠡᠢ᠃ ᠬᠤᠪᠢ ᠤᠨ ᠤᠯᠠᠷᠢᠯ ᠳᠤ ᠳᠠᠰᠤᠯ ᠵᠠᠷᠢᠮ ᠤᠨ ᠭᠠᠵᠠᠷ ᠤᠨ ᠲᠠᠯᠠᠪᠤᠷᠢ ᠳᠤ ᠲᠣᠬᠢᠷᠠᠮᠵᠢᠲᠠᠢ᠃ ᠲᠠᠷᠢᠮᠠᠯ ᠴᠠᠷᠭᠠᠰᠤ ᠠᠴᠠ ᠬᠦᠢᠲᠡᠨ ᠳᠦ ᠲᠡᠰᠪᠦᠷᠢᠬᠦ ᠴᠢᠳᠠᠪᠤᠷᠢ ᠨᠢ ᠬᠦᠴᠦᠲᠡᠢ᠂ ᠬᠠᠨᠢᠶᠠᠳ᠂ ᠰᠢᠷᠦᠢ᠂ ᠤᠰᠤ᠂ ᠬᠤᠷᠠ᠂ ᠬᠠᠳᠠᠭᠠᠯᠠᠬᠤ ᠲᠣᠬᠢᠷᠠᠮᠵᠢ ᠰᠠᠢᠨ᠃ ᠤᠰᠤ ᠨᠢ ᠬᠤᠷᠢᠶᠠᠭᠳᠠᠬᠤ ᠭᠠᠵᠠᠷ ᠤᠨ ᠰᠢᠷᠦᠢ ᠳᠦ ᠪᠠᠰᠠ ᠤᠷᠭᠤᠨ᠎ᠠ᠃ ᠦᠷ᠎ᠡ ᠶᠢᠨ ᠮᠢᠩᠭ᠎ᠠ ᠰᠢᠷᠬᠡᠭ ᠦᠨ ᠵᠢᠩ ᠨᠢ 2.0 g ᠣᠷᠴᠢᠮ ᠪᠣᠯᠤᠨ᠎ᠠ᠃ ᠦᠷ᠎ᠡ ᠨᠢ ᠰᠠᠯᠠᠭᠠᠯᠠᠬᠤ ᠳᠤ ᠬᠠᠮᠤᠭ ᠲᠣᠬᠢᠷᠠᠮᠵᠢᠲᠠᠢ ᠳᠤᠯᠠᠭᠠᠴᠠ ᠨᠢ 15 ~ 20°C ᠪᠣᠯᠤᠨ᠎ᠠ᠃ ᠪᠣᠳᠠᠰ ᠨᠢ ᠬᠦᠢᠲᠡᠨ ᠢ ᠲᠡᠰᠪᠦᠷᠢᠬᠦ᠂ -30 ~ -40°C ᠤᠨ ᠬᠦᠢᠲᠡᠨ ᠳᠦ ᠡᠭᠦᠯᠡᠷᠡᠵᠦ ᠴᠢᠳᠠᠬᠤ᠂ ᠴᠠᠰᠤ ᠪᠦᠷᠬᠦᠭᠦᠯ ᠲᠠᠢ ᠪᠣᠯ
-48°C ᠤᠨ ᠬᠦᠢᠲᠡᠨ ᠢ ᠲᠡᠰᠪᠦᠷᠢᠵᠦ᠂ ᠡᠭᠦᠯᠡᠷᠡᠬᠦ ᠬᠤᠪᠢ ᠨᠢ 90% ᠡᠴᠡ ᠳᠡᠭᠡᠭᠰᠢ ᠪᠣᠯᠤᠨ᠎ᠠ᠃

2. ᠤᠷᠭᠤᠴᠠ ᠪᠠ ᠲᠡᠵᠢᠭᠡᠯ ᠦᠨ ᠦᠨ᠎ᠡ ᠴᠢᠨᠠᠷ

ᠡᠷᠢᠶᠡᠨ ᠴᠠᠷᠭᠠᠰᠤ ᠶᠢᠨ ᠤᠷᠭᠤᠴᠠ ᠨᠢ ᠲᠠᠷᠢᠮᠠᠯ ᠴᠠᠷᠭᠠᠰᠤ ᠠᠴᠠ ᠪᠠᠭ᠎ᠠ ᠪᠣᠯᠪᠠᠴᠤ᠂ ᠤᠷᠭᠤᠮᠠᠯ ᠤᠨ ᠲᠡᠵᠢᠭᠡᠯ ᠦᠨ ᠪᠣᠳᠠᠰ ᠤᠨ ᠠᠭᠤᠯᠭ᠎ᠠ ᠨᠢ ᠪᠠᠶᠠᠯᠢᠭ᠂ ᠮᠠᠯ ᠤᠨ ᠳᠤᠷᠠᠲᠠᠢ ᠢᠳᠡᠭᠡ ᠲᠡᠵᠢᠭᠡᠯ ᠳᠦ ᠲᠣᠭᠠᠴᠠᠭᠳᠠᠳᠠᠭ᠃

3. ᠲᠠᠷᠢᠬᠤ ᠲᠧᠬᠨᠢᠭ ᠦᠨ ᠠᠷᠭ᠎ᠠ ᠬᠡᠮᠵᠢᠶ᠎ᠡ

* ᠲᠠᠷᠢᠬᠤ ᠴᠠᠭ: 5 ᠰᠠᠷ᠎ᠠ ᠶᠢᠨ ᠳᠤᠮᠳᠠ ᠡᠴᠡ 6 ᠰᠠᠷ᠎ᠠ ᠶᠢᠨ ᠳᠤᠮᠳᠠ ᠬᠦᠷᠲᠡᠯ᠎ᠡ ᠲᠠᠷᠢᠵᠤ ᠪᠣᠯᠤᠨ᠎ᠠ᠃ ᠰᠠᠭᠤᠷᠢ ᠪᠣᠪᠣᠳᠠ (ᠮᠠᠯ ᠤᠨ ᠪᠣᠪᠣᠳᠠ 15.0 ~
30.0 t/hm²) ᠪᠠ ᠹᠣᠰᠹᠣᠷ ᠤᠨ ᠪᠣᠪᠣᠳᠠ 120.0 ~ 150.0 kg/hm² ᠢ ᠬᠡᠷᠡᠭᠯᠡᠵᠦ᠂ ᠭᠦᠨ ᠬᠠᠭᠤᠯᠵᠤ ᠲᠡᠭᠰᠢᠯᠡᠨ ᠡᠪᠳᠡᠯᠡᠬᠦ ᠬᠡᠷᠡᠭᠲᠡᠢ᠃

* ᠲᠠᠷᠢᠬᠤ ᠬᠡᠮᠵᠢᠶ᠎ᠡ: ᠲᠠᠷᠢᠬᠤ ᠦᠷ᠎ᠡ 18.0 ~ 22.5 kg/hm² ᠪᠣᠯᠤᠨ᠎ᠠ᠃ ᠦᠷ᠎ᠡ ᠶᠢᠨ ᠴᠢᠨᠠᠷ ᠤᠨ ᠪᠠᠶᠢᠳᠠᠯ ᠢ ᠬᠠᠷᠠᠵᠤ ᠲᠣᠬᠢᠷᠠᠭᠤᠯᠤᠨ ᠲᠠᠷᠢᠬᠤ
ᠬᠡᠷᠡᠭᠲᠡᠢ᠃

* ᠲᠠᠷᠢᠬᠤ ᠠᠷᠭ᠎ᠠ: ᠮᠥᠷ ᠦᠨ ᠲᠠᠷᠢᠯᠭ᠎ᠠ᠂ ᠮᠥᠷ ᠦᠨ ᠵᠠᠢ ᠨᠢ 15 ~ 20 cm᠂ ᠦᠷ᠎ᠡ ᠪᠤᠯᠠᠬᠤ ᠭᠦᠨ ᠨᠢ 1 ~ 2 cm ᠪᠣᠯᠤᠨ᠎ᠠ᠃
ᠲᠠᠷᠢᠭ᠎ᠠ ᠶᠢ ᠪᠠᠰᠠ ᠲᠠᠷᠢᠮᠠᠯ ᠲᠠᠷᠢᠭ᠎ᠠ ᠪᠠᠷ ᠬᠣᠯᠢᠮᠠᠭ ᠲᠠᠷᠢᠵᠤ ᠪᠣᠯᠤᠨ᠎ᠠ᠃

* ᠤᠰᠤᠯᠠᠬᠤ ᠪᠠ ᠪᠣᠣᠪᠣᠳᠠᠯᠠᠬᠤ: ᠬᠠᠰᠢᠭᠠᠯᠠᠨ ᠦᠨᠳᠦᠷ ᠦᠭᠡᠢ ᠪᠣᠯᠬᠤ ᠳᠤ ᠦᠷ᠎ᠡ ᠪᠣᠳᠠᠯ ᠢ ᠪᠡᠯᠡᠳᠬᠡᠬᠦ᠃

* ᠬᠦᠢᠲᠡᠨ ᠦ ᠡᠰᠡᠷᠭᠦ: ᠲᠡᠯᠡᠭᠡ ᠦᠷ᠎ᠡ ᠨᠢ ᠬᠦᠢᠲᠡᠨ ᠦ ᠡᠰᠡᠷᠭᠦ ᠪᠣᠯᠤᠨ ᠬᠡᠷᠡᠭᠯᠡᠭᠡᠨ ᠪᠠᠶᠢᠳᠠᠯ ᠢ ᠪᠠᠷᠢᠮᠳᠠᠯᠠᠬᠤ᠃

二、三叶草属（*Trifolium*）

（一）白三叶（*T. repens*）

1. 植物学与生物学特性

又名白车轴草、荷兰翘摇，多年生草本植物。主根短，侧根和不定根发达，根系多集中于0～15 cm的表土层，根上着生根瘤。掌状三出复叶，头形总状花序，花冠白色或略带粉红色。荚果长卵形，种子心脏形，黄色或棕褐色，千粒重0.5～0.7 g。白三叶抗逆性强，耐寒、耐热能力强，适应性广，再生性好。

2. 利用价值

白三叶茎叶多汁，适口性好，营养丰富，是猪、鸡、鸭、鹅、兔、鱼的优良青绿多汁饲料，也是牛、羊、马的优质饲草。

3. 栽培技术要点

* 播种时间：4月下旬至7月中旬播种，农家肥混合均匀作基肥。

* 播种量：裸种子6.0～7.5 kg/hm^2。

* 播种方式：条播，行距20～30 cm，覆土厚度1.0～1.5 cm。

* 管理与收获：拔节后期至开花期或刈割后，遇旱及时灌溉，追施磷钾复合肥60～75 kg/hm^2。初花期刈割，一般每年可刈割2～3次，留茬高度5 cm。

* 注意事项：北方地区种植当年不建议收获。

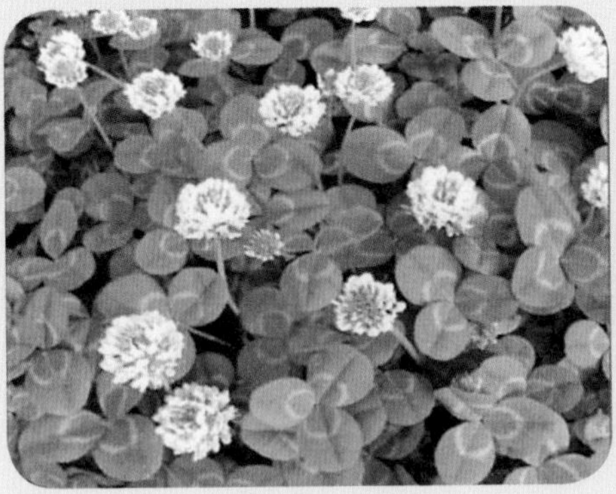

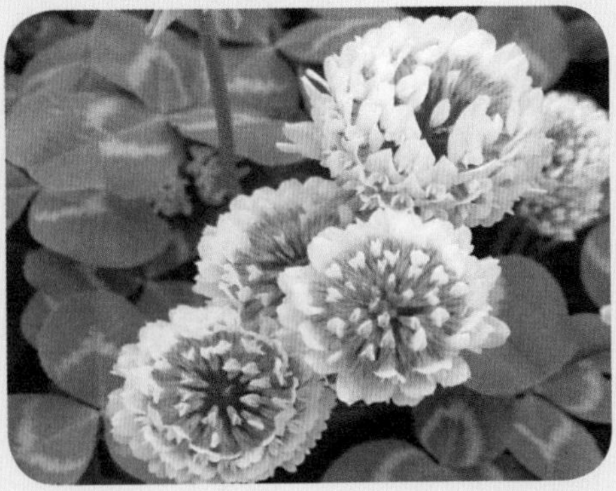

[illegible] (*Trifolium*)

(ᠨᠢᠭᠡ) ᠴᠠᠭᠠᠨ ᠬᠣᠪᠢᠰᠬᠤᠯᠠᠩ (*T. repens*)

1. [illegible]

[illegible] 0 ~ 15 cm [illegible]

[illegible] 0.5 ~ 0.7 g [illegible]

[illegible]

2. [illegible]

[illegible]

3. [illegible]

* [illegible] : 4 [illegible] 7 [illegible]

[illegible]

* [illegible] : [illegible] 6.0 ~ 7.5 kg/hm^2 ᠃

* [illegible] : [illegible] 20 ~ 30 cm ᠂ [illegible] 1.0 ~ 1.5 cm [illegible] ᠃

* [illegible]

[illegible] 60 ~ 75 kg/hm^2 [illegible]

2 ~ 3 [illegible] 5 cm [illegible] ᠃

* [illegible]

（二）红三叶（*T. pratense*）

1. 植物学与生物学特性

直根系，主根入土不深，侧根发达，60%～70%的根系分布在0～30 cm表土层中。茎圆形，掌状三出复叶，总状花序。种子椭圆形或肾形，呈黄褐色或黄紫色，千粒重1.5～2.2 g。红三叶与白三叶相比，耐热性与耐寒性均低。适宜在年降水量600～800 mm地区种植。较耐酸，pH6.6～7.5为宜，耐碱性差。

2. 利用价值

红三叶营养丰富，蛋白质含量高，含有各种氨基酸及多种维生素，草质柔软，适口性好，牲畜喜食。中生植物。是建立人工割草地的主要草种。

3. 栽培技术要点

* 播种时间：春播最佳时期为4月上旬至5旬上旬，秋播最晚为8月中旬。

* 播种量：条播播种量为11.5 kg/hm^2，撒播播种量为15 kg/hm^2。

* 播种方式：以条播为主，也可撒播。条播行距15～30 cm。

* 管理与收获：追肥以磷肥、钾肥为主，追施磷肥75～150 kg/hm^2，钾肥60～75 kg/hm^2。每年灌溉2～4次，播种前、苗期（返青期）、收割后和越冬前可视土壤墒情进行灌水。最佳刈割期为初花期至盛花期。春播当年可刈割1～2次；秋播当年不刈割，从第二年开始每年可刈割2～4次。

* 注意事项：北方地区种植当年不建议收获。

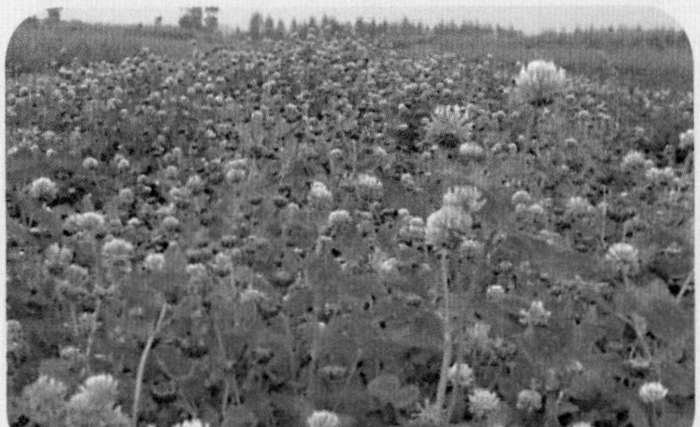

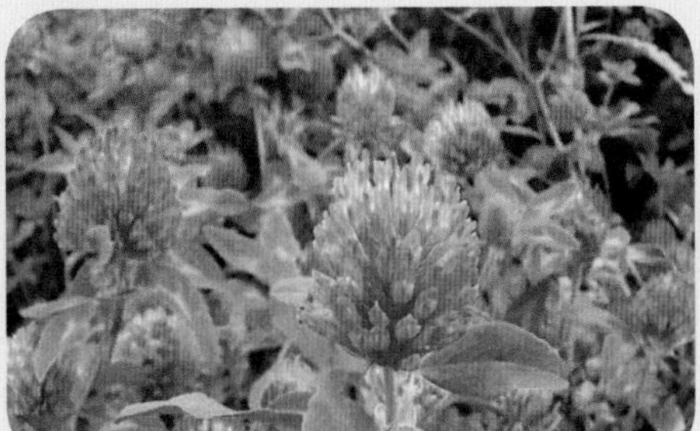

([illegible]) [illegible] (*T. pratense*)

1. [illegible]

[illegible]

[illegible] 60% ~ 70% [illegible] 0 ~ 30 cm [illegible]

[illegible]

[illegible] 1.5 ~ 2.2 g [illegible]

[illegible] 600 ~ 800 mm [illegible]

[illegible] pH 6.6 ~ 7.5 [illegible]

2. [illegible]

[illegible]

[illegible]

[illegible]

3. [illegible]

* [illegible] 4 [illegible] 5 [illegible]

8 [illegible]

* [illegible] 11.5 kg/hm² [illegible] 15 kg/hm² [illegible]

* [illegible] 15 ~ 30 cm [illegible]

[illegible]

* [illegible]

75 ~ 150 kg/hm² [illegible] 60 ~ 75kg/hm² [illegible] 2 ~ 4 [illegible]

[illegible]

[illegible]

[illegible] 1 ~ 2 [illegible]

[illegible] 2 ~ 4 [illegible]

* [illegible]

（三）杂三叶（*T. hybridum*）

1. 植物学与生物学特性

直根系，主根穿透力强，侧根发达，分枝力强，一般10～20条。杂三叶的外观与白三叶和红三叶相似。叶丰富，三出掌状复叶，总状花序，花朵为粉红色或白色。种子小，颜色为黄绿混色，千粒重0.7～0.8 g。喜欢温凉湿润气候，生长适宜温度为19～24℃，适宜降水量为600 mm以上，具有很强的抗寒能力，不耐干旱，耐贫瘠、耐酸、耐碱。

2. 利用价值

初花期干物质中含粗蛋白质28.7%，粗脂肪3.4%，钙0.9%，磷0.3%，综合评价为优良牧草。

3. 栽培技术要点

* 播种时间：南方秋播为宜，北方宜4～5月春播。

* 播种量：条播播种量为11～15 kg/hm^2。撒播要适当增加播种量。

* 播种方式：以条播为主，也可撒播。条播行距20～30 cm。

* 管理与收获：播前应精细整地，用三叶草根瘤菌拌种。苗期生长缓慢，应注意中耕除草。杂三叶不耐旱，必须注意适时、适量的灌溉。

* 注意事项：北方地区种植当年不建议收获。

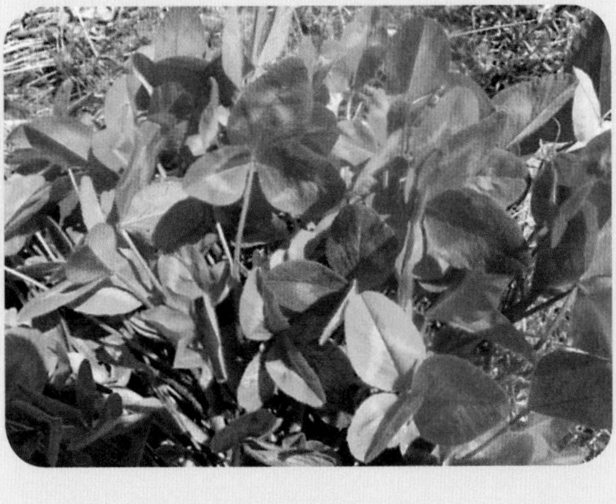

( ) (*T. hybridum*)

1.

10 ~ 20

0.7 ~ 0.8 g

19 ~ 24°C 600

mm

2.

28.70% 3.4% 0.9% 0.3%

3.

* 4 ~ 5

* 11 ~ 15 kg/hm^2

* 20 ~ 30 cm

*

*

三、黄芪属（*Astragalus*）

（一）沙打旺（*A. huangheensis*）

1. 植物学与生物学特性

多年生草本植物。主根粗壮，茎直立或近直立，总状花序。种子心形，黑褐色，千粒重1.5 ～ 2.4 g。沙打旺是绿肥和水土保持等兼用型草种，适用于改良荒山和固沙。抗逆性极强，耐旱、耐寒、耐瘠薄、耐盐碱、抗风沙。沙打旺对土壤要求不严，在土层很薄的山地沙砾土上也能正常生长。

2. 利用价值

沙打旺用于饲料，其茎叶中各种营养成分含量丰富，干物质含量达到90.18%，粗蛋白含量17.27%，粗脂肪3.06%，可青饲、青贮、调制干草、加工草粉和配合饲料等。有微毒，带苦味，可与其他牧草适量配合利用，以提高适口性。

黄芪属重要牧草（开花期）的营养成分

（引自中国农业科学院草原研究所，1990）

草种	干物质（%）	占干物质（%）					钙（%）	磷（%）
		粗蛋白质	粗脂肪	粗纤维	无氮浸出物	粗灰分		
沙打旺	90.18	17.27	3.06	22.06	49.98	7.66	3.27	0.15
紫云英	91.60	20.95	1.57	22.56	42.24	12.68	—	—
草木樨状黄芪	93.86	16.30	0.92	37.75	40.56	4.47	0.75	0.18

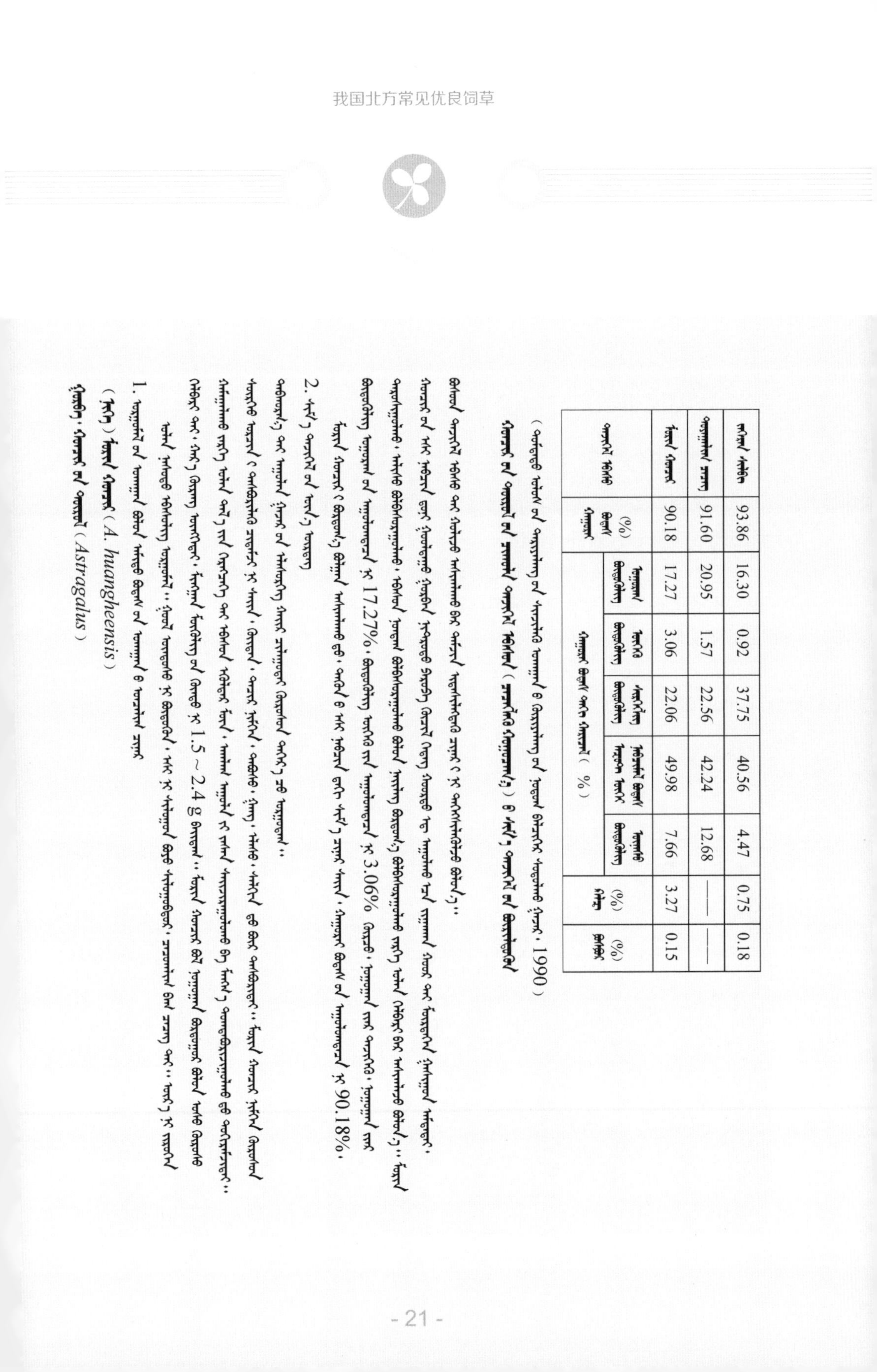

[illegible]	[illegible] (%)	[illegible] (%)					[illegible] (%)	[illegible] (%)
		[illegible]	[illegible]	[illegible]	[illegible]	[illegible]		
[illegible]	93.86	16.30	0.92	37.75	40.56	4.47	0.75	0.18
[illegible]	91.60	20.95	1.57	22.56	42.24	12.68	——	——
[illegible]	90.18	17.27	3.06	22.06	49.98	7.66	3.27	0.15

([illegible], 1990)

[illegible]

[illegible] 17.27%, [illegible] 3.06% [illegible] 90.18%.

2. [illegible]

[illegible]

[illegible] 1.5 ~ 2.4 g [illegible]

1. [illegible]

([illegible]) [illegible] (*A. huangheensis*)

[illegible] (*Astragalus*)

3. 栽培技术要点

* 播种时间：春季、夏季、秋季均可，最好在雨季播种。春旱较严重地区也可顶凌播种或寄籽播种，秋播时间不能迟于8月下旬。

* 播种量：人工条播为3.75 ~ 7.5 kg/hm^2，飞播为7.5 kg/hm^2。

* 播种方式：平整地块以条播为主，山坡地以飞播或撒播为主。条播行距一般在20 ~ 30 cm，播种后镇压。

* 管理与收获：播种当年注意防除杂草，在苗期结合中耕除草。发生病害时可及时拔除病株和刈割，初期及时选用高效低毒药物喷雾防治。青贮时在现蕾期刈割，调制干草时在现蕾至开花初期收割。春播当年可刈割1次，第二年可刈割2 ~ 3次。

* 注意事项：北方地区种植当年不建议收获。

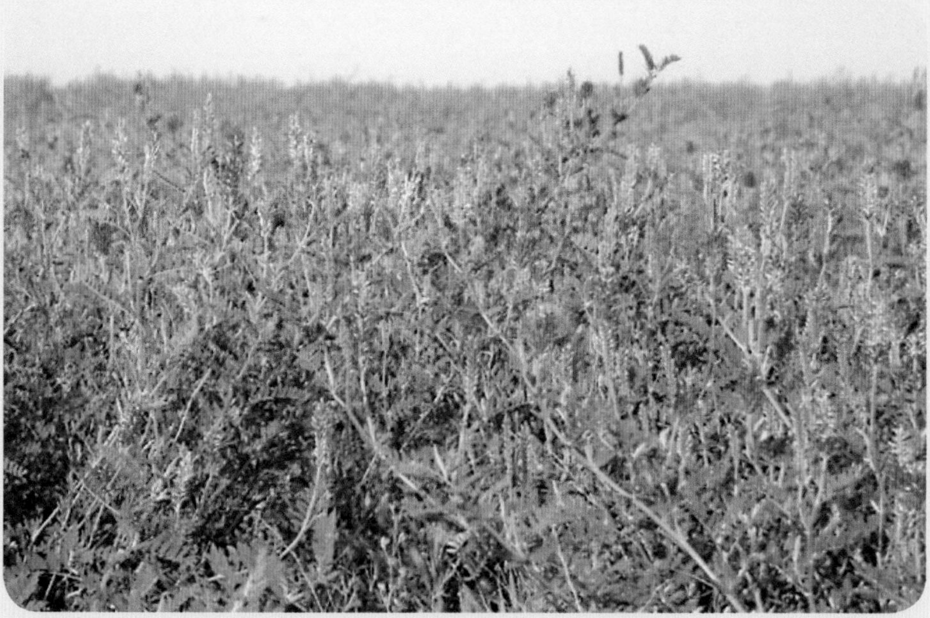

* ᠲᠠᠷᠢᠬᠤ ᠴᠠᠭ : ᠬᠠᠪᠤᠷᠤ ᠲᠠᠷᠢᠬᠤ ᠶᠢᠨ ᠲᠠᠷᠢᠯᠠᠩ ᠤᠨ ᠬᠠᠮᠤᠭ ᠰᠠᠶᠢᠨ ᠴᠠᠭ ᠪᠣᠯᠤᠨ᠎ᠠ ᠃ ᠬᠠᠳᠤᠯᠭ᠎ᠠ ᠶᠢ ᠵᠢᠯ ᠳᠦ 1 ᠤᠳᠠᠭ᠎ᠠ ᠬᠠᠳᠤᠵᠤ᠂ ᠡᠰᠡᠪᠡᠯ ᠵᠢᠯ ᠳᠦ 2 ~ 3 ᠤᠳᠠᠭ᠎ᠠ ᠬᠠᠳᠤᠵᠤ ᠪᠣᠯᠤᠨ᠎ᠠ ᠃ ᠬᠠᠳᠤᠯᠭ᠎ᠠ ᠶᠢᠨ ᠪᠣᠯᠵᠤᠭ᠎ᠠ ᠃ ᠲᠠᠷᠢᠯᠠᠩ ᠤᠨ ᠭᠠᠵᠠᠷ ᠢ ᠭᠦᠨ ᠬᠠᠳᠤᠯᠭ᠎ᠠ ᠪᠠᠷ ᠬᠠᠳᠤᠬᠤ᠂ ᠰᠠᠢᠢᠷ ᠴᠢᠯᠠᠭᠤ ᠪᠠ ᠬᠢᠷ᠎ᠡ ᠶᠢ ᠠᠷᠢᠯᠭᠠᠬᠤ ᠴᠢᠬᠤᠯᠠ ᠃ ᠲᠠᠷᠢᠯᠠᠩ ᠤᠨ ᠭᠠᠵᠠᠷ ᠢ ᠬᠠᠳᠤᠯᠭ᠎ᠠ ᠶᠢᠨ ᠳᠠᠷᠠᠭ᠎ᠠ ᠬᠠᠷᠢᠭᠤᠯᠬᠤ ᠤᠰᠤᠯᠠᠯᠲᠠ ᠶᠢ ᠰᠠᠶᠢᠵᠢᠷᠠᠭᠤᠯᠬᠤ ᠬᠡᠷᠡᠭᠲᠡᠢ ᠃ ᠬᠠᠳᠤᠯᠭ᠎ᠠ ᠶᠢᠨ ᠦᠨᠳᠦᠷ ᠢ ᠭᠠᠵᠠᠷ ᠠᠴᠠ 20 ~ 30 cm ᠪᠠᠢᠯᠭᠠᠬᠤ᠂ ᠲᠠᠷᠢᠯᠠᠩ ᠤᠨ ᠬᠠᠷᠢᠭᠤᠯᠬᠤ ᠬᠡᠷᠡᠭᠲᠡᠢ ᠃

* ᠲᠠᠷᠢᠬᠤ ᠠᠷᠭ᠎ᠠ : ᠴᠠᠴᠤᠯᠲᠠ ᠪᠤᠶᠤ ᠮᠦᠷ ᠢᠶᠡᠷ ᠲᠠᠷᠢᠵᠤ ᠪᠣᠯᠬᠤ ᠪᠠ ᠰᠢᠷᠬᠡᠭ ᠮᠦᠷ ᠦᠨ ᠵᠠᠢ ᠶᠢ ᠬᠠᠮᠲᠤ ᠲᠠᠷᠢᠵᠤ ᠪᠣᠯᠤᠨ᠎ᠠ ᠃

* ᠲᠠᠷᠢᠬᠤ ᠬᠡᠮᠵᠢᠶ᠎ᠡ : ᠴᠠᠴᠤᠯᠲᠠ ᠪᠡᠷ ᠲᠠᠷᠢᠬᠤ ᠳᠤ ᠲᠠᠷᠢᠬᠤ ᠬᠡᠮᠵᠢᠶ᠎ᠡ ᠨᠢ 3.75 ~ 7.5 kg/hm^2 ᠂ ᠮᠦᠷ ᠢᠶᠡᠷ ᠲᠠᠷᠢᠬᠤ ᠬᠡᠮᠵᠢᠶ᠎ᠡ ᠨᠢ 7.5 kg/hm^2 ᠬᠠᠷᠢᠴᠠᠩᠭᠤᠢ ᠪᠠᠢᠨ᠎ᠠ ᠃

* ᠲᠠᠷᠢᠬᠤ ᠴᠠᠭ : ᠬᠠᠪᠤᠷ ᠂ ᠵᠤᠨ ᠂ ᠨᠠᠮᠤᠷ ᠤᠨ ᠬᠤᠪᠢ ᠳᠤ ᠲᠠᠷᠢᠵᠤ ᠪᠣᠯᠤᠨ᠎ᠠ ᠃ ᠨᠠᠮᠤᠷ ᠤᠨ ᠲᠠᠷᠢᠬᠤ ᠴᠠᠭ ᠨᠢ 8 ᠰᠠᠷ᠎ᠠ ᠶᠢᠨ ᠳᠤᠮᠳᠠ ᠡᠴᠡ ᠬᠣᠢᠢᠰᠢ ᠪᠣᠯᠵᠤ ᠪᠣᠯᠤᠰ ᠦᠭᠡᠢ ᠃ ᠬᠠᠪᠤᠷ ᠤᠨ ᠲᠠᠷᠢᠯᠭ᠎ᠠ ᠳᠤ ᠬᠠᠪᠤᠷ ᠤᠨ ᠬᠤᠪᠢ ᠳᠤ ᠲᠠᠷᠢᠬᠤ ᠪᠣᠯᠤᠨ᠎ᠠ ᠃ ᠪᠣᠯᠵᠤᠭ᠎ᠠ ᠶᠢᠨ ᠬᠤᠪᠢ ᠳᠤ ᠲᠠᠷᠢᠬᠤ ᠶᠢ ᠰᠠᠢᠢᠷ ᠠ ᠬᠡᠮᠡᠨ᠎ᠡ ᠃

3. ᠲᠠᠷᠢᠬᠤ ᠲᠡᠬᠨᠢᠭ ᠦᠨ ᠬᠡᠮᠵᠢᠶ᠎ᠡ

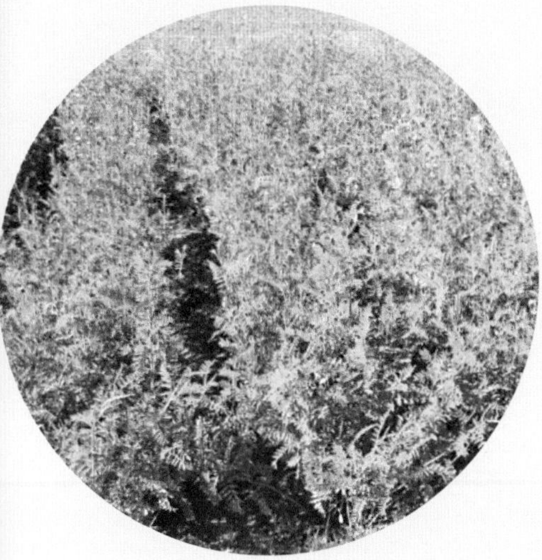

（二）紫云英（*A. sinicus*）

1. 植物学与生物学特性

二年生草本植物。茎匍匐、多分枝，羽状复叶，总状花序，有花呈伞形，花冠紫红色或橙黄色。种子肾形，栗褐色，千粒重3.0 ～ 3.5 g。紫云英喜温暖、潮湿气候，不耐寒、不耐贫瘠，适宜生长温度为15 ～ 20℃，土壤pH5.5 ～ 7.5。

2. 利用价值

紫云英产量高，蛋白质含量丰富，现蕾期、初花期和盛花期粗蛋白含量分别为31.76%、28.44%和25.28%，且富含各种矿物质和维生素，鲜嫩多汁。既是一种很好的青饲料，又是优质绿肥。紫云英固氮能力强，而且含有非常高的氮素养分，尤其在盛花期固氮量最高。紫云英的细茎叶含有丰富的养分，在土壤中分解快，肥效迅速，可培肥地力、改良土壤、提高耕地综合生产能力。

3. 栽培技术要点

＊ 播种时间：在秋分前后播种，一般要求在9月底至10月初播完。

＊ 播种量：30 ～ 60 kg/hm^2。

＊ 播种方式：分面积、按量撒播。

＊ 管理与收获：清沟排水。春肥施用时期在2月底或3月初，施尿素、灰肥，补施微肥用硼、钼等微量元素。一般在盛花期至花期后3 ～ 5天割下沤制。

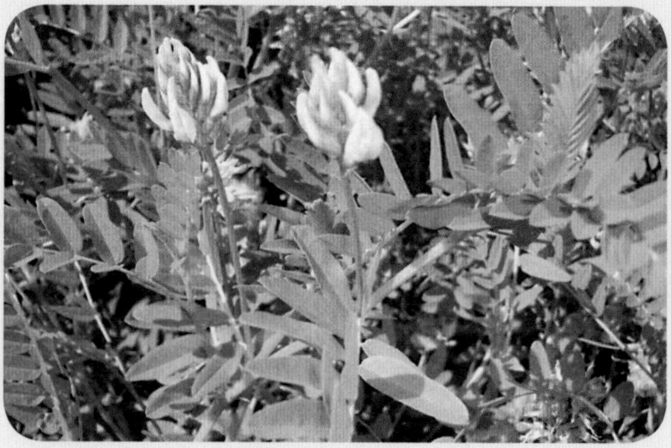

(ᠬᠢᠲᠠᠳ) ᠬᠣᠰᠢᠭᠤᠯᠠᠩ ᠬᠤᠨᠴᠢᠷ (*A. sinicus*)

ᠬᠢᠲᠠᠳ ᠤᠯᠤᠰ ᠤᠨ ᠤᠷᠤᠳᠤ ᠪᠦᠰᠡ ᠳᠦ ᠲᠠᠷᠬᠠᠵᠤ ᠪᠠᠢᠭ᠎ᠠ᠃ ᠨᠢᠭᠡ ᠨᠠᠰᠤᠲᠤ ᠪᠤᠶᠤ ᠬᠣᠶᠠᠷ ᠨᠠᠰᠤᠲᠤ ᠡᠪᠡᠰᠦ ᠤᠨᠠᠭ᠎ᠠ ᠤᠷᠭᠤᠮᠠᠯ᠃ ᠢᠳᠡᠰᠢ ᠶᠢᠨ ᠴᠢᠨᠠᠷ ᠰᠠᠶᠢᠨ᠃ ᠢᠳᠡᠭᠰᠢᠯ ᠰᠠᠶᠢᠨ᠃ ᠦᠨᠳᠦᠷ ᠨᠢ 10～30 ᠰᠠᠨᠲᠢᠮᠸᠲᠷ᠃ ᠦᠷ᠎ᠡ ᠶᠢᠨ ᠮᠢᠩᠭ᠎ᠠ ᠪᠠᠢᠴᠠᠭᠠᠯᠲᠠ ᠶᠢᠨ ᠵᠢᠩ ᠨᠢ 3.0～3.5 g ᠪᠠᠢᠨ᠎ᠠ᠃

ᠲᠡᠮᠫᠸᠷᠠᠲᠦ᠋ᠷ ᠲᠣᠬᠢᠷᠠᠮᠵᠢᠲᠠᠢ ᠤᠷᠭᠤᠬᠤ ᠨᠢ 15～20°C᠂ ᠲᠡᠮᠫᠸᠷᠠᠲᠦ᠋ᠷ ᠬᠦᠷᠰᠦᠨ ᠦ pH ᠨᠢ 5.5～7.5 ᠪᠠᠢᠨ᠎ᠠ᠃

* ᠲᠠᠷᠢᠬᠤ ᠬᠡᠮᠵᠢᠶ᠎ᠡ: 30～60 kg/hm^2᠃

（三）草木樨状黄芪（*A. melilotoides*）

1. 植物学与生物学特性

多年生草本植物。主根粗而入土深。茎直立或斜生，多分枝。奇数羽状复叶。总状花序，粉红或白色。荚果近球形，黑褐色，种子千粒重2.0 ～ 2.2 g。草木樨状黄芪多适应干沙质及轻壤质土壤，并耐轻度盐渍。

2. 利用价值

草木樨状黄芪为中上等豆科牧草，初花期粗蛋白含量19.4%，果后营养期粗蛋白含量18.73%。春季幼嫩时马、牛喜食，山羊、绵羊喜食其茎上部和叶子。骆驼四季均喜食，为抓膘牧草。开花后茎秆粗老，适口性降低。缺点是叶量较少，产草量不高。

3. 栽培技术要点

＊ 播种时间：春播、秋播均可。有灌溉条件或春季墒情好时宜春播，春旱或风沙大的地区宜夏播。夏播要在6月雨季来临或雨后抢墒播种，但最晚不要超过7月20日。

＊ 播种量：条播为15 ～ 25 kg/hm^2，撒播为20 ～ 30 kg/hm^2。

＊ 播种方式：条播、撒播均可。条播行距30 ～ 50 cm，播深2 cm，覆土2 cm。

＊ 管理与收获：苗期要防控杂草，有条件的每次刈割后可追肥、灌溉，并注意及时防治田间病虫害。播种当年不建议收获，两年后，每年可刈割1 ～ 2次。

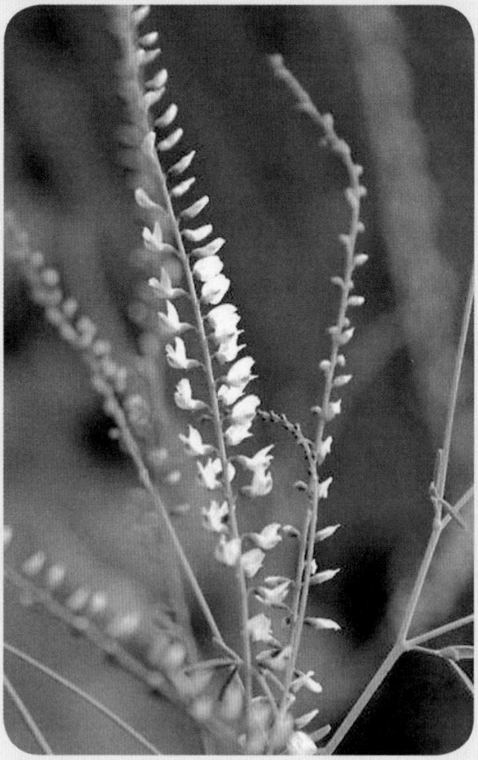

ᠲᠠᠷᠢᠯᠠᠯᠲᠠ ᠶᠢᠨ ᠡᠮᠦᠨ᠎ᠡ ᠤᠰᠤᠯᠠᠬᠤ ᠬᠡᠷᠡᠭᠲᠡᠢ᠂ ᠲᠠᠷᠢᠬᠤ ᠶᠢᠨ ᠭᠦᠨ ᠢ᠂ ᠶᠢᠨ ᠪᠠᠶᠢᠭ᠎ᠠ 1 ~ 2 ᠰᠠᠨᠲ᠋ᠢᠮᠧᠲ᠋ᠷ ᠲᠠᠷᠢᠬᠤ ᠪᠣᠯᠤᠨ᠎ᠠ᠃

ᠬᠦᠢᠲᠡᠨ ᠪᠣᠭᠣᠨᠢ ᠬᠤᠭᠤᠴᠠᠭ᠎ᠠ᠂ ᠬᠠᠪᠤᠷ ᠤᠨ ᠲᠠᠷᠢᠯᠠᠯᠲᠠ ᠶᠢᠨ ᠰᠢᠬᠠᠨ ᠲᠠᠷᠢᠯᠠᠯᠲᠠ ᠶᠢ ᠬᠡᠷᠡᠭᠵᠢᠭᠦᠯᠬᠦ ᠳᠦ ᠵᠣᠬᠢᠰᠲᠠᠢ᠃

* ᠲᠠᠷᠢᠯᠠᠯᠲᠠ ᠶᠢᠨ ᠠᠷᠭ᠎ᠠ: ᠮᠥᠷ ᠲᠠᠷᠢᠯᠠᠯᠲᠠ ᠪᠤᠶᠤ ᠴᠠᠴᠤᠯᠠᠩ ᠲᠠᠷᠢᠯᠠᠯᠲᠠ ᠶᠢ ᠬᠡᠷᠡᠭᠵᠢᠭᠦᠯᠵᠦ ᠪᠣᠯᠬᠤ᠂ ᠲᠠᠷᠢᠬᠤ ᠶᠢᠨ ᠡᠮᠦᠨ᠎ᠡ ᠬᠥᠷᠥᠰᠦ ᠶᠢ ᠳᠠᠷᠤᠵᠤ ᠲᠠᠷᠢᠭᠰᠠᠨ ᠤ ᠬᠣᠶᠢᠨ᠎ᠠ ᠳᠠᠬᠢᠨ ᠳᠠᠷᠤᠬᠤ᠂ ᠲᠠᠷᠢᠬᠤ ᠭᠦᠨ ᠢ 2 cm᠂ ᠲᠠᠷᠢᠭᠰᠠᠨ ᠤ ᠬᠣᠶᠢᠨ᠎ᠠ 2 cm ᠪᠠᠶᠢᠯᠭᠠᠬᠤ ᠬᠡᠷᠡᠭᠲᠡᠢ᠃

* ᠲᠠᠷᠢᠬᠤ ᠠᠷᠭ᠎ᠠ: ᠮᠥᠷ ᠲᠠᠷᠢᠯᠠᠯᠲᠠ᠂ ᠴᠠᠴᠤᠯᠠᠩ ᠲᠠᠷᠢᠯᠠᠯᠲᠠ ᠪᠡᠷ ᠲᠠᠷᠢᠵᠤ ᠪᠣᠯᠤᠨ᠎ᠠ᠃ ᠮᠥᠷ ᠲᠠᠷᠢᠯᠠᠯᠲᠠ ᠶᠢᠨ ᠮᠥᠷ ᠬᠣᠭᠣᠷᠣᠨᠳᠤ ᠶᠢᠨ ᠵᠠᠢ 30 ~ 50 cm ᠪᠠᠶᠢᠯᠭᠠᠬᠤ᠂ ᠲᠠᠷᠢᠬᠤ

* ᠲᠠᠷᠢᠬᠤ ᠬᠡᠮᠵᠢᠶ᠎ᠡ: ᠮᠥᠷ ᠲᠠᠷᠢᠯᠠᠯᠲᠠ ᠪᠠᠷ 15 ~ 25 kg/hm^2᠂ ᠴᠠᠴᠤᠯᠠᠩ ᠲᠠᠷᠢᠯᠠᠯᠲᠠ ᠪᠠᠷ 20 ~ 30 kg/hm^2᠃

ᠦᠷ᠎ᠡ ᠪᠣᠷᠣᠭᠠᠨ ᠤ ᠲᠠᠷᠢᠯᠠᠯᠲᠠ ᠶᠢᠨ ᠳᠠᠷᠠᠭ᠎ᠠ ᠤᠰᠤᠯᠠᠬᠤ᠃ ᠤᠰᠤᠯᠠᠬᠤ ᠬᠤᠭᠤᠴᠠᠭ᠎ᠠ ᠶᠢ 7 ᠡᠳᠦᠷ ᠡᠴᠡ 20 ᠡᠳᠦᠷ ᠲᠤ ᠨᠢᠭᠡ ᠤᠳᠠᠭ᠎ᠠ᠃

ᠬᠣᠷᠣᠭᠳᠠᠯ᠂ ᠰᠠᠢᠨ ᠰᠠᠷᠠᠯᠠᠭᠤᠯᠬᠤ ᠦᠶ᠎ᠡ ᠳᠦ ᠬᠠᠳᠤᠭᠠᠯᠠᠵᠤ ᠪᠣᠯᠤᠨ᠎ᠠ᠃ ᠵᠢᠯ ᠪᠦᠷᠢ ᠬᠠᠳᠤᠭᠠᠯᠠᠬᠤ ᠨᠢ 6 ᠰᠠᠷ᠎ᠠ ᠶᠢᠨ ᠳᠤᠮᠳᠠ ᠪᠣᠯᠤᠨ᠎ᠠ

* ᠲᠠᠷᠢᠬᠤ ᠴᠠᠭ: ᠬᠠᠪᠤᠷ ᠲᠠᠷᠢᠬᠤ᠂ ᠵᠤᠨ ᠲᠠᠷᠢᠬᠤ ᠪᠣᠯᠤᠨ᠎ᠠ᠃ ᠬᠠᠪᠤᠷ ᠤᠨ ᠲᠠᠷᠢᠯᠠᠯᠲᠠ ᠨᠢ ᠬᠥᠷᠥᠰᠦ ᠶᠢᠨ ᠴᠢᠭ ᠢᠶᠡᠷ ᠪᠠᠶᠢᠬᠤ ᠦᠶ᠎ᠡ ᠳᠦ ᠲᠠᠷᠢᠬᠤ ᠪᠣᠯ

3. ᠲᠠᠷᠢᠬᠤ ᠠᠷᠭ᠎ᠠ ᠶᠢᠨ ᠰᠢᠭᠦᠮᠵᠢᠯᠡᠯ

ᠲᠠᠷᠢᠯᠠᠯᠲᠠ ᠳᠤ ᠴᠢᠬᠢᠯᠡᠬᠦ ᠨᠢ ᠮᠡᠳᠡᠭᠡᠨ ᠪᠠ ᠬᠡᠮᠵᠢᠶ᠎ᠡ ᠪᠠᠷ᠂ ᠬᠥᠷᠥᠰᠦ ᠶᠢᠨ ᠴᠢᠭ ᠢ ᠪᠠᠷᠢᠬᠤ ᠬᠡᠷᠡᠭᠲᠡᠢ᠃

ᠲᠥᠷᠦᠯ ᠬᠠᠷᠢᠶᠠᠯᠠᠯ ᠪᠠᠷ ᠭᠠᠷᠠᠭ ᠬᠠᠮᠤᠭ ᠲᠠᠷᠢᠬᠤ᠂ ᠲᠠᠷᠢᠬᠤ ᠬᠠᠮᠤᠭ ᠰᠠᠢᠨ ᠬᠦᠷᠦᠨ ᠬᠥᠷᠥᠰᠦ᠃ ᠵᠢᠷᠭᠠᠯᠠᠩ ᠰᠢᠷᠤᠢ ᠨᠢ ᠬᠦᠢᠲᠡᠨ ᠳᠦ ᠲᠡᠰᠪᠦᠷᠢ᠂ ᠬᠠᠭᠤᠷᠰᠢᠯᠳᠠᠭ ᠴᠢᠭ ᠢ ᠲᠡᠰᠪᠦᠷᠢᠯᠡᠨ᠎ᠡ᠃

ᠰᠠᠢᠨ ᠴᠢᠭ ᠬᠥᠷᠥᠰᠦ ᠲᠠᠢ ᠭᠠᠵᠠᠷ ᠲᠤ᠂ ᠬᠠᠷᠢᠨ ᠬᠠᠮᠤᠭ ᠲᠠᠷᠢᠬᠤ᠂ ᠬᠦᠢᠲᠡᠨ᠂ ᠬᠣᠭᠣᠷᠣᠨᠳᠤ ᠨᠥᠬᠦᠴᠡᠯ ᠦᠨ ᠲᠠᠷᠢᠭᠰᠠᠨ ᠪᠣᠯᠪᠠᠰᠤ ᠰᠠᠢᠨ ᠦᠷ᠎ᠡ ᠬᠠᠮᠤᠭ ᠲᠠᠷᠢᠬᠤ᠃ ᠲᠠᠷᠢᠭᠰᠠᠨ ᠶᠢᠨ ᠳᠠᠷᠠᠭ᠎ᠠ

ᠭᠤᠷᠪᠠᠯᠵᠢᠨ ᠢ 19.4%᠂ ᠰᠡᠷᠡᠭᠦᠨ ᠨᠤᠲᠤᠭ ᠲᠤ ᠲᠠᠷᠢᠭᠰᠠᠨ ᠲᠠᠷᠢᠯᠠᠯᠲᠠ ᠶᠢᠨ ᠣᠷᠭᠤᠵᠢᠯᠲᠠ ᠶᠢᠨ ᠬᠡᠮᠵᠢᠶ᠎ᠡ ᠶᠢᠨ ᠭᠤᠷᠪᠠᠯᠵᠢᠨ ᠢ 18.73% ᠪᠣᠯᠤᠨ᠎ᠠ᠃

ᠮᠣᠳᠤᠨ ᠤ ᠳᠡᠭᠡᠷᠡ ᠬᠥᠷᠥᠰᠦ ᠳᠤ ᠲᠠᠷᠢᠯᠠᠯᠲᠠ ᠶᠢᠨ ᠬᠡᠮᠵᠢᠶ᠎ᠡ ᠶᠢᠨ ᠣᠷᠭᠤᠵᠢᠯᠲᠠ ᠶᠢ ᠬᠠᠷᠠᠭᠠᠯᠵᠤ ᠪᠣᠯᠤᠨ᠎ᠠ᠂ ᠵᠢᠯ ᠦᠨ ᠲᠠᠷᠢᠯᠠᠯᠲᠠ ᠶᠢᠨ ᠣᠷᠭᠤᠵᠢᠯᠲᠠ ᠶᠢᠨ ᠬᠡᠮᠵᠢᠶ᠎ᠡ ᠶᠢᠨ

2. ᠦᠷ᠎ᠡ ᠲᠠᠷᠢᠬᠤ ᠶᠢᠨ ᠠᠷᠭ᠎ᠠ ᠬᠡᠮᠵᠢᠶ᠎ᠡ

ᠪᠣᠯᠪᠠᠰᠤᠷᠠᠯ ᠳᠤ ᠬᠦᠷᠦᠭᠰᠡᠨ ᠦᠷ᠎ᠡ ᠶᠢ ᠴᠤᠭᠯᠠᠭᠤᠯᠵᠤ ᠲᠠᠷᠢᠬᠤ ᠪᠣᠯᠤᠨ᠎ᠠ᠃

ᠨᠢ ᠮᠢᠩᠭᠠᠨ ᠦᠷ᠎ᠡ ᠶᠢᠨ ᠵᠢᠩᠭᠢᠨ ᠢ 2.0 ~ 2.2 g ᠪᠣᠯᠤᠨ᠎ᠠ᠃ ᠦᠷ᠎ᠡ ᠶᠢᠨ ᠭᠠᠳᠠᠷ ᠬᠠᠲᠠᠭᠤ᠂ ᠣᠷᠭᠤᠵᠢᠯᠲᠠ ᠪᠠᠭ᠎ᠠ ᠪᠣᠯᠬᠤ ᠲᠤ ᠲᠣᠬᠢᠷᠠᠭᠤᠯᠬᠤ

ᠦᠷ᠎ᠡ ᠪᠣᠯᠪᠠᠰᠤᠷᠠᠬᠤ᠃ ᠦᠷ᠎ᠡ ᠶᠢᠨ ᠪᠣᠯᠪᠠᠰᠤᠷᠠᠯ ᠨᠢ ᠨᠢᠭᠡ ᠵᠢᠯ ᠳᠤ ᠨᠢᠭᠡ ᠤᠳᠠᠭ᠎ᠠ᠂ ᠨᠠᠮᠤᠷ ᠤᠨ ᠰᠠᠷ᠎ᠠ ᠳᠤ᠂ ᠰᠠᠷ᠎ᠠ ᠳᠤ ᠪᠣᠯᠪᠠᠰᠤᠷᠠᠨ᠎ᠠ᠃ ᠪᠣᠯᠪᠠᠰᠤᠷᠠᠭᠰᠠᠨ ᠦᠷ᠎ᠡ

ᠦᠷ᠎ᠡ ᠬᠤᠷᠢᠶᠠᠬᠤ ᠬᠤᠭᠤᠴᠠᠭ᠎ᠠ᠃ ᠦᠷ᠎ᠡ ᠶᠢᠨ ᠬᠤᠷᠢᠶᠠᠯᠲᠠ ᠶᠢᠨ ᠪᠣᠯᠪᠠᠰᠤᠷᠠᠯ ᠳᠤ ᠪᠠᠶᠢᠨ᠎ᠠ᠃ ᠦᠷ᠎ᠡ ᠶᠢ ᠬᠤᠷᠢᠶᠠᠬᠤ ᠳᠤ ᠲᠣᠬᠢᠷᠠᠮᠵᠢᠲᠠᠢ ᠬᠤᠭᠤᠴᠠᠭ᠎ᠠ᠂

1. ᠲᠠᠷᠢᠯᠠᠯᠲᠠ ᠶᠢᠨ ᠲᠡᠯᠡᠪᠦᠷᠢ ᠪᠣᠯᠤᠨ ᠣᠷᠴᠢᠨ ᠲᠣᠭᠣᠷᠢᠨ ᠤ ᠲᠡᠯᠡᠪᠦᠷᠢ ᠶᠢᠨ ᠰᠢᠨᠵᠢ

（ᠬᠠᠪᠢᠰᠤ）**ᠬᠠᠪᠢᠷᠭ᠎ᠠ ᠬᠤᠨᠢᠭ**（*A. melilotoides*）

四、普通红豆草（*Onobrychis viciaefolia*）

1. 植物学与生物学特性

多年生草本植物。根系强大，侧根细而多。茎直立，奇数羽状复叶，总状花序，花冠紫红色至粉红色。种子肾形，绿褐色，千粒重13 ～ 16 g。红豆草对土壤要求不严，能在土层较薄的砂粒、石质和冲积土壤上完成生长、繁殖，耐旱性强。

2. 利用价值

适宜于青饲、调制干草和放牧，利用价值高，各类家畜均喜食，其饲用价值可与紫花苜蓿媲美。分枝期、盛花期和成熟期干物质中粗蛋白质含量分别为22.49%、14.43%和5.847%。

3. 栽培技术要点

* 播种时间：春播在4月中下旬至5月初，夏播在6月底至7月底。

* 播种量：收草地为60 ～ 75 kg/hm^2。

* 播种方式：收草田宜撒播、条播。条播行距25 ～ 30 cm。

* 管理与收获：播种前需清理地表杂物、石块等，并进行翻耕，深翻20 ～ 35 cm为宜。播种前结合整地施足基肥。出苗后小水漫灌1 ～ 2次，分枝期灌溉1次，越冬水在11月初灌溉，返青水在次年3月底进行。最后一次刈割留茬高度8 ～ 10 cm。

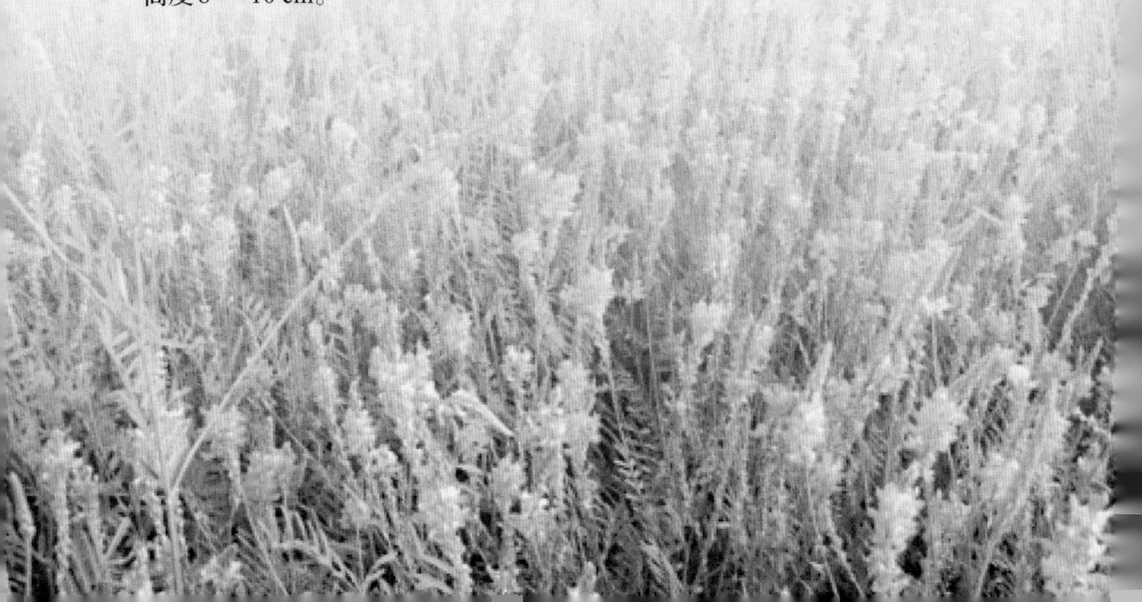

[illegible] 8 ~ 10 cm [illegible]

[illegible] 3 [illegible] 1 ~ 2 [illegible] 11 ~ 35 cm [illegible] 20 cm [illegible]

* [illegible] 25 ~ 30 [illegible]

* [illegible] 60 ~ 75 kg/hm² [illegible]

[illegible] 4 [illegible] 5 [illegible] 6 [illegible] 7

3. [illegible]

[illegible] 22.49% , 14.43% [illegible] 5.847% [illegible]

2. [illegible]

[illegible] 13 ~ 16 g [illegible]

1. [illegible]

[illegible] (*Onobrychis viciaefolia*)

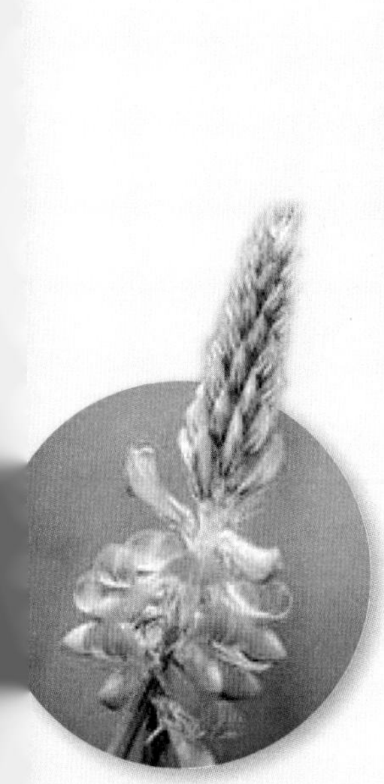

五、小冠花（*Coronilla varia*）

1. 植物学与生物学特性

多年生小冠花属草本植物。根系发达，主要分布在14 ～ 40 cm深的土层中。茎中空，伞形花序，花冠蝶形。种子肾形，红褐色，千粒重约4.1 g。小冠花喜光，适生温度15 ～ 30℃，但其耐寒性极强，−34℃低温下仍能安全越冬。如有雪覆盖，在东北的哈尔滨也可越冬。

2. 利用价值

小冠花作为牧草，茎叶繁茂、细嫩，产量高，营养物质含量丰富，粗蛋白含量22.04%。青草和干草，无论是利用价值，还是对反刍家畜的消化率，都不低于苜蓿。与苜蓿相比，羊更喜欢吃小冠花。但由于其中含有硝基丙酸物质，对单胃家畜有毒性，主要用作反刍家畜的饲草，这是它利用上的局限性。可用于刈割调制干草、青饲和放牧牛羊。在气候较温和地区，青饲和放牧牛羊时，可利用到11 ～ 12月份，青草利用时期长。

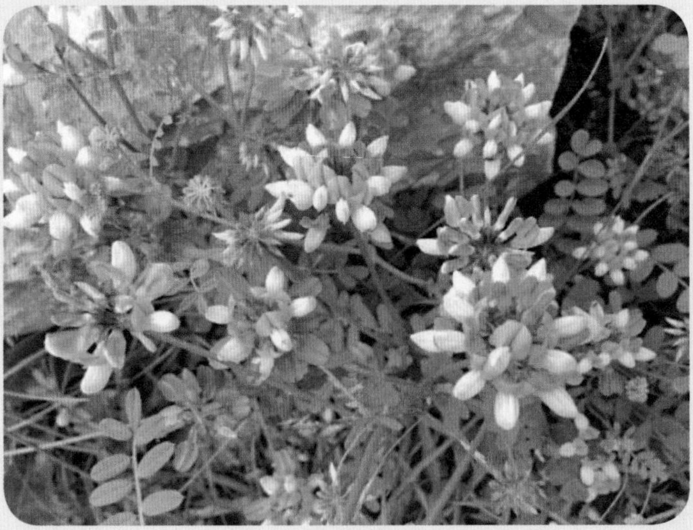

ᠬᠠᠷᠢᠴᠠᠩᠭᠤᠢ ᠬᠦᠢᠲᠡᠨ ᠢ ᠲᠡᠰᠪᠦᠷᠢᠬᠦ ᠴᠢᠳᠠᠯ ᠲᠠᠢ᠂ -34°C ᠶᠢᠨ ᠪᠠᠭᠤᠷᠠ ᠬᠡᠮᠵᠢᠶ᠎ᠡ ᠶᠢ ᠲᠡᠰᠪᠦᠷᠢᠵᠦ ᠪᠣᠯᠬᠤ ᠦᠪᠦᠯ ᠢ ᠳᠠᠪᠠᠨ ᠭᠠᠷᠴᠤ ᠴᠢᠳᠠᠨ᠎ᠠ᠃ ᠦᠷ᠎ᠡ ᠶᠢᠨ ᠰᠤᠷᠤᠯᠲᠠ ᠪᠣᠯᠪᠠᠰᠤᠷᠠᠯ
ᠦᠨᠳᠦᠰᠦ ᠦᠨᠳᠦᠰᠦᠨ ᠤ ᠪᠤᠭᠤᠢ ᠢ 4.1 g ᠪᠣᠯᠭᠠᠨ᠎ᠠ᠃ ᠰᠠᠯᠠᠭ᠎ᠠ ᠪᠦᠷᠴᠡᠭ ᠨᠢᠭᠤᠯᠠᠯ᠂ ᠬᠠᠮᠠᠭᠠᠯᠠᠨ ᠬᠠᠳᠠᠭᠠᠯᠠᠬᠤ ᠶᠢᠨ ᠬᠡᠮᠵᠢᠶ᠎ᠡ ᠢ 15 ~ 30°C᠂ ᠨᠣᠭᠣᠭᠠᠨ ᠡᠨᠡ ᠶᠢ ᠪᠣᠯᠭᠠᠨ ᠤ
ᠬᠡᠮᠵᠢ ᠰᠢᠯᠵᠢᠬᠦ ᠬᠡᠮᠵᠢᠶᠡᠯᠡᠨ ᠬᠡᠮᠵᠢᠶᠡᠯᠡᠯ᠃ ᠬᠡᠮᠵᠢᠶᠡᠯᠡᠯ ᠰᠢᠯᠵᠢᠭᠦᠯᠦᠯ ᠢ ᠪᠣᠯᠪᠠᠰᠤᠷᠠᠭᠤᠯᠤᠨ᠂ ᠥᠨᠳᠥᠷ ᠨᠢ 14 ~ 40 cm ᠶᠢᠨ ᠪᠣᠯᠣᠭᠰᠠᠨ ᠬᠡᠮᠵᠢᠶᠡᠯᠡᠯ ᠳᠦ ᠬᠦᠷᠦᠭᠰᠡᠨ ᠪᠣᠯᠤᠨ᠎ᠠ᠃

ᠡᠪᠡᠰᠦ᠂ ᠰᠠᠯᠠᠭ᠎ᠠ ᠪᠦᠷᠴᠡᠭ (*Coronilla varia*)

3. 栽培技术要点

＊ 播种时间：春播、夏播和秋播均可。春播最佳时期为4月上旬至5月上旬，秋播最晚为8月中旬。

＊ 播种量：7 ～ 15 kg/hm^2。

＊ 播种方式：机播和穴播均可。机播行距60 cm，穴播播距50 cm。播种深度1 ～ 2 cm，沙性土壤不超过3 cm，黏性土壤要控制在2 cm以内，播后及时镇压。

＊ 管理与收获：苗期（返青期）及每次收割后结合中耕、松土、追肥等措施清除杂草。喷灌、漫灌均可，灌水量1 200 ～ 2 400 m^3/hm^2，每年灌溉2 ～ 4次，即在播种前、苗期（返青期）、收割后和越冬前可视土壤墒情进行灌水。春播当年可收割1次，夏播、秋播当年不收割，从第二年开始每年可收割2 ～ 4次。

小冠花与紫花苜蓿盛花期营养成分比较

（引自山西农业大学，2000）

牧草	干物质（%）	占干物质（%）					钙（%）	磷（%）
		粗蛋白质	粗脂肪	粗纤维	无氮浸出液	粗灰分		
小冠花	18.80	22.04	1.84	32.38	34.08	9.66	1.63	0.24
紫花苜蓿	20.01	21.04	4.45	31.28	34.38	8.84	0.78	0.21

[illegible]	(%) [illegible]	[illegible] (%)					(%) [illegible]	(%) [illegible]
		[illegible]	[illegible]	[illegible]	[illegible]	[illegible]		
[illegible]	20.01	21.04	4.45	31.38	34.38	8.84	0.78	0.21
[illegible]	18.80	22.04	1.84	32.38	34.08	9.66	1.63	0.24

([illegible], 2000)

[illegible]

[illegible] 2 ~ 4 [illegible] 1 [illegible] 1 200 ~ 2 400 m^3/hm^2 [illegible] 2 ~ 4 [illegible]

* [illegible] 2 cm [illegible] cm [illegible]

* [illegible] 3 cm [illegible] 1 ~ 2 cm [illegible] 60 cm [illegible] 50

* [illegible]: 7 ~ 15 kg/hm^2。

* [illegible] 8 [illegible]

3. [illegible] 4 [illegible] 5 [illegible]

六、百脉根（*Lotus corniculatus*）

1. 植物学与生物学特性

又名五叶草（四叶草），多年生草本植物。具主根，羽状复叶，伞形花序，花冠黄色或金黄色。种子细小，卵圆形，千粒重1.0 ～ 1.2 g。百脉根喜欢温暖湿润的气候，幼苗不耐寒，成株耐寒力稍强，但低于5℃茎叶枯黄。对土壤要求不高。耐热，不耐阴。

2. 利用价值

百脉根产草量高，寿命长，种子繁衍系数大，适应性强。营养丰富，初花期鲜草中粗蛋白含量3.6%，茎叶保存养分能力强，收割后养分流失少，品质依旧极佳。百脉根茎叶柔嫩多汁，口感好，适合各类家畜食用。

3. 栽培技术要点

＊ 播种时间：北方地区宜早春播种；南方地区可以夏播或秋播，秋播不易过迟，否则幼苗易冻死。

＊ 播种量：7 kg/hm^2。

＊ 播种方式：条播，行距30 ～ 40 cm，播深1 ～ 2 cm。

＊ 管理与收获：施肥可以显著提高产草量，在酸性土壤上施用石灰和磷肥效果显著。每次割草后，及时浇水、松土可以促进再生，提高青草产量。在10%的植株开花时刈割最好，盛花时刈割品质仍佳。

＊ 注意事项：北方地区种植当年不建议收获。

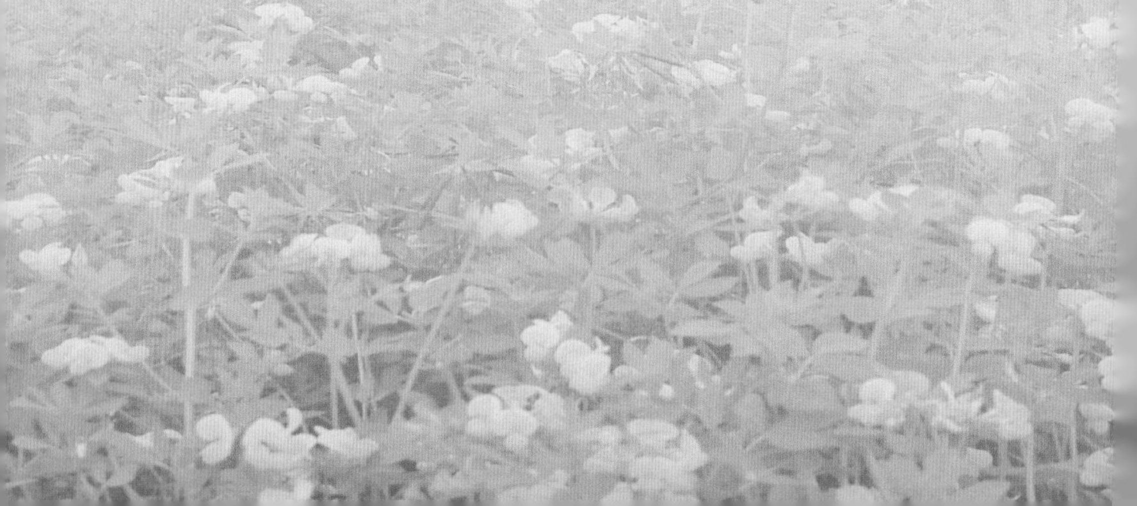

* ᠲᠠᠷᠢᠬᠤ ᠴᠠᠭ: ᠬᠠᠪᠤᠷᠤ ᠲᠠᠷᠢᠬᠤ ᠪᠠ ᠵᠤᠨ ᠤ ᠡᠬᠢᠨ ᠳᠦ ᠲᠠᠷᠢᠪᠠᠯ ᠰᠠᠶᠢᠨ ᠪᠠᠢᠳᠠᠭ ᠪᠤᠯᠤᠨ᠎ᠠ᠃ ᠬᠠᠪᠤᠷ ᠤᠨ ᠴᠠᠭ ᠲᠤ ᠬᠦᠢᠲᠡᠨ ᠪᠠᠢᠬᠤ ᠶᠢᠨ ᠠᠶᠤᠯ ᠲᠠᠢ ᠪᠠᠢᠳᠠᠭ᠃

* ᠲᠠᠷᠢᠬᠤ ᠠᠷᠭ᠎ᠠ: ᠮᠥᠷ ᠢᠶᠠᠷ ᠲᠠᠷᠢᠬᠤ᠂ ᠮᠥᠷ ᠦᠨ ᠵᠠᠢ 30～40 cm᠂ ᠲᠠᠷᠢᠬᠤ ᠭᠦᠨ ᠨᠢ 1～2 cm ᠪᠠᠢᠳᠠᠭ᠃ 10%

* ᠲᠠᠷᠢᠬᠤ ᠬᠡᠮᠵᠢᠶ᠎ᠡ: 7 kg/hm²᠃

3. ᠲᠠᠷᠢᠯᠠᠩ ᠤᠨ ᠮᠡᠨᠡᠵᠢᠯᠡᠯ

2. ᠬᠠᠳᠤᠭᠠᠯᠠᠬᠤ ᠴᠠᠭ ᠤᠨ ᠲᠤᠬᠠᠢ

5 °C 3.6% 1.0～1.2 g

1. ᠪᠠᠭᠠᠳᠠᠢ ᠡᠪᠡᠰᠦ ᠶᠢᠨ ᠤᠭᠰᠠᠭ᠎ᠠ

ᠪᠠᠭᠠᠳᠠᠢ ᠡᠪᠡᠰᠦ (*Lotus corniculatus*)

七、扁蓿豆（*Melilotoides ruthenica*）

1. 植物学与生物学特性

多年生草本。根系发达，入土深。茎斜升、近平卧或直立，多分枝。三出复叶，总状花序，花冠蝶形。种子巨圆状、椭圆形，淡黄色、黄褐色，千粒重2.3 ～ 3.5 g。扁蓿豆抗寒、抗旱、耐贫瘠、耐践踏。

2. 利用价值

扁蓿豆为优等牧草，营养期、开花期和枯草期的粗蛋白质含量分别为19.39%、16.16%和3.28%。它的适口性好，各种家畜终年均喜食。扁蓿豆粗蛋白质含量自开花至结实期下降较多，因此花期及时刈割具有重要意义。

3. 栽培技术要点

＊ 播种时间：春播、夏播和秋播均可。春播应在土壤耕作层温度稳定在5℃以上后抢墒播种。春播为4月中旬至5月上旬，夏播在雨季来临后播种，秋播在早霜到来45 ～ 60天前播种，最晚为8月下旬。

＊ 播种量：根据种子发芽率和净度确定，正常播种量为7.5 ～ 15 kg/hm^2。

＊ 播种方式：条播和穴播均可，但以条播为主。条播行距30 ～ 40 cm。

＊ 管理与收获：喷灌、漫灌均可，灌水量1 200 ～ 2 400 m^3/hm^2。每年灌溉次数2 ～ 4次，播种前、苗期（返青期）、收割后和越冬前可视土壤墒情进行灌水。扁蓿豆最佳收割时期在现蕾期至初花期，越冬前最后一次收割时间应控制在停止生长或霜冻来临前，有利于越冬和第二年高产。

＊ 注意事项：北方地区种植当年不建议收获。

ᠣᠷᠣᠳᠤᠯ᠄ ᠵᠠᠭᠠᠷ ᠬᠣᠷᠭᠣᠭ (*Melilotoides ruthenica*)

1. ᠲᠠᠷᠬᠠᠯᠲᠠ ᠶᠢᠨ ᠪᠠᠢᠳᠠᠯ ᠪᠣᠯᠤᠨ ᠬᠡᠯᠪᠡᠷᠢ ᠳᠦᠷᠰᠦ ᠶᠢᠨ ᠪᠠᠢᠳᠠᠯ ᠤᠨ ᠣᠨᠴᠠᠯᠢᠭ

ᠣᠯᠠᠨ ᠨᠠᠰᠤᠲᠤ ᠡᠪᠡᠰᠦ ᠤᠷᠭᠤᠮᠠᠯ᠃ ᠤᠨᠳᠤᠰᠤ ᠨᠢ ᠭᠦᠨ᠂ ᠰᠠᠯᠠᠭ᠎ᠠ ᠪᠣᠯᠤᠨ ᠭᠡᠭᠡᠨ ᠢ ᠲᠠᠷᠬᠠᠭᠠᠨ᠎ᠠ᠃ ᠢᠳᠡᠭᠡᠨ ᠤ ᠪᠣᠷᠴᠣᠭ ᠨᠢ ᠬᠠᠪᠲᠠᠭᠠᠢ᠂ ᠦᠷ᠎ᠡ ᠨᠢ ᠵᠤᠢᠪᠠᠩ ᠬᠡᠯᠪᠡᠷᠢ ᠲᠡᠢ᠃ ᠮᠢᠩᠭᠠᠨ ᠰᠢᠮ᠎ᠡ ᠦᠷ᠎ᠡ ᠶᠢᠨ ᠬᠦᠨᠳᠦ ᠨᠢ 2.3 ~ 3.5 g ᠪᠣᠯᠤᠨ᠎ᠠ᠃ ᠵᠠᠭᠠᠷ ᠬᠣᠷᠭᠣᠭ ᠪᠣᠯᠪᠠᠯ᠂ ᠭᠠᠩ᠂ ᠬᠦᠢᠲᠡᠨ ᠳᠦ ᠲᠡᠰᠪᠦᠷᠢ ᠰᠠᠢᠲᠠᠢ᠃ ᠭᠠᠩ ᠳᠤ ᠲᠡᠰᠪᠦᠷᠢ ᠰᠠᠢᠲᠠᠢ ᠪᠣᠯᠤᠨ ᠬᠦᠢᠲᠡᠨ ᠳᠦ ᠲᠡᠰᠪᠦᠷᠢ ᠰᠠᠢᠲᠠᠢ᠂ ᠬᠤᠮᠠᠬᠢ ᠬᠥᠷᠥᠰᠦ ᠳᠦ ᠤᠷᠭᠤᠨ᠎ᠠ᠃ ᠬᠠᠪᠤᠷ ᠤᠨ ᠡᠷᠲᠡ ᠤᠷᠭᠤᠵᠤ᠂ ᠨᠠᠮᠤᠷ ᠤᠨ ᠬᠣᠶᠢᠨ᠎ᠠ ᠦᠷ᠎ᠡ ᠪᠣᠯᠪᠠᠰᠤᠷᠠᠨ᠎ᠠ᠃

2. ᠠᠮᠢᠳᠤ ᠪᠣᠳᠠᠰ ᠤᠨ ᠣᠨᠴᠠᠯᠢᠭ ᠴᠢᠨᠠᠷ

ᠠᠮᠲᠠ ᠰᠠᠢᠲᠠᠢ᠂ ᠮᠠᠯ ᠤᠨ ᠳᠤᠷᠠᠲᠠᠢ ᠢᠳᠡᠭᠡᠨ ᠪᠣᠯᠤᠨ᠎ᠠ᠃

ᠵᠠᠭᠠᠷ ᠬᠣᠷᠭᠣᠭ ᠪᠣᠯ ᠮᠠᠯ ᠤᠨ ᠳᠤᠷᠠᠲᠠᠢ ᠢᠳᠡᠭᠡᠨ ᠲᠡᠵᠢᠭᠡᠯ᠂ ᠠᠮᠢᠳᠤ ᠪᠣᠳᠠᠰ ᠤᠨ ᠤᠷᠭᠤᠮᠠᠯ᠂ ᠪᠦᠬᠦ ᠲᠥᠷᠥᠯ ᠤᠨ ᠮᠠᠯ ᠤᠨ ᠳᠤᠷᠠᠲᠠᠢ ᠢᠳᠡᠭᠡᠨ ᠪᠣᠯᠤᠨ᠎ᠠ᠃ ᠵᠠᠭᠠᠷ ᠬᠣᠷᠭᠣᠭ ᠤᠨ ᠴᠡᠴᠡᠭᠯᠡᠬᠦ ᠦᠶ᠎ᠡ ᠶᠢᠨ ᠬᠠᠭᠤᠷᠠᠢ ᠪᠣᠳᠠᠰ ᠲᠤ ᠪᠦᠬᠦ ᠤᠷᠭᠤᠮᠠᠯ ᠤᠨ ᠤᠭᠤᠷᠭ᠎ᠠ᠂ ᠲᠦᠭᠦᠬᠡᠢ ᠵᠢᠭᠠᠬᠤ ᠪᠣᠯᠤᠨ ᠬᠠᠭᠤᠷᠠᠢ ᠲᠣᠣᠰᠤ ᠶᠢᠨ ᠬᠡᠮᠵᠢᠶ᠎ᠡ ᠨᠢ ᠲᠤᠰ ᠲᠤᠰ 19.39%᠂ 16.16% ᠪᠣᠯᠤᠨ 3.28% ᠪᠣᠯᠤᠨ᠎ᠠ᠃ ᠠᠮᠢᠳᠤ ᠪᠣᠳᠠᠰ ᠤᠨ ᠴᠢᠨᠠᠷ ᠰᠠᠢᠨ᠂ ᠮᠠᠯ ᠤᠨ ᠳᠤᠷᠠᠲᠠᠢ ᠢᠳᠡᠭᠡᠨ ᠪᠣᠯᠤᠨ᠎ᠠ᠃

3. ᠲᠠᠷᠢᠯᠳᠠ ᠲᠡᠵᠢᠭᠡᠯᠲᠡ ᠶᠢᠨ ᠠᠷᠭ᠎ᠠ ᠠᠷᠭᠠᠴᠢᠯᠠᠯ

* ᠲᠠᠷᠢᠬᠤ ᠴᠠᠭ᠄ ᠬᠠᠪᠤᠷ᠂ ᠵᠤᠨ᠂ ᠨᠠᠮᠤᠷ ᠲᠠᠷᠢᠵᠤ ᠪᠣᠯᠤᠨ᠎ᠠ᠃ ᠬᠠᠪᠤᠷ ᠲᠠᠷᠢᠬᠤ ᠳᠤ ᠭᠠᠵᠠᠷ ᠤᠨ ᠬᠥᠯᠳᠡᠯᠲᠡ ᠰᠣᠯᠠᠷᠠᠵᠤ ᠭᠠᠵᠠᠷ ᠤᠨ ᠬᠡᠮ ᠢ ᠳᠠᠯᠳᠠ ᠭᠦᠨ 5°C ᠡᠴᠡ ᠳᠡᠭᠡᠭᠰᠢ ᠪᠣᠯᠤᠭᠰᠠᠨ ᠦᠶ᠎ᠡ ᠳᠦ ᠲᠠᠷᠢᠨ᠎ᠠ᠃ ᠬᠠᠪᠤᠷ ᠤᠨ ᠲᠠᠷᠢᠯᠲᠠ ᠶᠢ 4 ᠰᠠᠷ᠎ᠠ ᠶᠢᠨ ᠳᠤᠮᠳᠠ ᠡᠴᠡ 5 ᠰᠠᠷ᠎ᠠ ᠶᠢᠨ ᠰᠠᠷ᠎ᠠ ᠶᠢᠨ ᠡᠬᠢᠨ ᠦ ᠳᠤᠮᠳᠠ ᠳᠤ ᠲᠠᠷᠢᠬᠤ ᠳᠤ ᠲᠣᠬᠢᠷᠠᠮᠵᠢᠲᠠᠢ᠂ ᠵᠤᠨ ᠤ ᠲᠠᠷᠢᠯᠲᠠ ᠶᠢ ᠬᠤᠷ᠎ᠠ ᠶᠢᠨ ᠡᠮᠦᠨ᠎ᠡ᠂ ᠨᠠᠮᠤᠷ ᠤᠨ ᠲᠠᠷᠢᠯᠲᠠ ᠶᠢ 45 ~ 60 ᠡᠳᠦᠷ ᠦᠨ ᠡᠮᠦᠨ᠎ᠡ ᠲᠠᠷᠢᠨ᠎ᠠ᠃ ᠲᠠᠷᠢᠯᠲᠠ ᠶᠢᠨ ᠬᠠᠮᠤᠭ ᠣᠷᠣᠢ ᠬᠤᠭᠤᠴᠠᠭ᠎ᠠ ᠨᠢ 8 ᠰᠠᠷ᠎ᠠ ᠶᠢᠨ ᠡᠬᠢᠨ ᠦ ᠳᠤᠮᠳᠠ ᠪᠣᠯᠤᠨ᠎ᠠ᠃

* ᠲᠠᠷᠢᠬᠤ ᠬᠡᠮᠵᠢᠶ᠎ᠡ᠄ ᠦᠷ᠎ᠡ ᠶᠢᠨ ᠴᠢᠨᠠᠷ ᠤᠨ ᠪᠠᠢᠳᠠᠯ ᠪᠣᠯᠤᠨ ᠲᠠᠷᠢᠬᠤ ᠠᠷᠭ᠎ᠠ ᠶᠢ ᠪᠣᠳᠣᠯᠴᠠᠭᠠᠨ ᠲᠣᠭᠲᠠᠭᠠᠨ᠎ᠠ᠃ ᠶᠡᠷᠦ ᠶᠢᠨ ᠲᠠᠷᠢᠬᠤ ᠬᠡᠮᠵᠢᠶ᠎ᠡ ᠨᠢ 7.5 ~ 15 kg/hm^2᠃

* ᠲᠠᠷᠢᠬᠤ ᠠᠷᠭ᠎ᠠ᠄ ᠴᠠᠴᠤᠨ ᠲᠠᠷᠢᠬᠤ ᠪᠠ ᠮᠥᠷ ᠲᠠᠷᠢᠭ᠎ᠠ ᠬᠢᠵᠦ ᠪᠣᠯᠤᠨ᠎ᠠ᠃ ᠮᠥᠷ ᠲᠠᠷᠢᠭ᠎ᠠ ᠪᠠᠷ ᠲᠠᠷᠢᠬᠤ ᠳᠤ᠂ ᠮᠥᠷ ᠤᠨ ᠵᠠᠢ ᠨᠢ 30 ~ 40 cm ᠪᠣᠯᠤᠨ᠎ᠠ᠃

* ᠬᠠᠳᠤᠯᠠᠬᠤ ᠪᠠ ᠦᠷᠲᠡᠭᠡᠯ᠄ ᠴᠡᠴᠡᠭᠯᠡᠬᠦ ᠦᠶ᠎ᠡ ᠳᠦ ᠬᠠᠳᠤᠯᠠᠬᠤ ᠨᠢ ᠲᠣᠬᠢᠷᠠᠮᠵᠢᠲᠠᠢ᠂ ᠬᠠᠳᠤᠯᠠᠭᠰᠠᠨ ᠤᠷᠭᠤᠮᠠᠯ ᠤᠨ ᠨᠣᠭᠣᠭᠠᠨ ᠤᠷᠭᠤᠮᠠᠯ ᠤᠨ ᠦᠷᠲᠡᠭᠡᠯ ᠨᠢ 1 200 ~ 2 400 ᠪᠣᠯᠤᠨ᠎ᠠ᠃

* ᠠᠰᠠᠷᠠᠯᠭ᠎ᠠ ᠲᠠᠷᠢᠯᠭ᠎ᠠ᠄ ᠲᠠᠷᠢᠵᠤ ᠭᠠᠷᠤᠭᠰᠠᠨ ᠤ ᠳᠠᠷᠠᠭ᠎ᠠ ᠬᠣᠭ ᠨᠣᠭᠣᠭ᠎ᠠ ᠶᠢ ᠴᠠᠭ ᠲᠤᠬᠠᠢ ᠳᠤ ᠨᠢ ᠠᠷᠢᠯᠭᠠᠨ᠎ᠠ᠃ ᠤᠰᠤᠯᠠᠯᠲᠠ ᠬᠢᠬᠦ ᠨᠥᠬᠦᠴᠡᠯ ᠲᠡᠢ ᠭᠠᠵᠠᠷ ᠲᠤ ᠤᠰᠤᠯᠠᠯᠲᠠ ᠶᠢ ᠴᠠᠭ ᠲᠤᠬᠠᠢ ᠳᠤ ᠨᠢ ᠬᠢᠨ᠎ᠡ᠃ ᠤᠰᠤᠯᠠᠬᠤ ᠬᠡᠮᠵᠢᠶ᠎ᠡ ᠨᠢ 2 ~ 4 ᠤᠳᠠᠭ᠎ᠠ᠂ ᠨᠢᠭᠡ ᠤᠳᠠᠭ᠎ᠠ ᠳᠤ m^3/hm^2 ᠤᠰᠤ ᠬᠡᠷᠡᠭᠯᠡᠨ᠎ᠡ᠃ ᠤᠷᠭᠤᠮᠠᠯ ᠤᠨ ᠡᠬᠢᠨ ᠦ ᠦᠶ᠎ᠡ ᠳᠦ ᠬᠣᠭ ᠨᠣᠭᠣᠭ᠎ᠠ ᠶᠢ ᠠᠷᠢᠯᠭᠠᠬᠤ ᠨᠢ ᠴᠢᠬᠤᠯᠠ ᠪᠣᠯᠤᠨ᠎ᠠ᠃

* ᠬᠠᠳᠤᠯᠠᠬᠤ ᠴᠠᠭ᠄ ᠴᠡᠴᠡᠭᠯᠡᠬᠦ ᠦᠶ᠎ᠡ ᠳᠦ ᠬᠠᠳᠤᠯᠠᠪᠠᠯ ᠲᠣᠬᠢᠷᠠᠮᠵᠢᠲᠠᠢ ᠪᠣᠯᠤᠨ᠎ᠠ᠃

八、草木樨属（*Melilotus*）

（一）白花草木樨（*M. albus*）

1. 植物学与生物学特性

二年生牧草。茎直立，主根粗大，侧根发达生有根瘤。羽状三出复叶。种子黄色至褐色，千粒重2～2.5 g。白花草木樨的适应性很广，最适于在湿润和半干燥的气候条件下生长，抗旱、耐寒、耐贫瘠和耐盐碱。

2. 利用价值

白花草木樨是牛、羊、猪等家畜的优良饲草，其中茎粗蛋白含量为28.5%，叶粗蛋白含量为8.8%，全株粗蛋白含量为12.51%。可以放牧、青刈、调制青干草或青贮后饲喂。其营养成分与紫花苜蓿相似。

3. 栽培技术要点

* 播种时间：一年四季均可播种。于早春解冻时抢墒播种，易于抓苗，当年可收草。春旱多风地区，宜夏播。8～9月份秋播。

* 播种量：6.75～15.75 kg/hm^2。

* 播种方式：可条播、撒播或穴播。条播行距40～50 cm，播深1～2 cm。

* 管理与收获：磷、钾肥同时施用，对白花草木樨增产有显著作用。施过磷酸钙作底肥，产草量可提高1倍，植株含氮量增加6.9%～33%。在花前或孕蕾初期刈割，留茬以10～15 cm为宜。

ᠭᠤᠷᠪᠠ᠂ ᠬᠣᠰᠢᠭᠤᠨᠭᠭᠣ ᠶᠢᠨ ᠲᠥᠷᠥᠯ (*Melilotus*)

(**ᠨᠢᠭᠡ**) **ᠴᠠᠭᠠᠨ ᠬᠣᠰᠢᠭᠤᠨᠭᠭᠣ** (*M. albus*)

1. ᠬᠡᠯᠪᠡᠷᠢ ᠶᠢᠨ ᠣᠨᠴᠠᠯᠢᠭ ᠪᠣᠯᠤᠨ ᠲᠠᠷᠢᠯᠠᠯᠲᠠ ᠶᠢᠨ ᠣᠨᠴᠠᠯᠢᠭ ᠢ ᠲᠣᠪᠴᠢᠯᠠᠨ ᠲᠠᠨᠢᠯᠴᠠᠭᠤᠯᠬᠤ

ᠬᠣᠶᠠᠷ ᠨᠠᠰᠤᠲᠤ ᠡᠪᠡᠰᠦᠨ ᠤᠷᠭᠠᠮᠠᠯ᠃ ᠭᠣᠣᠯ ᠢᠶᠠᠷ ᠬᠦᠷᠳᠡᠨ᠂ ᠰᠠᠯᠠᠭ᠎ᠠ ᠢᠶᠠᠷ ᠰᠠᠢᠨ᠂ ᠬᠠᠳᠠᠭᠠᠯᠠᠬᠤ ᠳ᠋ᠤ ᠪᠡᠷᠬᠡ ᠦᠷᠡᠰᠦ ᠪᠣᠯᠤᠨ ᠪᠣᠯᠪᠠᠰᠤᠷᠠᠬᠤ ᠴᠢᠳᠠᠪᠤᠷᠢ ᠪᠠᠭ᠎ᠠ ᠪᠣᠯᠤᠨ᠎ᠠ᠃ ᠲᠠᠷᠢᠯᠠᠯᠲᠠ ᠶᠢᠨ ᠬᠡᠮᠵᠢᠶ᠎ᠡ ᠶᠢ ᠪᠠᠭᠤᠯᠭᠠᠬᠤ᠂ ᠦᠷ᠎ᠡ ᠶᠢᠨ ᠵᠢᠭᠯᠡᠬᠦ ᠪᠠᠭᠤᠷᠢ ᠶᠢᠨ ᠮᠢᠩᠭᠠᠨ ᠦᠷ᠎ᠡ ᠶᠢᠨ ᠵᠢᠩ ᠨᠢ 2.0 ~ 2.5 g ᠪᠣᠯᠤᠨ᠎ᠠ᠃

ᠴᠠᠭᠠᠨ ᠬᠣᠰᠢᠭᠤᠨᠭᠭᠣ ᠶᠢᠨ ᠬᠦᠢᠲᠡᠨ ᠳ᠋ᠤ ᠲᠡᠰᠪᠦᠷᠢ ᠴᠢᠳᠠᠯ ᠲᠠᠢ᠂ ᠬᠤᠷ᠎ᠠ ᠪᠣᠷᠤᠭᠠᠨ ᠪᠠᠭ᠎ᠠ ᠭᠠᠵᠠᠷ ᠲᠤ ᠲᠠᠷᠢᠯᠠᠵᠤ ᠪᠣᠯᠬᠤ᠃ ᠬᠠᠭᠤᠷᠰᠢᠯ᠂ ᠪᠠᠷᠤᠭ᠂ ᠬᠦᠢᠲᠡᠨ᠂ ᠬᠠᠷᠢᠨ ᠨᠠᠭᠤᠷ ᠪᠣᠯᠤᠨ ᠬᠣᠯᠢᠮᠤᠭ ᠬᠥᠷᠥᠰᠦ ᠲᠠᠢ ᠭᠠᠵᠠᠷ ᠲᠤ ᠤᠷᠭᠤᠵᠤ ᠴᠢᠳᠠᠨ᠎ᠠ᠃

2. ᠮᠠᠯ ᠤᠨ ᠲᠡᠵᠢᠭᠡᠯ ᠦᠨ ᠴᠢᠨᠠᠷ ᠴᠢᠨᠠᠷ

ᠴᠠᠭᠠᠨ ᠬᠣᠰᠢᠭᠤᠨᠭᠭᠣ ᠶᠢᠨ ᠨᠠᠯᠢᠶᠠᠰᠤ ᠨᠢ ᠡᠬᠡ ᠰᠢᠪᠦᠭ ᠤᠨ ᠲᠡᠵᠢᠭᠡᠯ ᠦᠨ ᠪᠦᠲᠦᠭᠳᠡᠬᠦᠨ ᠢ ᠬᠠᠩᠭᠠᠨ᠎ᠠ᠃ ᠴᠡᠴᠡᠭ ᠳᠡᠯᠭᠡᠷᠡᠬᠦ ᠦᠶ᠎ᠡ ᠳ᠋ᠤ ᠬᠤᠷᠢᠶᠠᠭᠰᠠᠨ ᠬᠠᠭᠤᠷᠰᠢᠯ ᠤᠨ ᠬᠤᠪᠢ ᠳᠠᠬᠢ ᠦᠬᠡᠷ ᠤᠨ ᠤᠭᠤᠷᠠᠭ ᠤᠨ ᠬᠡᠮᠵᠢᠶ᠎ᠡ ᠨᠢ 28.5%᠂ ᠲᠣᠰᠤᠨ ᠤ ᠬᠡᠮᠵᠢᠶ᠎ᠡ 8.8%᠂ ᠰᠢᠷᠬᠡᠭ ᠲᠣᠯᠠᠭᠠᠨ ᠤ ᠬᠡᠮᠵᠢᠶ᠎ᠡ ᠨᠢ 12.51% ᠪᠣᠯᠤᠨ᠎ᠠ᠃ ᠨᠣᠭᠤᠭᠠᠨ ᠬᠠᠳᠠᠭᠠᠯᠠᠬᠤ᠂ ᠬᠠᠭᠤᠷᠰᠢᠯ ᠪᠣᠯᠭᠠᠬᠤ᠂ ᠰᠢᠬᠡᠬᠦ ᠪᠣᠯᠪᠠᠰᠤᠷᠠᠭᠤᠯᠬᠤ ᠪᠡᠷ ᠬᠡᠷᠡᠭᠯᠡᠵᠦ ᠪᠣᠯᠬᠤ᠃

3. ᠦᠷᠡᠰᠦ ᠴᠢᠨᠠᠷ ᠤᠨ ᠦᠵᠦᠯᠦᠯᠲᠡ

* ᠦᠷᠡᠰᠦ ᠬᠠᠳᠠᠬᠤ: ᠤᠷᠤᠭ ᠤᠨ ᠰᠢᠯᠢᠮᠡᠯ ᠲᠠᠷᠢᠯᠠᠯᠲᠠ ᠳᠤ ᠪᠣᠯ ᠦᠷᠡᠰᠦ ᠪᠣᠯᠪᠠᠰᠤ ᠦᠶ᠎ᠡ ᠳ᠋ᠤ ᠬᠠᠳᠠᠨ᠎ᠠ᠃ ᠦᠷᠡᠰᠦ ᠶᠢᠨ ᠬᠣᠶᠠᠷ ᠤᠨ ᠨᠢᠭᠡ ᠶᠢᠨ ᠦᠶ᠎ᠡ ᠳ᠋ᠦ ᠬᠠᠳᠠᠬᠤ ᠨᠢ ᠵᠣᠬᠢᠰᠲᠠᠢ᠃ 8 ~ 9 ᠰᠠᠷ᠎ᠠ ᠳ᠋ᠤ ᠬᠤᠷᠢᠶᠠᠨ ᠠᠪᠤᠨ᠎ᠠ᠃

* ᠦᠷᠡᠰᠦ ᠦᠢᠯᠡᠳᠦᠯ: 6.75 ~ 15.75 kg/hm^2᠃

* ᠦᠷᠡᠰᠦ ᠲᠠᠷᠢᠬᠤ: ᠬᠠᠪᠤᠷ ᠦᠷᠡᠰᠦ᠂ ᠵᠤᠨ ᠦᠷᠡᠰᠦ ᠪᠣᠯᠤᠨ ᠨᠠᠮᠤᠷ ᠦᠷᠡᠰᠦ ᠲᠠᠷᠢᠵᠤ ᠪᠣᠯᠬᠤ᠃ ᠮᠥᠷ ᠦᠷᠡᠰᠦ ᠲᠠᠷᠢᠬᠤ ᠳ᠋ᠤ ᠮᠥᠷ ᠤᠨ ᠵᠠᠢ ᠨᠢ 40 ~ 50 cm ᠪᠠᠢᠬᠤ᠂ ᠦᠷᠡᠰᠦ ᠪᠣᠯ ᠤ ᠭᠦᠨ ᠨᠢ 1 ~ 2 cm ᠪᠠᠢᠬᠤ ᠬᠡᠷᠡᠭᠲᠡᠢ᠃

* ᠬᠠᠮᠢᠭᠠᠯᠠᠬᠤ ᠪᠠ ᠬᠠᠳᠠᠭᠠᠯᠠᠬᠤ: ᠪᠣᠭᠣᠨ᠂ ᠬᠤᠷᠠᠢ ᠶᠢᠨ ᠪᠠᠢᠳᠠᠯ ᠳᠤ ᠬᠠᠳᠠᠭᠠᠯᠠᠪᠠᠯ ᠤᠷᠭᠤᠴᠠ ᠴᠢᠳᠠᠯ ᠢ ᠨᠢ ᠬᠠᠮᠢᠭᠠᠯᠠᠨ᠎ᠠ᠃ ᠬᠠᠳᠠᠭᠠᠯᠠᠬᠤ ᠳ᠋ᠤ ᠦᠷᠡᠰᠦ ᠶᠢᠨ ᠴᠢᠩᠭ᠎ᠠ ᠪᠣᠯᠤᠨ ᠤᠰᠤᠨ ᠤ ᠬᠡᠮᠵᠢᠶ᠎ᠡ ᠨᠢ 6.9 % ~ 33 % ᠪᠠᠢᠨ᠎ᠠ᠃ ᠬᠠᠳᠠᠭᠠᠯᠠᠬᠤ ᠦᠶ᠎ᠡ ᠳ᠋ᠦ ᠰᠠᠷ᠎ᠠ ᠳ᠋ᠤ ᠨᠢᠭᠡ ᠤᠳᠠᠭ᠎ᠠ ᠰᠢᠯᠭᠠᠬᠤ ᠪᠠᠷ ᠤᠰᠤᠨ ᠤ ᠬᠡᠮᠵᠢᠶ᠎ᠡ ᠶᠢ ᠬᠠᠩᠭᠠᠨ ᠪᠠᠢᠨ᠎ᠠ᠃ ᠬᠠᠳᠠᠭᠠᠯᠠᠬᠤ ᠭᠦᠨ ᠨᠢ 10 ~ 15 cm ᠪᠠᠢᠬᠤ ᠬᠡᠷᠡᠭᠲᠡᠢ᠃

（二）黄花草木樨（*M. officinalis*）

1. 植物学与生物学特性

二年生草本植物。根系发达，主根粗壮，侧根较多。三出羽状复叶，总状花序，花冠黄色。种子黄色或褐色，千粒重2.0～2.5 g。黄花草木樨抗寒、抗旱、耐贫瘠等抗逆性优于白花草木樨。

2. 利用价值

作为饲草利用，其粗蛋白质含量丰富，其中茎蛋白含量为29.1%，叶粗蛋白含量为8.8%，全株粗蛋白含量为17.84%，并含大量胡萝卜素，饲用价值高。由于草木樨含有香豆素而带苦涩味，适口性较差，同时单一饲喂过多或发霉后饲喂，易引起家畜出血性败血病，故应与其他牧草混合饲喂。

3. 栽培技术要点

* 播种时间：春播宜4月进行。秋播时墒情好，杂草少，有利出苗和实生苗的生长。冬季寄籽播种较好，可省去硬实处理，翌年春季出土后，与杂草的竞争力强，可保证当年的稳产高产。

* 播种量：条播为11 kg/hm^2，穴播为6.75 kg/hm^2，撒播为13 kg/hm^2。为了播种均匀，可用4～5倍于种子的沙土与种子拌匀后播种。

* 播种方式：可条播、穴播和撒播。条播行距20～30 cm为宜，穴播以株行距26 cm为宜好。

* 管理与收获：整地要求精细，地面要平整，土块要细碎，才能保证出苗快、出苗齐。若适当施些有机肥，则可提高产量，如施磷肥300 kg/hm^2，效果会更好。当70%左右的种荚由绿变为黄褐色，即可及时收获种子。

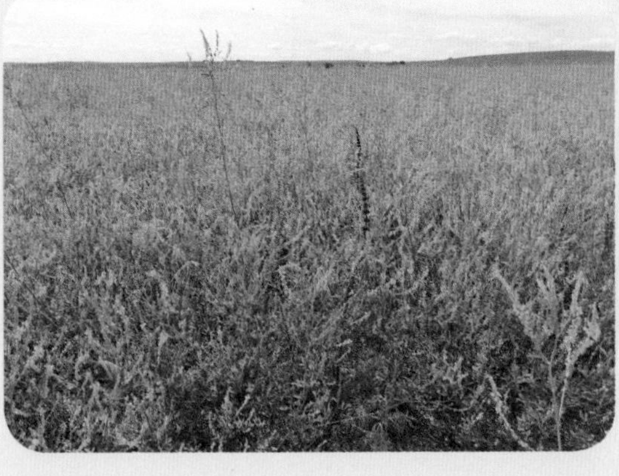

* 注意事项：北方地区种植当年不建议收获。

(ᠨᠡᠷ᠎ᠡ) ᠰᠢᠷ᠎ᠠ ᠬᠣᠰᠢᠭᠤᠨᠭ᠋ᠤ (*M. officinalis*)

1. ᠪᠣᠯᠪᠠᠰᠤᠷᠠᠯ ᠤᠨ ᠪᠠᠢᠳᠠᠯ ᠪᠠ ᠤᠷᠭᠤᠮᠠᠯ ᠤᠨ ᠪᠠᠢᠳᠠᠯ ᠤᠨ ᠣᠨᠴᠠᠯᠢᠭ

ᠬᠣᠶᠠᠷ ᠨᠠᠰᠤᠲᠤ ᠡᠪᠡᠰᠦ ᠤᠷᠭᠤᠮᠠᠯ ᠪᠣᠯᠤᠨ᠎ᠠ᠃ ᠬᠠᠯᠠᠭᠤᠨ ᠳᠤ ᠳᠤᠷᠠᠲᠠᠢ᠂ ᠬᠡᠭᠡᠷ᠎ᠡ ᠶᠢᠨ ᠪᠣᠯᠤᠨ ᠭᠠᠩᠭᠤᠷ ᠬᠠᠮᠠᠭᠠᠯᠠᠬᠤ ᠴᠢᠳᠠᠪᠤᠷᠢ ᠲᠠᠢ᠃ ᠤᠰᠤᠨ ᠳᠤ ᠳᠤᠷᠠᠲᠠᠢ᠂ ᠬᠠᠤᠷ ᠲᠤ ᠳᠤᠷᠠᠲᠠᠢ᠂ ᠭᠠᠩᠭᠤᠷ ᠲᠤ ᠲᠡᠰᠪᠦᠷᠢ ᠲᠠᠢ ᠪᠣᠯᠤᠨ᠎ᠠ᠃

ᠮᠢᠩᠭ᠎ᠠ ᠦᠷ᠎ᠡ ᠶᠢᠨ ᠵᠢᠩ ᠨᠢ 2.0 ~ 2.5 g ᠪᠣᠯᠤᠨ᠎ᠠ᠃ ᠰᠢᠷ᠎ᠠ ᠬᠣᠰᠢᠭᠤᠨᠭ᠋ᠤ ᠬᠦᠢᠲᠡᠨ᠂ ᠬᠠᠭᠤᠷᠠᠢ᠂ ᠰᠢᠯᠦᠲᠡ ᠬᠥᠷᠥᠰᠦ ᠲᠠᠢ ᠭᠠᠵᠠᠷ ᠲᠤ ᠤᠷᠭᠤᠨ᠎ᠠ᠂ ᠪᠣᠷᠣᠭᠠ ᠬᠤᠷ᠎ᠠ ᠬᠠᠩᠭᠠᠯᠢᠭ ᠭᠠᠵᠠᠷ ᠲᠤ᠂ ᠬᠠᠷᠢᠨ ᠳᠠᠪᠤᠰᠤᠯᠢᠭ ᠬᠥᠷᠥᠰᠦ ᠲᠦ ᠴᠦ ᠤᠷᠭᠤᠳᠠᠭ᠃

2. ᠰᠢᠷ᠎ᠠ ᠬᠣᠰᠢᠭᠤᠨᠭ᠋ᠤ ᠶᠢᠨ ᠲᠡᠵᠢᠯ ᠦᠨ ᠴᠢᠨᠠᠷ

ᠰᠢᠷ᠎ᠠ ᠬᠣᠰᠢᠭᠤᠨᠭ᠋ᠤ ᠶᠢᠨ ᠤᠭᠤᠷᠠᠭ ᠴᠡᠴᠡᠭᠯᠡᠬᠦ ᠦᠶ᠎ᠡ ᠳᠦ᠂ ᠬᠠᠭᠤᠷᠠᠢ ᠪᠣᠳᠠᠰ ᠲᠤ ᠲᠠᠭᠠᠷᠬᠠᠢ ᠶᠢᠨ ᠠᠭᠤᠯᠵᠠᠮᠵᠢ 8.8%᠂ ᠪᠦᠳᠦᠭᠦᠨ ᠤᠷᠭᠤᠮᠠᠯ ᠤᠨ ᠠᠭᠤᠯᠵᠠᠮᠵᠢ 17.84% ᠪᠣᠯᠵᠤ᠂ ᠰᠢᠷ᠎ᠠ ᠬᠣᠰᠢᠭᠤᠨᠭ᠋ᠤ ᠶᠢᠨ ᠪᠦᠳᠦᠭᠦᠨ ᠤᠷᠭᠤᠮᠠᠯ ᠤᠨ ᠠᠭᠤᠯᠵᠠᠮᠵᠢ ᠨᠢ ᠥᠨᠳᠥᠷ᠂ ᠨᠠᠪᠴᠢ ᠳᠤ ᠬᠠᠭᠤᠷᠠᠢ ᠪᠣᠳᠠᠰ ᠤᠨ ᠠᠭᠤᠯᠵᠠᠮᠵᠢ 29.1%᠂ ᠲᠠᠷᠠᠭᠠᠯᠠᠮ ᠦᠨ ᠠᠮᠲᠠ ᠰᠠᠢᠲᠠᠢ᠂ ᠮᠠᠯ ᠳᠤ ᠢᠳᠡᠭᠳᠡᠬᠦ ᠴᠢᠨᠠᠷ ᠰᠠᠢᠨ ᠪᠣᠯᠤᠨ᠎ᠠ᠃

3. ᠲᠠᠷᠢᠯᠠᠯᠭ᠎ᠠ ᠬᠠᠮᠢᠭᠠᠯᠠᠯᠲᠠ ᠶᠢᠨ ᠠᠷᠭ᠎ᠠ

ᠪᠣᠭᠣᠷᠤᠳ ᠬᠠᠪᠤᠷ ᠤᠨ ᠲᠠᠷᠢᠯᠠᠯᠭ᠎ᠠ ᠳᠤ ᠲᠣᠬᠢᠷᠠᠮᠵᠢᠲᠠᠢ᠂ ᠬᠠᠪᠤᠷ ᠲᠠᠷᠢᠬᠤ ᠳᠤ ᠵᠣᠬᠢᠰᠲᠠᠢ᠃

ᠬᠦᠷᠦᠰᠦ ᠪᠡᠯᠡᠳᠬᠡᠯ ᠪᠣᠯᠤᠨ ᠦᠷ᠎ᠡ ᠪᠤᠯᠢᠶᠠᠬᠤ: ᠦᠷ᠎ᠡ ᠶᠢᠨ ᠬᠠᠯᠢᠰᠤ ᠶᠢ ᠪᠤᠯᠢᠶᠠᠵᠤ ᠲᠠᠷᠢᠪᠠᠯ ᠰᠠᠢᠨ᠃

* ᠲᠠᠷᠢᠬᠤ ᠴᠠᠭ : ᠬᠠᠪᠤᠷ ᠤᠨ ᠲᠠᠷᠢᠯᠠᠯᠭ᠎ᠠ ᠪᠣᠯᠤᠨ ᠵᠤᠨ ᠤ ᠲᠠᠷᠢᠯᠠᠯᠭ᠎ᠠ ᠳᠤ ᠲᠣᠬᠢᠷᠠᠮᠵᠢᠲᠠᠢ᠃

* ᠲᠠᠷᠢᠬᠤ ᠠᠷᠭ᠎ᠠ : ᠮᠥᠷ ᠯᠡᠭᠡ ᠲᠠᠷᠢᠬᠤ᠂ ᠴᠠᠴᠤᠨ ᠲᠠᠷᠢᠬᠤ ᠪᠣᠯᠤᠨ ᠦᠪᠡᠷ ᠲᠠᠷᠢᠬᠤ᠃

* ᠲᠠᠷᠢᠬᠤ ᠬᠡᠮᠵᠢᠶ᠎ᠡ : ᠮᠥᠷ ᠯᠡᠭᠡ ᠲᠠᠷᠢᠬᠤ ᠳᠤ ᠲᠠᠷᠢᠬᠤ ᠬᠡᠮᠵᠢᠶ᠎ᠡ 11 kg/hm^2᠂ ᠴᠠᠴᠤᠨ ᠲᠠᠷᠢᠬᠤ ᠳᠤ 6.75 kg/hm^2᠂ ᠦᠪᠡᠷ ᠲᠠᠷᠢᠬᠤ ᠳᠤ 13 kg/hm^2᠃ ᠲᠠᠷᠢᠬᠤ ᠦᠷ᠎ᠡ ᠶᠢᠨ ᠴᠢᠨᠠᠷ ᠢ ᠪᠠᠷᠢᠮᠵᠢᠯᠠᠨ ᠲᠣᠬᠢᠷᠠᠭᠤᠯᠤᠨ᠎ᠠ᠃

* ᠲᠠᠷᠢᠬᠤ ᠭᠦᠨ : ᠲᠠᠷᠢᠬᠤ ᠭᠦᠨ ᠢ ᠬᠥᠷᠥᠰᠦ ᠶᠢᠨ ᠴᠢᠢᠭ ᠢ ᠪᠣᠳᠣᠵᠤ ᠲᠣᠭᠲᠠᠭᠠᠨ᠎ᠠ᠂ ᠡᠩ ᠦᠨ ᠳᠣᠪ ᠢ 2 ~ 3 cm ᠪᠣᠯᠭᠠᠨ᠎ᠠ᠃ ᠮᠥᠷ ᠬᠣᠭᠣᠷᠣᠨᠳᠤ ᠵᠠᠢ ᠨᠢ 20 ~ 30 cm ᠪᠣᠯᠭᠠᠨ᠎ᠠ᠂ ᠮᠥᠷ ᠬᠣᠭᠣᠷᠣᠨᠳᠤ ᠵᠠᠢ ᠶᠢ 26 cm ᠪᠣᠯᠭᠠᠨ᠎ᠠ᠃

* ᠲᠠᠷᠢᠬᠤ ᠲᠣᠭ᠎ᠠ : ᠴᠠᠴᠤᠨ ᠲᠠᠷᠢᠬᠤ ᠳᠤ ᠬᠠᠮᠲᠤ ᠲᠠᠷᠢᠬᠤ ᠶᠢᠨ ᠲᠣᠭ᠎ᠠ ᠶᠢ ᠪᠠᠷᠢᠮᠵᠢᠯᠠᠨ᠎ᠠ᠃ ᠮᠥᠷ ᠯᠡᠭᠡ ᠲᠠᠷᠢᠬᠤ ᠳᠤ ᠨᠢᠭᠡ ᠮᠡᠲᠷ ᠲᠤ 20 ᠪᠠᠭ᠎ᠠ ᠪᠠᠷ᠂ ᠨᠢᠭᠡ ᠪᠠᠭ᠎ᠠ ᠳᠤ 4 ~ 5 ᠦᠷ᠎ᠡ ᠲᠠᠷᠢᠵᠤ ᠪᠣᠯᠤᠨ᠎ᠠ᠃

* ᠬᠠᠮᠢᠭᠠᠯᠠᠯᠲᠠ : ᠭᠠᠵᠠᠷ ᠲᠠᠷᠢᠬᠤ ᠶᠢᠨ ᠡᠮᠦᠨ᠎ᠡ ᠪᠠᠭᠤᠷᠠᠢ ᠶᠢᠨ ᠪᠣᠳᠠᠰ ᠢ ᠬᠡᠷᠡᠭᠯᠡᠵᠦ᠂ ᠬᠦᠷᠦᠰᠦ ᠶᠢ ᠰᠠᠢᠵᠢᠷᠠᠭᠤᠯᠤᠨ᠎ᠠ᠃ 70 % ᠴᠡᠴᠡᠭᠯᠡᠬᠦ ᠦᠶ᠎ᠡ ᠳᠦ ᠬᠠᠳᠤᠵᠤ ᠠᠪᠤᠨ᠎ᠠ᠃ ᠨᠢᠭᠡ ᠭᠧᠺᠲᠠᠷ ᠲᠤ 300 kg/hm^2 ᠦᠷ᠎ᠡ ᠬᠤᠷᠢᠶᠠᠨ ᠠᠪᠴᠤ ᠪᠣᠯᠤᠨ᠎ᠠ᠃

* ᠬᠠᠳᠠᠭᠠᠯᠠᠬᠤ : ᠬᠠᠳᠠᠭᠠᠯᠠᠬᠤ ᠶᠢᠨ ᠡᠮᠦᠨ᠎ᠡ ᠦᠷ᠎ᠡ ᠶᠢ ᠬᠠᠲᠠᠭᠠᠵᠤ ᠪᠣᠯᠤᠨ᠎ᠠ᠃

九、胡枝子属（*Lespedeza*）

（一）达乌里胡枝子（*L. davurica*）

1. 植物学与生物学特性

多年生草本状半灌木植物。主根入土较深。茎单一或数个簇生，枝条常斜生，羽状三出复叶，总状花序腋生，花冠蝶形。种子卵形或椭圆形，绿黄色或具暗褐色斑点，千粒重约1.9 g。达乌里胡枝子耐旱、耐瘠薄。

2. 利用价值

达乌里胡枝子粗蛋白质含量19.29%，作为优良的饲用植物在开花前及花期各种家畜喜食，适口性最好的部分为花、叶及嫩枝梢。开花以后，茎枝木质化，质地粗硬，适口性下降，故利用宜早。

3. 栽培技术要点

＊ 播种时间：一般在4月下旬至6月上旬播种抢墒播种。秋播最晚为8月中旬，旱作不得晚于7月下旬。

＊ 播种量：22.5 ～ 30 kg/hm^2，生产中根据整地情况、墒情、土壤肥力来确定。

＊ 播种方式：可条播、撒播。条播行距30 ～ 40 cm为宜。

＊ 管理与收获：喷灌、漫灌均可，灌水量1 200 ～ 2 400 m^3/hm^2，视土壤墒情进行灌水。追肥以磷肥、钾肥为主，追施磷肥（P_2O_5）45 ～ 60 kg/hm^2，钾肥（K_2O）60 ～ 75 kg/hm^2。最佳收割时期一般在现蕾期至初花期，越冬前最后一次收割时间应控制在停止生长或霜冻来临前的45天。

＊ 注意事项：北方地区种植当年不建议收获。

[illegible] (*Lespedeza*)

([illegible]) [illegible] (*L. davurica*)

1. [illegible]

[illegible] ᠶᠢ 1.9 g [illegible]

2. [illegible]

[illegible] ᠶᠢ 19.29 % [illegible]

3. [illegible]

* [illegible] 4 [illegible] 6 [illegible] 8 [illegible]

* [illegible] 22.5 ~ 30 kg/hm² [illegible] 7 [illegible]

* [illegible] 30 ~ 40 cm [illegible]

* [illegible]

[illegible] 1 200 ~ 2 400 m³/hm² [illegible] (P_2O_5) [illegible] 45 ~ 60 kg/hm² [illegible] (K_2O) [illegible] 60 ~ 75 kg/hm² [illegible]

[illegible] 45 [illegible]

* [illegible]

（二）二色胡枝子（*L. bicolor*）

1. 植物学与生物学特性

多年生灌木型植物。根系发达，侧根密集在表土层。茎直立，三出复叶，总状花序。种子褐色，千粒重8.3 g。二色胡枝子耐阴、耐寒、耐干旱、耐瘠薄，适应性很强，对土壤要求不严格。

2. 利用价值

枝叶繁茂，适口性好，各种家畜都喜食，调制成草粉也是兔、鸡、猪的优良饲料。二色胡枝子营养丰富，反刍动物对其有机物质的消化率略低于紫花苜蓿，比其他灌木类牧草高。不同生育阶段，粗蛋白质含量18.72% ～ 20.99%。

3. 栽培技术要点

* 播种时间：以春播为宜。

* 播种量：条播为7.5 kg/hm^2；撒播可增至22.5 kg/hm^2。

* 播种方式：播前先去除荚壳，然后擦破种皮破除硬实。条播，行距70 ～ 100 cm，覆土3 ～ 5 cm。

* 管理与收获：播种当年生长慢，苗期生长更慢，所以应注意苗期管理，中耕除杂草1 ～ 2次。播种当年草产量低，很少结实。

* 注意事项：北方地区种植当年不建议收获。次年，可割2 ～ 3次。

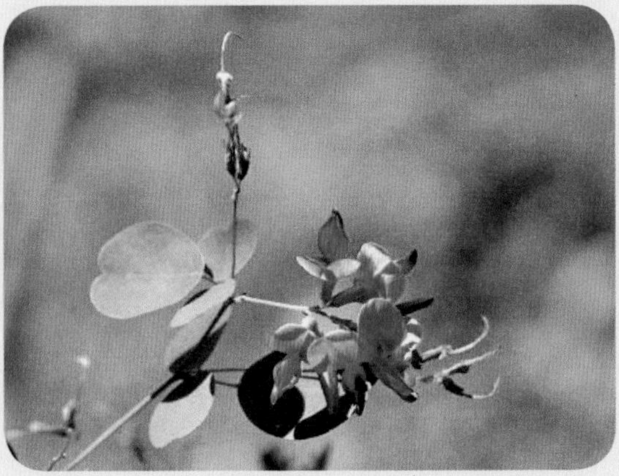

ᠬᠡᠷᠡᠭᠯᠡᠵᠦ ᠪᠣᠯᠤᠨ᠎ᠠ ᠃

* ᠲᠠᠷᠢᠬᠤ ᠴᠠᠭ : ᠬᠠᠪᠤᠷᠤᠨ ᠲᠠᠷᠢᠯᠭ᠎ᠠ ᠶᠢᠨ ᠭᠡᠰᠦᠭᠰᠡᠨ ᠤ ᠳᠠᠷᠠᠭ᠎ᠠ ᠭᠡᠰᠦᠭᠡᠬᠦ ᠬᠤᠭᠤᠴᠠᠭ᠎ᠠ ᠳᠤ ᠲᠠᠷᠢᠵᠤ ᠪᠣᠯᠬᠤ ᠂ ᠭᠡᠰᠦᠭᠰᠡᠨ ᠤ ᠳᠠᠷᠠᠭ᠎ᠠ ᠵᠢᠯ ᠦᠨ ᠤᠷᠤ 2 ~ 3 ᠰᠠᠷ᠎ᠠ ᠳᠤ ᠲᠠᠷᠢᠵᠤ ᠪᠣᠯᠬᠤ ᠂ ᠲᠠᠷᠢᠯᠭ᠎ᠠ ᠶᠢᠨ ᠭᠡᠵᠦ ᠨᠢ ᠵᠢᠯ ᠳᠦ 1 ~ 2 ᠤᠳᠠᠭ᠎ᠠ ᠬᠠᠳᠤᠵᠤ ᠪᠣᠯᠤᠨ᠎ᠠ ᠃ ᠭᠡᠰᠦᠭᠰᠡᠨ ᠦ ᠳᠠᠷᠠᠭ᠎ᠠ ᠵᠢᠯ ᠦᠨ ᠬᠠᠪᠤᠷ ᠤᠨ ᠲᠠᠷᠢᠯᠭ᠎ᠠ ᠶᠢ ᠬᠠᠮᠤᠭ ᠰᠠᠢᠨ ᠂ ᠬᠠᠷᠢᠨ ᠪᠣᠯᠵᠤ ᠪᠠᠢᠭᠠᠳ ᠬᠠᠷᠢᠶᠠᠯᠠᠬᠤ ᠪᠣᠯᠤᠨ᠎ᠠ ᠃

* ᠲᠠᠷᠢᠬᠤ ᠠᠷᠭ᠎ᠠ : ᠮᠥᠷ ᠲᠠᠷᠢᠯᠭ᠎ᠠ ᠪᠡᠷ ᠲᠠᠷᠢᠬᠤ ᠪᠠ ᠮᠥᠷ ᠦᠨ ᠵᠠᠢ ᠢ 70 ~ 100 cm ᠪᠣᠯᠭᠠᠬᠤ ᠂ ᠲᠠᠷᠢᠭᠰᠠᠨ ᠤ ᠳᠠᠷᠠᠭ᠎ᠠ ᠬᠥᠷᠦᠰᠦ ᠪᠠᠷ ᠳᠠᠷᠤᠬᠤ ᠵᠤᠵᠠᠭᠠᠨ ᠢ 3 ~ 5 cm ᠪᠣᠯᠭᠠᠬᠤ ᠬᠡᠷᠡᠭᠲᠡᠢ ᠃

* ᠲᠠᠷᠢᠬᠤ ᠬᠡᠮᠵᠢᠶ᠎ᠡ : ᠦᠷ᠎ᠡ ᠶᠢᠨ ᠲᠠᠷᠢᠯᠠᠩ ᠳᠤ 7.5 kg/hm^2 ᠂ ᠲᠡᠵᠢᠭᠡᠯ ᠦᠨ ᠲᠠᠷᠢᠯᠠᠩ ᠳᠤ 22.5 kg/hm^2 ᠃

* ᠲᠠᠷᠢᠬᠤ ᠠᠷᠭ᠎ᠠ : ᠮᠥᠷ ᠲᠠᠷᠢᠯᠭ᠎ᠠ ᠪᠣᠯᠤᠨ ᠴᠠᠴᠤᠯᠲᠠ ᠲᠠᠷᠢᠯᠭ᠎ᠠ ᠃

3. ᠲᠡᠵᠢᠭᠡᠯ ᠦᠨ ᠦᠨ᠎ᠡ ᠴᠡᠨᠡᠷ

ᠤᠭᠯᠠᠭᠠᠨ ᠳᠤ ᠪᠠᠭᠲᠠᠭᠳᠠᠬᠤ ᠪᠦᠳᠦᠭᠦᠯᠢᠭ ᠤᠭᠤᠷᠭ᠎ᠠ ᠶᠢᠨ ᠬᠡᠮᠵᠢᠶ᠎ᠡ ᠨᠢ 18.72% ~ 20.99% ᠪᠣᠯᠤᠨ᠎ᠠ ᠃ ᠨᠠᠯᠢᠶᠠ ᠪᠠ ᠵᠥᠭᠡᠯᠡᠨ ᠨᠠᠮᠤᠷ ᠢ ᠮᠠᠯ ᠲᠡᠵᠢᠭᠡᠯ ᠦᠨ ᠲᠤᠯᠠ ᠰᠤᠷᠳᠤᠨ ᠢᠳᠡᠵᠦ ᠂ ᠬᠠᠳᠤᠵᠤ ᠤᠨᠠᠭᠠᠰᠤ ᠂ ᠪᠠᠢᠭᠠᠯᠢ ᠪᠠᠷ ᠬᠤᠪᠢᠶᠠᠷᠢᠭᠤᠯᠤᠨ ᠨᠠᠮᠤᠷ ᠤᠨ ᠲᠠᠯᠠᠪᠤᠷᠢ ᠮᠠᠯ ᠤᠨ ᠲᠡᠵᠢᠭᠡᠯ ᠪᠣᠯᠭᠠᠨ ᠬᠡᠷᠡᠭᠯᠡᠨ᠎ᠡ ᠃ ᠮᠣᠳᠣᠯᠢᠭ ᠬᠡᠰᠡᠭ ᠢ ᠪᠠᠰᠠ ᠬᠦᠳᠡᠭᠡ ᠶᠢᠨ ᠮᠠᠯ ᠤᠨ ᠲᠡᠵᠢᠭᠡᠯ ᠪᠣᠯᠭᠠᠬᠤ ᠶᠢᠨ ᠬᠠᠮᠲᠤ ᠂ ᠭᠠᠵᠠᠷ ᠳᠣᠷᠤᠶ᠎ᠠ ᠶᠢᠨ ᠬᠠᠮᠠᠭᠠᠯᠠᠯᠲᠠ ᠳᠤ ᠴᠢ ᠬᠡᠷᠡᠭᠯᠡᠨ᠎ᠡ ᠃ ᠮᠣᠳᠣᠯᠢᠭ ᠤᠷᠭᠤᠮᠠᠯ ᠨᠢ

ᠮᠣᠳᠣᠯᠢᠭ ᠤᠷᠭᠤᠮᠠᠯ ᠤᠨ ᠰᠢᠨᠵᠢ ᠴᠢᠨᠠᠷ ᠢ ᠲᠣᠳᠤᠷᠠᠭᠤᠯᠬᠤ ᠨᠢ ᠃

2. ᠠᠮᠢᠳᠤ ᠪᠤᠶᠤ ᠤᠨ ᠰᠢᠨᠵᠢ ᠴᠢᠨᠠᠷ

ᠪᠣᠯᠤᠨ᠎ᠠ ᠃ ᠮᠣᠳᠣᠯᠢᠭ ᠤᠷᠭᠤᠮᠠᠯ ᠤᠨ ᠬᠡᠯᠪᠡᠷᠢ ᠂ ᠨᠠᠮᠤᠷ ᠂ ᠴᠡᠴᠡᠭ ᠂ ᠦᠷ᠎ᠡ ᠭᠠᠷᠭᠠᠬᠤ ᠴᠠᠭ ᠤᠨ ᠬᠣᠶᠠᠷ ᠬᠡᠰᠡᠭ ᠲᠦ ᠬᠤᠪᠢᠶᠠᠭᠳᠠᠨ᠎ᠠ ᠂ ᠰᠢᠷᠭᠤᠯᠢᠭ ᠬᠠᠲᠠᠭᠤ ᠴᠢᠨᠠᠷ ᠂ ᠬᠢᠷᠢ ᠴᠢᠨᠠᠷ ᠤᠨ ᠬᠣᠶᠠᠷ ᠬᠡᠰᠡᠭ ᠲᠦ ᠬᠤᠪᠢᠶᠠᠭᠳᠠᠨ᠎ᠠ ᠃ ᠮᠣᠳᠣᠯᠢᠭ ᠤᠷᠭᠤᠮᠠᠯ ᠤᠨ 1000 ᠦᠷ᠎ᠡ ᠶᠢᠨ ᠵᠢᠭᠢᠯ ᠨᠢ 8.3 g

1. ᠬᠡᠯᠪᠡᠷᠢ ᠶᠢᠨ ᠣᠨᠴᠠᠯᠢᠭ ᠪᠣᠯᠤᠨ ᠭᠠᠷᠤᠯ ᠤᠭ ᠤᠨ ᠲᠠᠷᠬᠠᠴᠠ ᠪᠣᠯᠤᠨ ᠬᠠᠮᠢᠭ᠎ᠠ ᠠᠴᠠ ᠤᠭᠰᠠᠭᠰᠠᠨ ᠬᠡᠮᠵᠢᠶ᠎ᠡ ᠶᠢᠨ ᠲᠤᠬᠠᠢ ᠂ ᠵᠢᠷ ᠦᠨ

(ᠰᠢᠭᠢᠳᠤ) ᠬᠣᠶᠠᠷ ᠥᠩᠭᠡᠲᠦ ᠬᠠᠮᠢᠭ (*L. bicolor*)

（三）尖叶胡枝子（*L. hedysaroides*）

1. 植物学与生物学特性

又名细叶胡枝子，多年生草本状半灌木。直根系，主要密集分布在0～20 cm土层中。茎直立，叶量大，总状花序，花冠蝶形。种子黄色、紫色或黄色，千粒重1.5～1.8 g。细叶胡枝子适应性广，耐旱、抗寒、耐瘠薄。

2. 利用价值

结实期干物质中含粗蛋白质14.04%，粗脂肪6.23%，粗纤维40.70%，无氮浸出物34.46%，粗灰分4.57%，钙0.19%，磷0.85%。主要用于放牧或刈割，也可晒制干草。纤维素含量高，含单宁，故适口性较差。羊喜食，马、牛经习惯后采食。

3. 栽培技术要点

* 播种时间：春播或夏播，可直播或育苗移栽。
* 播种量：条播为15.0 kg/hm^2，撒播的可增至22.5 kg/hm^2。
* 播种方式：条播行距70～100 cm，播深2～3 cm。播前进行种子硬实处理。
* 管理与收获：与二色胡枝子基本一致。

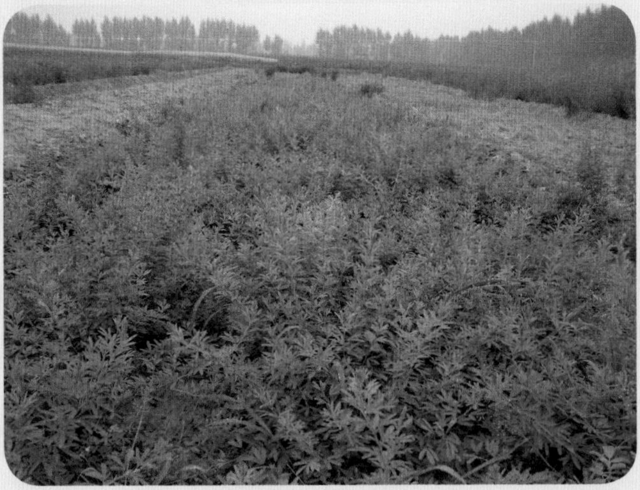

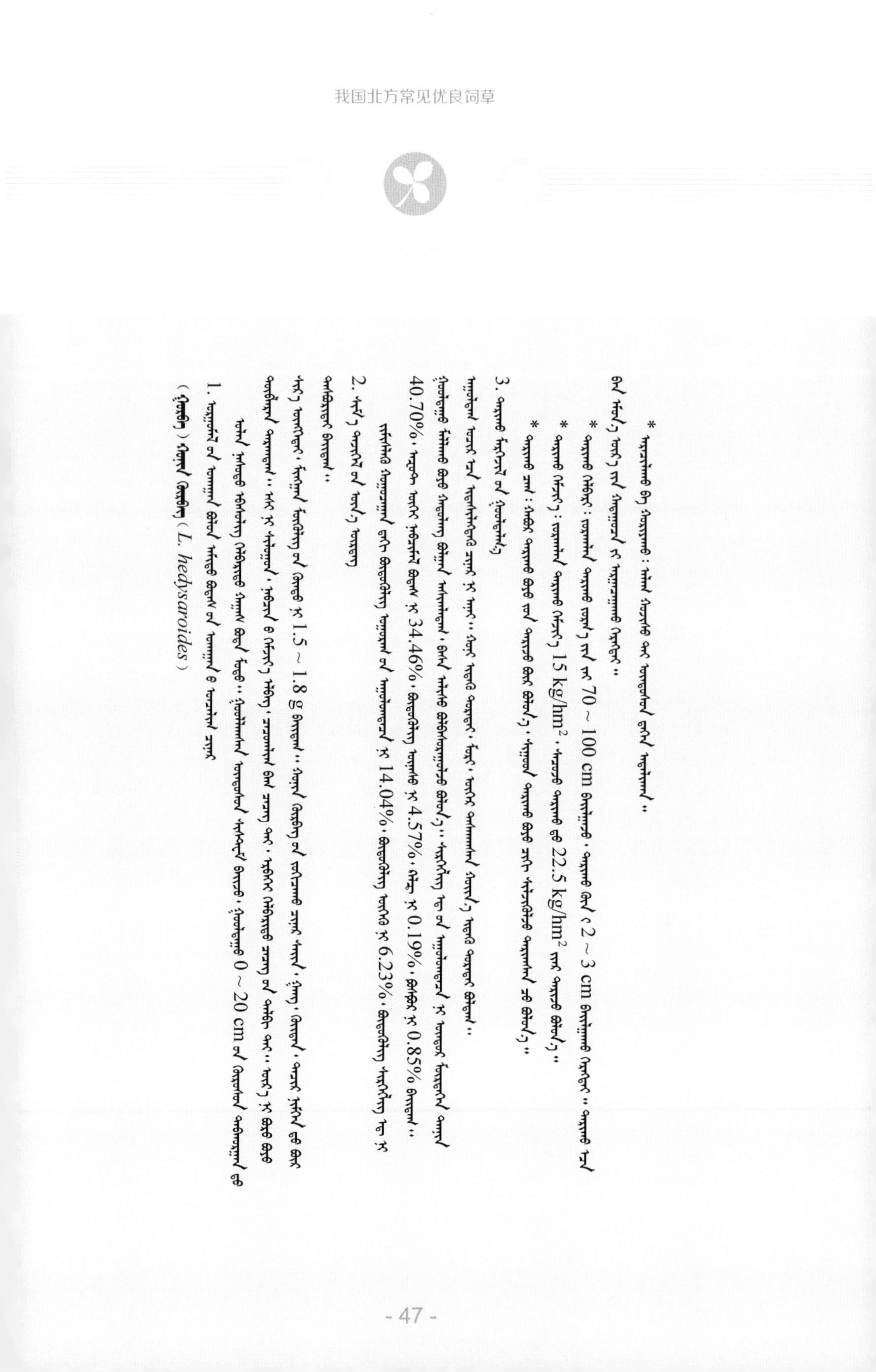

([illegible]) [illegible] (*L. hedysaroides*)

1. [illegible]

[illegible] 0 ~ 20 cm [illegible] 1.5 ~ 1.8 g [illegible] ::

2. [illegible]

[illegible] 14.04%, [illegible] 6.23%, [illegible] 40.70%, [illegible] 34.46%, [illegible] 4.57%, [illegible] 0.19%, [illegible] 0.85% [illegible] ::

3. [illegible]

[illegible] ::

* [illegible] ::
* [illegible] : [illegible] 15 kg/hm², [illegible] 22.5 kg/hm² [illegible] ::
* [illegible] : [illegible] 70 ~ 100 cm [illegible], [illegible] 2 ~ 3 cm [illegible] :: [illegible] ::
* [illegible] ::

十、锦鸡儿属（*Caragana*）

（一）柠条锦鸡儿（*C. korshinskii*）

1. 植物学与生物学特性

多年生灌木或小乔木植物。根系发达，羽状复叶。种子扁长圆形，黄棕至栗褐色，千粒重约55 g。耐寒、耐酷热、耐贫瘠、抗旱力强。

2. 利用价值

柠条锦鸡儿的枝叶繁茂、产草量高、营养丰富，是家畜的优良饲用灌木。绵羊、山羊及骆驼均喜采食其幼嫩枝叶，春末喜食其花，夏、秋采食较少，秋霜后又开始喜食。马、牛采食较少。

3. 栽培技术要点

＊ 播种时间：6 ～ 7月份雨季进行为宜。

＊ 播种量：15 ～ 20 kg/hm^2。

＊ 播种方式：覆土厚度2 ～ 3 cm，条播行距1.5 ～ 2 m，也可穴播或撒播。播后应及时镇压以利抓苗，并可防止风蚀。

＊ 管理与收获：在播种的前几天对整好的苗圃地里灌水。灌水要灌透、灌彻底，不能留有空白地；灌水又不能太多，超出地面10 cm即可。幼苗出土30 ～ 40天、苗高15 ～ 20 cm时，将磷酸二铵和复合肥1 ∶ 1混合均匀后施用，8月上旬停止追肥。

＊ 注意事项：北方地区种植当年不建议收获。

ᠪᠤᠷᠴᠠᠭ᠎ᠠ᠂ ᠬᠠᠷᠠᠭᠠᠨ᠎ᠠ ᠶᠢᠨ ᠲᠥᠷᠥᠯ (*Caragana*)

(ᠭᠤᠷᠪᠠ) ᠲᠣᠮᠣ ᠬᠠᠷᠠᠭᠠᠨ᠎ᠠ (*C. korshinskii*)

1. ᠬᠡᠯᠪᠡᠷᠢ ᠳᠦᠷᠰᠦ ᠶᠢᠨ ᠣᠨᠴᠠᠯᠢᠭ ᠪᠣᠯᠤᠨ ᠲᠣᠮᠣ ᠬᠠᠷᠠᠭᠠᠨ᠎ᠠ ᠶᠢᠨ ᠬᠡᠪ ᠤᠨ ᠦᠷ᠎ᠡ ᠶᠢᠨ ᠬᠡᠮᠵᠢᠶ᠎ᠡ

ᠬᠠᠷᠢᠴᠠᠩᠭᠤᠢ ᠶᠡᠬᠡ ᠂ ᠮᠢᠩᠭᠠᠨ ᠦᠷ᠎ᠡ ᠶᠢᠨ ᠵᠢᠩᠨ᠎ᠡ ᠨᠢ 55 g ᠪᠣᠯᠤᠨ᠎ᠠ᠃ ᠬᠠᠲᠠᠭᠤ ᠂ ᠭᠠᠨᠳᠤᠭᠤ ᠂ ᠬᠦᠢᠲᠡᠨ ᠂ ᠬᠠᠯᠠᠭᠤᠨ ᠢ ᠲᠡᠰᠪᠦᠷᠢ ᠰᠠᠶᠢᠨ ᠠᠯᠪᠠᠳᠠᠬᠤ ᠪᠣᠯᠤᠨ᠎ᠠ᠃

2. ᠵᠢᠯ ᠦᠨ ᠳᠤᠮᠳᠠ ᠶᠢᠨ ᠬᠤᠷ᠎ᠠ ᠲᠤᠨᠤᠳᠠᠰᠤ

ᠰᠠᠯᠢᠬᠢ ᠶᠢᠨ ᠬᠤᠷ᠎ᠠ ᠶᠢᠨ ᠲᠤᠨᠤᠳᠠᠰᠤ ᠨᠢ ᠶᠡᠬᠡ ᠪᠠᠢᠳᠠᠭ᠃ ᠲᠠᠷᠢᠮᠠᠯ ᠤᠨ ᠬᠠᠮᠤᠷᠤᠯ ᠪᠣᠯᠤᠨ ᠂ ᠵᠢᠯ ᠦᠨ ᠳᠤᠮᠳᠠ ᠶᠢᠨ ᠬᠤᠷ᠎ᠠ ᠨᠢ 300 mm ᠡᠴᠡ ᠳᠣᠭᠤᠷ᠎ᠠ ᠭᠠᠵᠠᠷ ᠲᠤ ᠤᠷᠭᠤᠨ᠎ᠠ᠃

3. ᠲᠠᠷᠢᠬᠤ ᠠᠷᠭ᠎ᠠ ᠶᠢᠨ ᠣᠨᠴᠠᠯᠢᠭ

* ᠲᠠᠷᠢᠬᠤ ᠴᠠᠭ : 6 ~ 7 ᠰᠠᠷ᠎ᠠ ᠶᠢᠨ ᠬᠤᠭᠤᠷᠤᠨᠳᠤ ᠲᠠᠷᠢᠵᠤ ᠪᠣᠯᠤᠨ᠎ᠠ᠃
* ᠲᠠᠷᠢᠬᠤ ᠬᠡᠮᠵᠢᠶ᠎ᠡ : 15 ~ 20 kg/hm^2᠃
* ᠲᠠᠷᠢᠬᠤ ᠭᠦᠨ : ᠦᠷ᠎ᠡ ᠪᠠᠷᠢᠬᠤ ᠭᠦᠨ ᠨᠢ 2 ~ 3 cm ᠂ ᠴᠤᠪᠤᠭᠠᠨ ᠲᠠᠷᠢᠬᠤ ᠮᠥᠷ ᠦᠨ ᠵᠠᠢ 1.5 ~ 2 m ᠪᠣᠯᠭᠠᠬᠤ ᠂ ᠴᠤᠪᠤᠭᠠᠨ ᠲᠠᠷᠢᠬᠤ ᠪᠣᠯᠤᠨ᠎ᠠ᠃
* ᠬᠣᠯᠢᠮᠠᠭ ᠲᠠᠷᠢᠯᠭ᠎ᠠ : ᠲᠠᠷᠢᠬᠤ ᠳᠠᠭᠠᠨ ᠬᠣᠯᠢᠮᠠᠭ ᠲᠠᠷᠢᠯᠭ᠎ᠠ ᠬᠢᠵᠦ ᠪᠣᠯᠬᠤ ᠪᠠᠢᠳᠠᠭ᠃ ᠲᠠᠷᠢᠮᠠᠯ ᠤᠨ ᠬᠠᠮᠤᠷᠤᠯ ᠬᠢᠬᠦ ᠦᠶ᠎ᠡ ᠳᠦ ᠮᠥᠷ ᠦᠨ ᠵᠠᠢ ᠶᠢ 10 cm ᠪᠣᠯᠭᠠᠵᠤ ᠪᠣᠯᠤᠨ᠎ᠠ᠃ ᠪᠦᠳᠦᠭᠦᠨ ᠲᠡᠵᠢᠭᠡᠯ ᠤᠨ ᠦᠷ᠎ᠡ ᠲᠠᠢ ᠬᠤᠯᠢᠶᠠᠨ ᠲᠠᠷᠢᠬᠤ ᠳᠤ ᠬᠠᠷᠢᠴᠠᠭ᠎ᠠ ᠨᠢ 1:1 ᠪᠣᠯᠭᠠᠨ᠎ᠠ᠂ 8 ᠰᠠᠷ᠎ᠠ ᠳᠤ ᠲᠠᠷᠢᠬᠤ ᠬᠡᠷᠡᠭᠲᠡᠢ ᠂ ᠮᠥᠷ ᠦᠨ ᠵᠠᠢ 30 ~ 40 ᠰᠠᠮ ᠪᠣᠯᠭᠠᠨ᠎ᠠ᠃
* ᠬᠠᠳᠤᠯᠠᠬᠤ ᠴᠠᠭ : ᠬᠠᠳᠤᠯᠠᠬᠤ ᠳᠤ ᠦᠨᠳᠦᠷ ᠨᠢ 15 ~ 20 cm ᠪᠠᠢᠬᠤ ᠪᠠᠷ ᠬᠠᠳᠤᠯᠠᠵᠤ ᠂ ᠵᠢᠯ ᠳᠦ ᠬᠣᠶᠠᠷ ᠤᠳᠠᠭ᠎ᠠ ᠬᠠᠳᠤᠯᠠᠵᠤ ᠪᠣᠯᠤᠨ᠎ᠠ᠃

（二）中间锦鸡儿（*C. intermedia*）

1. 植物学与生物学特性

多年生灌木植物。根系具有极强的吸水能力。幼枝细长，呈绿色或黄绿色；老枝粗硬，呈黄灰色或黄白色。羽状复叶，花黄色。种子肾形，黄褐色，千粒重约55 g。喜在沙砾质土壤上生长，可耐一定程度的沙埋，耐寒、耐热、耐贫瘠，但不耐涝。

2. 利用价值

利用价值良好，粗蛋白含量高达30.37%，粗纤维含量较少，在灰分中钙的含量较高。含有较丰富的必需氨基酸，含量高于一般禾谷类饲料，也高于苜蓿干草。春季绵羊、山羊均喜食其嫩枝叶及花，其他季节采食渐减。骆驼一年四季喜食，马和牛不喜食。

3. 栽培技术要点

* 播种时间：春、夏、秋季都可进行，但以春季抢墒播种或雨后抢墒播种最好。秋播时，不得迟于8月中旬，过迟不利于幼苗越冬。

* 播种量：15～22 kg/hm^2。

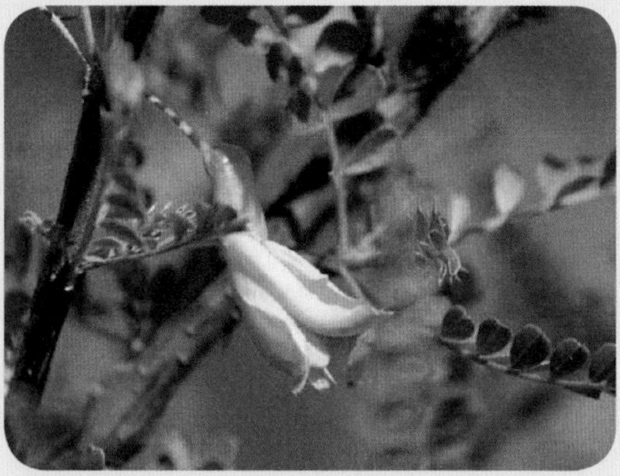

* 播种方式：采用条播，行距30～40 cm，由于幼苗出土、顶土力差，覆土厚度以3 cm左右为宜。

* 管理与收获：中间锦鸡儿虽然有很强的耐旱能力和顽强的生命力，但幼苗期生长缓慢，需围封管理，中耕1～2次。建议2～3年后利用。

* 注意事项：北方地区种植当年不建议利用。

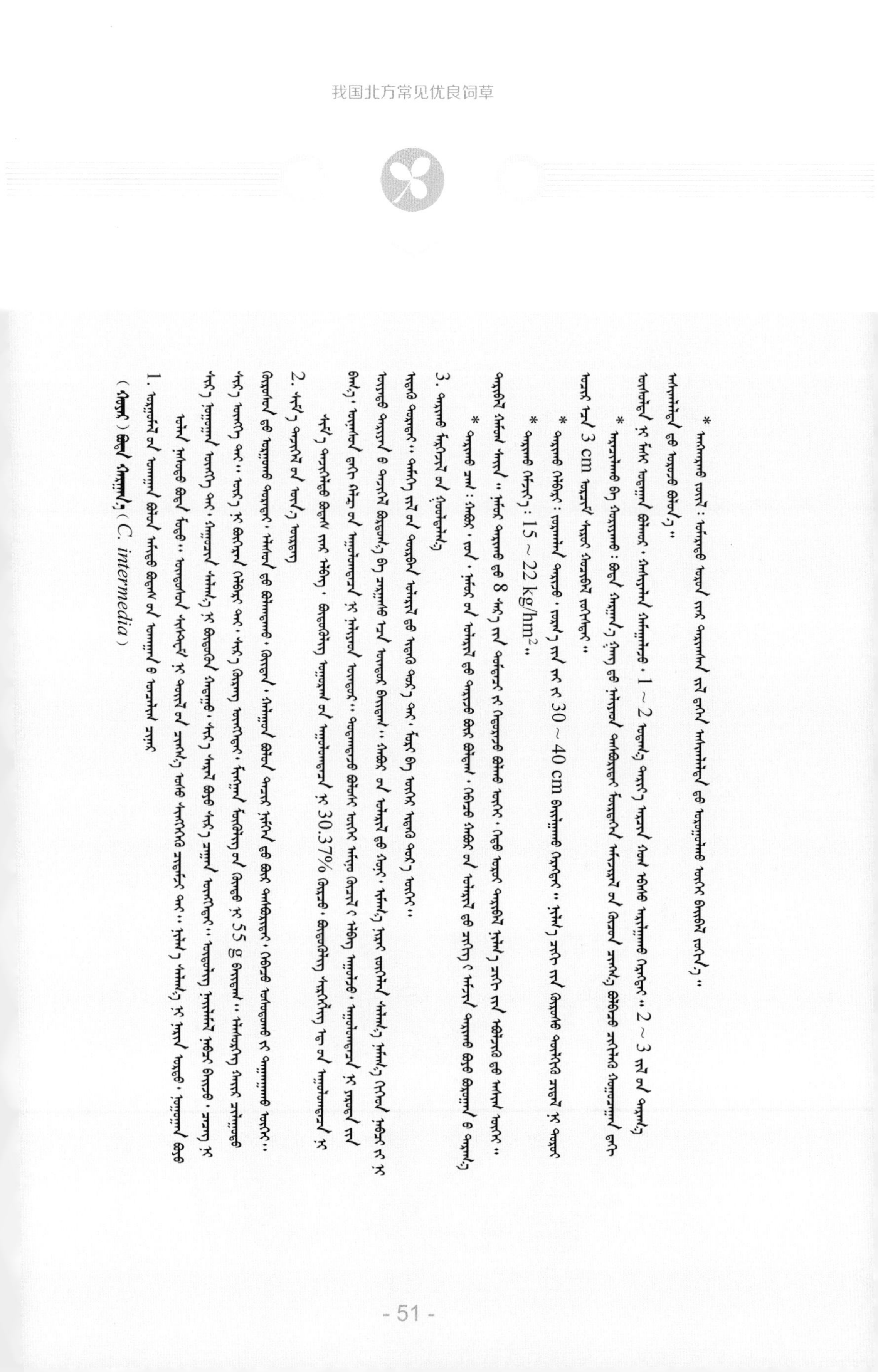

([illegible]) [illegible] (*C. intermedia*)

1. [illegible]

[illegible] 55 g [illegible]

2. [illegible]

[illegible] 30.37% [illegible]

3. [illegible]

* [illegible]

* [illegible]: 15 ~ 22 kg/hm².

* [illegible]: [illegible] 30 ~ 40 cm [illegible] 3 cm [illegible]

* [illegible]: [illegible] 1 ~ 2 [illegible] 2 ~ 3 [illegible]

* [illegible]

（三）小叶锦鸡儿（*C. microphylla*）

1. 植物学与生物学特性

多年生灌木植物。主根入土较深，侧根发达。羽状复叶，花单生、黄色。种子椭圆形，褐色，千粒重约40 g。小叶锦鸡儿喜生于通气良好的沙地、沙丘及干燥山坡地，在固定及半固定沙地上均能生长，耐旱、耐沙埋、耐贫瘠，且耐啃食、耐践踏。

2. 利用价值

小叶锦鸡儿地上部分富含营养物质，营养期粗蛋白含量为19.41%。平茬后萌发的嫩枝鲜叶，是家畜特别是羊的好饲料。

3. 栽培技术要点

* 播种时间：在4月中下旬至5月初进行播种。

* 播种量：15 ～ 20 kg/hm^2。

* 播种方式：条播或穴播，行距20 cm左右，播幅3 cm左右，开沟深2 cm，覆土深度2 cm。

* 管理与收获：在草原区沙丘、沙地上可进行直播，播后覆土要薄，最好在沙障穴播定植。播种后要围封、禁牧，2年以后可逐渐饲用。其他栽培措施同柠条锦鸡儿。

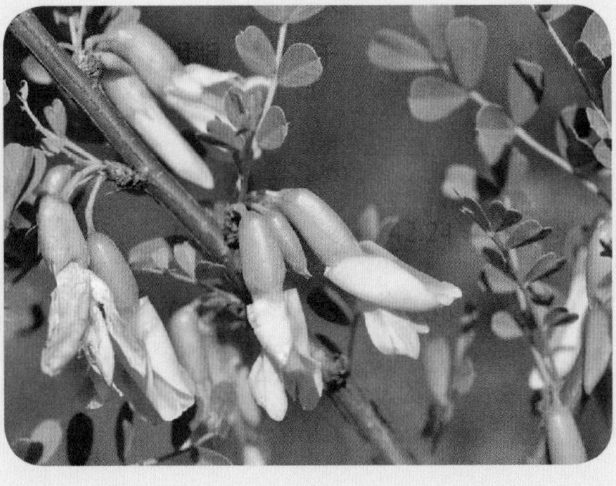

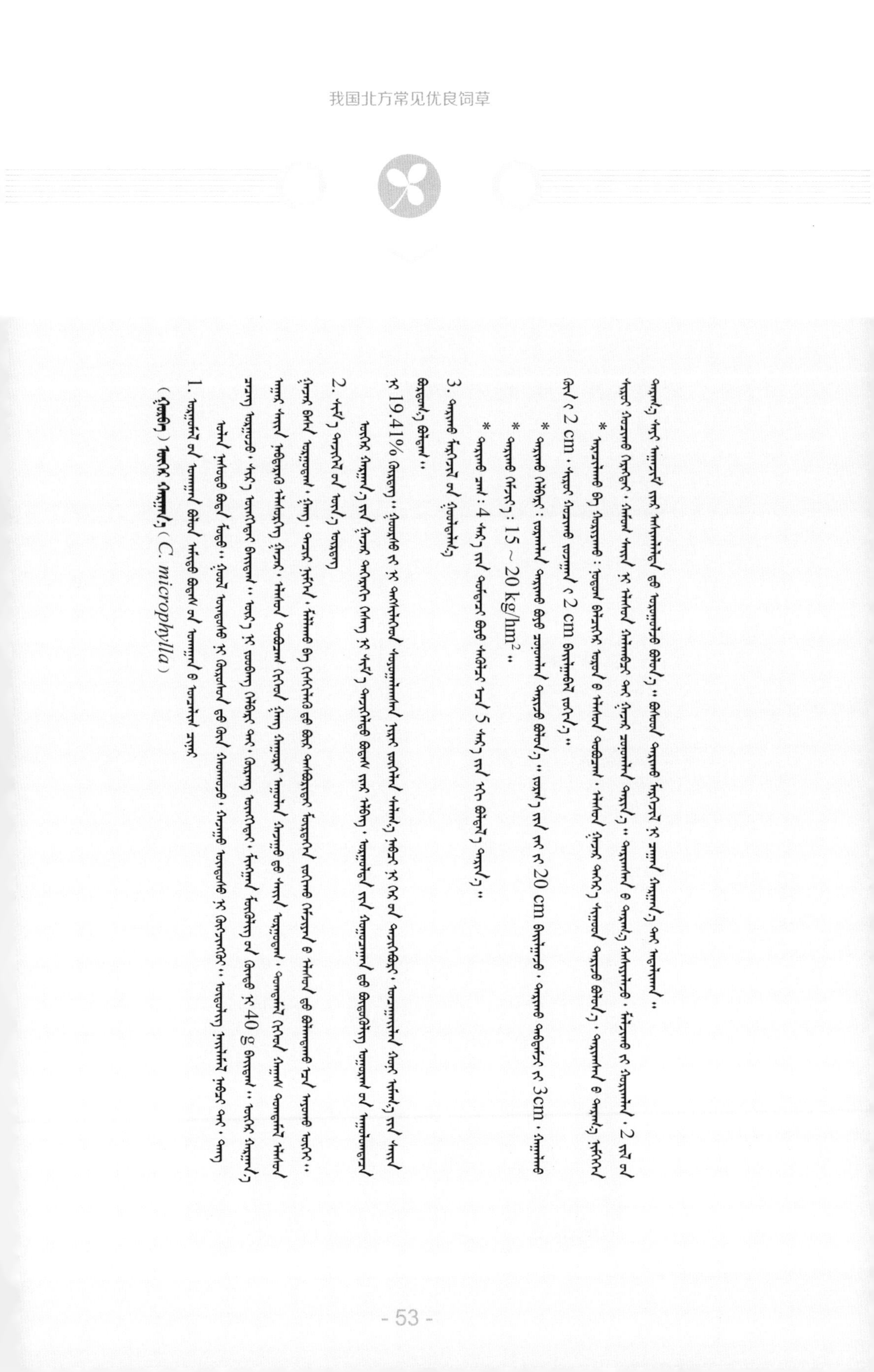

([illegible]) [illegible] (*C. microphylla*)

1. [illegible]

[illegible] 40 g [illegible]

2. [illegible]

[illegible] 19.41% [illegible]

3. [illegible]

* [illegible]: 4 [illegible] 5 [illegible]
* [illegible]: 15 ~ 20 kg/hm[2]
* [illegible]: [illegible] 20 cm [illegible] 3cm [illegible] 2 cm [illegible] 2 cm [illegible]
* [illegible]: [illegible] 2 [illegible]

十一、岩黄芪属（*Hedysarum*）

（一）羊柴（*H. laeve*）

1. 植物学与生物学特性

多年生落叶灌木植物。主根圆锥形，入土较深，具有地下根状茎。茎直立，奇数羽状复叶，总状花序。种子圆球形，黄褐色，千粒重约11 g。羊柴较喜暖，性喜沙质土壤，抗寒性、耐旱性、耐热性、耐贫瘠性都极强，并能抗风沙。

2. 利用价值

羊柴枝叶繁茂，利用价值高，粗蛋白质含量14.97%，适口性好，是一种优良的饲用植物。羊喜食其叶、花及果，骆驼终年均喜食；开花季节马喜食。花期刈割的干草，各类家畜均喜食，粗蛋白质含量高而粗纤维较少，大致和紫花苜蓿干草相当。

3. 栽培技术要点

* 播种时间：春播，每年4～8月均可播种，在下雨前后抓紧播种效果最好。

* 播种量：30～45 kg/hm^2。播种前机械去果壳。

* 播种方式：条播，行距30～45 cm，播种深度3～5 cm，覆土深度2 cm，播后必须镇压。

* 管理与收获：生长2年后，每年进行齐茬管理，利于草地更新复壮。

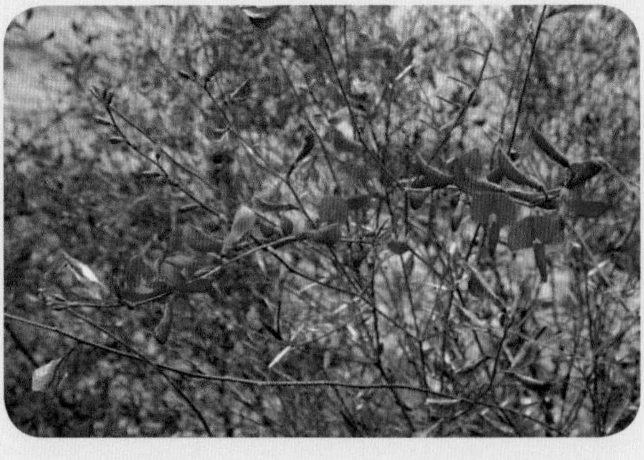

ᠬᠤᠰᠢᠭᠤ ᠮᠣᠩᠭᠤ᠂ ᠪᠤᠷᠴᠠᠭ᠎ᠠ ᠶᠢᠨ ᠲᠥᠷᠥᠯ (*Hedysarum*)

(**ᠮᠣᠩᠭᠤ**) **ᠲᠠᠯᠠᠭᠠᠢ ᠪᠤᠷᠴᠠᠭ᠎ᠠ** (*H. laeve*)

ᠲᠡᠷᠡ ᠮᠥᠷᠳᠡᠭ ᠮᠣᠳᠣᠨ ᠤᠷᠭᠤᠮᠠᠯ ᠪᠣᠯᠤᠨ᠎ᠠ ᠂ ᠬᠠᠭᠤᠳᠠᠰᠤ ᠨᠢ ᠰᠢᠷᠭᠡᠭ ᠂ ᠥᠨᠳᠦᠷ ᠨᠢ ᠮᠠᠲᠠᠭᠢᠷ ᠂ ᠨᠠᠮᠤᠬᠠᠨ ᠬᠠᠭᠤᠳᠠᠰᠤ ᠪᠣᠯᠤᠨ᠎ᠠ ᠃ ᠴᠡᠴᠡᠭ ᠨᠢ ᠪᠠᠭᠴᠠᠯᠠᠨ ᠤᠷᠭᠤᠨ᠎ᠠ ᠂ ᠴᠡᠴᠡᠭ ᠦᠨ ᠥᠩᠭᠡ ᠨᠢ ᠶᠠᠭᠠᠨ ᠪᠣᠯᠤᠨ᠎ᠠ ᠃ ᠪᠢᠭᠤᠯᠢ ᠨᠢ ᠪᠡᠯᠡ ᠮᠥᠷᠳᠡᠭ ᠂ ᠦᠷ᠎ᠡ ᠨᠢ ᠪᠢᠴᠢᠬᠠᠨ ᠂ ᠦᠢᠯᠡᠳᠬᠦᠨ ᠨᠢ 11 g ᠪᠣᠯᠤᠨ᠎ᠠ ᠃ ᠲᠠᠷᠢᠯᠠᠩ ᠤᠨ ᠲᠠᠯᠠᠪᠠᠢ ᠶᠢᠨ ᠬᠥᠷᠥᠰᠦ ᠪᠡᠨ ᠳᠤ ᠰᠠᠢᠨ ᠵᠣᠬᠢᠴᠠᠨ᠎ᠠ ᠂ ᠭᠠᠩ ᠳᠤ ᠲᠡᠰᠪᠦᠷᠢ ᠰᠠᠢᠲᠠᠢ ᠃ ᠡᠯᠡᠰᠦ ᠳᠤ ᠤᠷᠭᠤᠬᠤ ᠳᠤ ᠲᠣᠬᠢᠷᠠᠮᠵᠢᠲᠠᠢ ᠪᠣᠯᠬᠤ ᠪᠡᠷ ᠡᠯᠡᠰᠦᠨ ᠢ ᠲᠣᠭᠲᠠᠭᠠᠬᠤ ᠴᠢᠳᠠᠪᠬᠢ ᠰᠠᠢᠲᠠᠢ ᠃

* ᠲᠠᠷᠢᠬᠤ ᠬᠡᠮᠵᠢᠶ᠎ᠡ : 30 ~ 45 kg/hm² ᠃ ᠲᠠᠷᠢᠬᠤ ᠬᠡᠯᠪᠡᠷᠢ ᠨᠢ ᠡᠭᠡᠨ ᠡᠭᠡᠨ ᠪᠠᠷ ᠲᠠᠷᠢᠵᠤ ᠪᠣᠯᠤᠨ᠎ᠠ ᠃

* ᠲᠠᠷᠢᠬᠤ ᠭᠦᠨ : ᠮᠥᠷ ᠦᠨ ᠵᠠᠢ ᠨᠢ 30 ~ 45 cm ᠂ ᠲᠠᠷᠢᠬᠤ ᠭᠦᠨ ᠨᠢ 3 ~ 5cm ᠂ ᠰᠠᠯᠬᠢ ᠲᠣᠰᠤᠭᠠᠳ ᠪᠣᠯᠪᠠᠯ 2 cm ᠪᠣᠯᠭᠠᠬᠤ ᠂ ᠲᠠᠷᠢᠯᠲᠠ ᠶᠢᠨ ᠳᠠᠷᠠᠭ᠎ᠠ ᠳᠠᠷᠤᠭᠤᠯᠬᠤ ᠬᠡᠷᠡᠭᠲᠡᠢ ᠃

（二）花棒（*H. scoparium*）

1. 植物学与生物学特性

多年生半灌木沙生植物。主根不长，侧根发达，茎直立。奇数羽状复叶，总状花序。种子千粒重25 ～ 40 g。花棒喜适度沙压，耐干旱、耐寒、耐热、抗风蚀。

2. 利用价值

利用价值高，粗蛋白质含量14.25%，适口性好，是荒漠区优良饲用灌木。骆驼终年喜食，山羊、绵羊喜食嫩枝叶及花、果。适口性在生育后期由于枝条木质化程度高而有所降低。适时调制的风干枝叶各种家畜都喜食。不宜放牧而以制成干草利用为宜。

3. 栽培技术要点

＊ 播种时间：植苗。一般以春季栽植为主，在风蚀沙埋较轻的地区可在秋季栽植，在雨水较多的半干旱沙区也可在雨季栽植。

＊ 播种量：以穴播和条播较好，7.5 ～ 15 kg/hm^2。

＊ 播种方式：在干旱区的流动沙丘上，宜植苗；在半干旱草原区，可以扦插和直播。苗根长40 cm较好，最短不得小于30 cm，植苗深度也应在40 cm左右，栽时要防止窝根。株、行距一般为1 m×2 m或2 m×2 m。在年降水量300 mm左右的沙区，可结合平茬进行扦插。

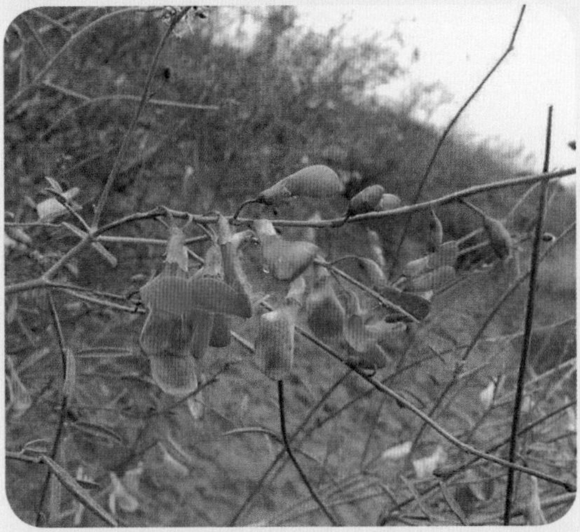

＊ 管理与收获：种子为跳鼠等鼠类所嗜食，故注意0.30%浓度的氯乙酰氨浸制毒饵，于播种前5天进行灭杀；用磷化锌毒化花棒的种子，对防鼠害效果也很好。

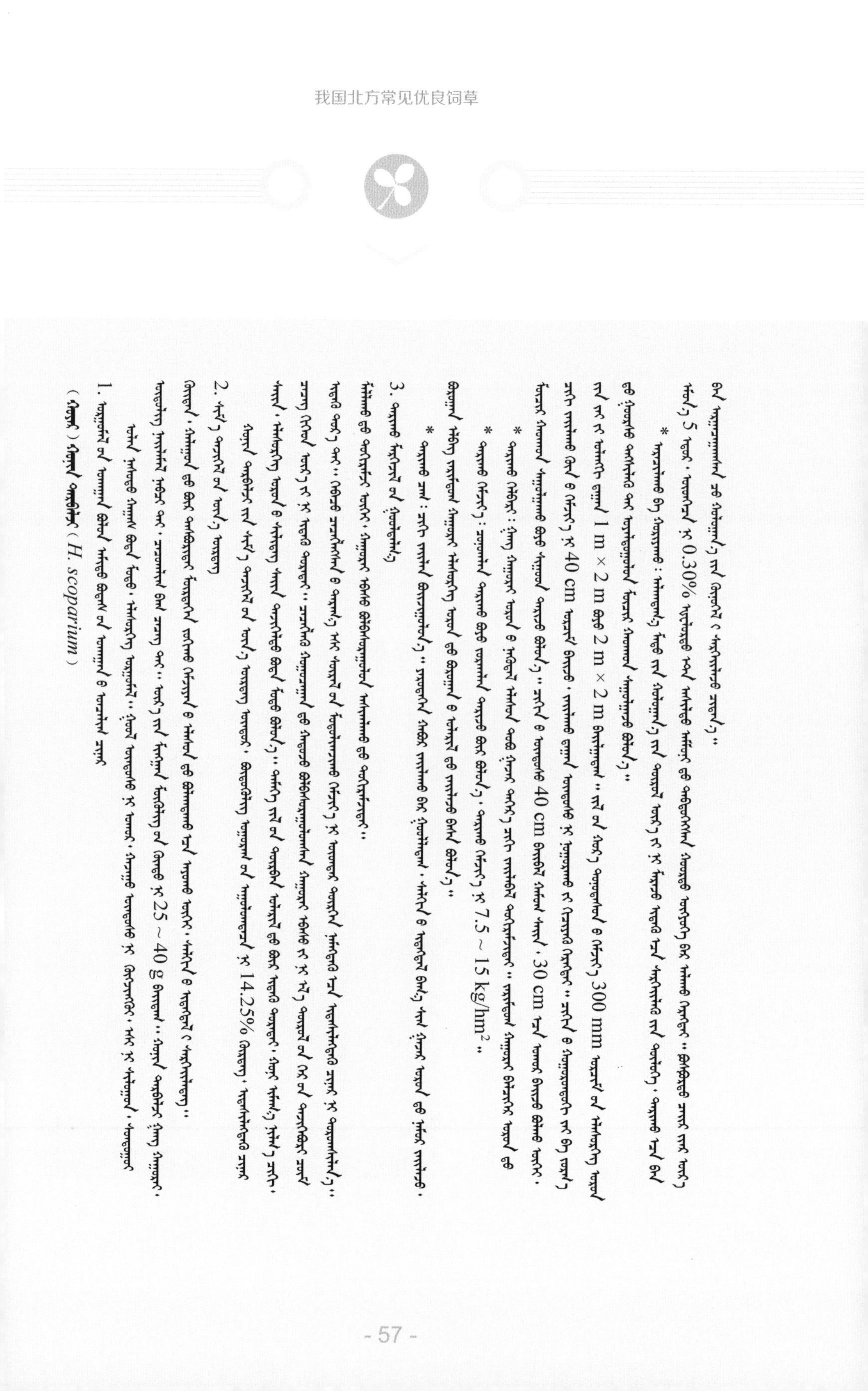

(ᠬᠣᠶᠠᠷ) [illegible] (*H. scoparium*)

1. [illegible]

[illegible] $25 \sim 40$ g [illegible]

2. [illegible]

[illegible] 14.25% [illegible]

3. [illegible]

* [illegible]

[illegible]

* [illegible] $7.5 \sim 15$ kg/hm^2 ᠃

* [illegible] 40 cm [illegible] 30 cm [illegible]

[illegible] 40 cm [illegible]

[illegible] 1 m × 2 m [illegible] 2 m × 2 m [illegible] 300 mm [illegible]

* [illegible]

[illegible] 5 [illegible] 0.30% [illegible]

[illegible]

（三）山竹岩黄芪（*H. fruticosum*）

1. 植物学与生物学特性

多年生半灌木植物。茎直立，多分枝。奇数羽状复叶。总状花序，花紫红色。荚果有2～3节。山竹岩黄芪生长于草原区的沙丘及沙地。

2. 利用价值

山竹岩黄芪是家畜的优质饲用半灌木，其特点是返青早、生长迅速，植株高大、枝叶繁茂。从利用价值来看，山竹岩黄芪富含粗蛋白质和家畜生长发育所必需的氨基酸。粗脂肪和无氮浸出物的含量也高。在灰分中含钙量较多，这在家畜饲养上，特别是对幼畜的生长发育具有重要意义。

3. 栽培技术要点

＊ 播种时间：墒情好的地块可在晚霜后播种。在春季墒情不好或春季风大的地区，在雨季到来之前播种。

＊ 播种量：穴播为10～15 kg/hm^2，条播为15～22 kg/hm^2，撒播、飞播为7.5～15 kg/hm^2。

＊ 播种方式：可穴播、条播、撒播、飞播。穴播株、行距（0.5～1.0）m×（1.5～2.0）m，条播行距30～35 cm，穴播、条播一般播深2～3 cm。

＊ 管理与收获：飞播时用丸衣种子可提高成苗面积，因丸衣可加大种子重量防止移位，并可减少鼠虫危害，同时可结合丸衣处理加入吸湿剂、根瘤菌以及稀土微肥等以促进发芽、保苗，提高产草量。山竹岩黄芪生长数年后，因植株衰老而生机减弱，为使其恢复生机，可结合刈草进行平茬，以促使其茁壮。

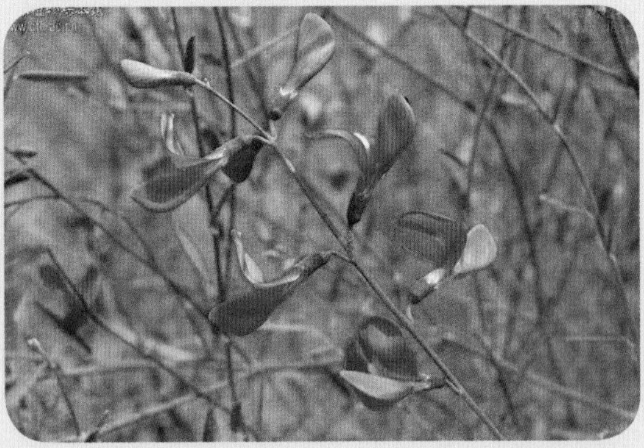

(ᠳᠥᠷᠪᠡ) ᠮᠣᠳᠣᠨ ᠬᠠᠯᠭᠠᠨ᠎ᠠ (*H. fruticosum*)

* ᠲᠠᠷᠢᠬᠤ ᠬᠡᠮᠵᠢᠶ᠎ᠡ: ᠴᠠᠴᠤᠯᠲᠠ ᠪᠠᠷ ᠲᠠᠷᠢᠬᠤ ᠳᠤ 10 ~ 15 kg/hm^2, ᠮᠥᠷ ᠲᠠᠷᠢᠯᠭ᠎ᠠ ᠳᠤ 15 ~ 22 kg/hm^2, ᠨᠢᠰᠬᠡᠯ ᠲᠠᠷᠢᠯᠭ᠎ᠠ ᠪᠠ ᠨᠥᠭᠥᠭᠡ ᠲᠠᠷᠢᠯᠭ᠎ᠠ ᠳᠤ

7.5 ~ 15 kg/hm^2᠃

ᠮᠥᠷ ᠤᠨ ᠵᠠᠢ ᠨᠢ (0.5 ~ 1.0) m × (1.5 ~ 2.0) m᠂ ᠮᠥᠷ ᠲᠠᠷᠢᠬᠤ ᠮᠥᠷ ᠤᠨ ᠵᠠᠢ ᠨᠢ 30 ~ 35 cm᠂ ᠴᠠᠴᠤᠯᠲᠠ ᠲᠠᠷᠢᠬᠤ᠂ ᠮᠥᠷ

ᠲᠠᠷᠢᠬᠤ ᠭᠦᠨ ᠦ ᠬᠡᠮᠵᠢᠶ᠎ᠡ 2 ~ 3 cm ᠪᠣᠯᠤᠨ᠎ᠠ᠃

十二、野豌豆属（*Vicia*）

（一）箭筈豌豆（*V. sativa*）

1. 植物学与生物学特性

一年生草本植物。主根肥大，入土不深，根瘤多。茎细软，多分枝。偶数羽状复叶。种子球扁或扁圆形，色泽因品种而异，千粒重50～60 g。箭筈豌豆性喜凉爽，抗寒性较毛苕子差。耐旱能力和对土壤的要求与毛苕子相似。耐盐力略差，适宜的土壤pH为5.0～6.8。对长江流域以南的红壤、石灰性紫色土、冲积土都能适应。

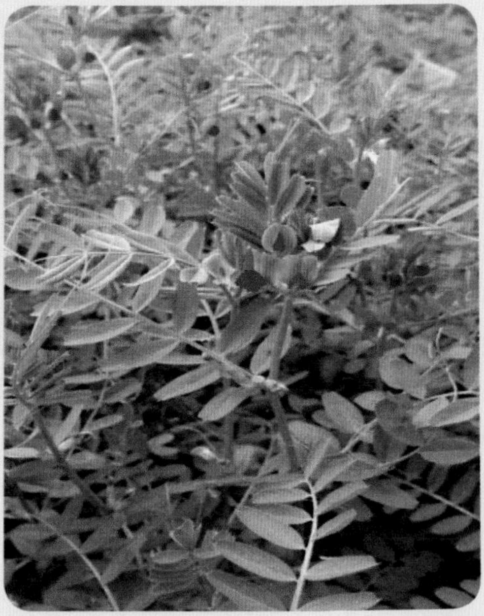

2. 利用价值

箭筈豌豆的利用价值很高，粗蛋白质含量达到20%以上，其生长繁茂，叶量多，茎枝柔嫩，适口性好，是各类家畜喜食的一种优质、高产饲用作物。可利用作青饲、青贮、放牧及调制干草。鲜草中粗蛋白质及其他营养物质含量与紫花苜蓿、三叶草差不多。箭筈豌豆种子含有配糖体，对牲畜有一定毒害，不能长期单独使用，喂量要适当控制。

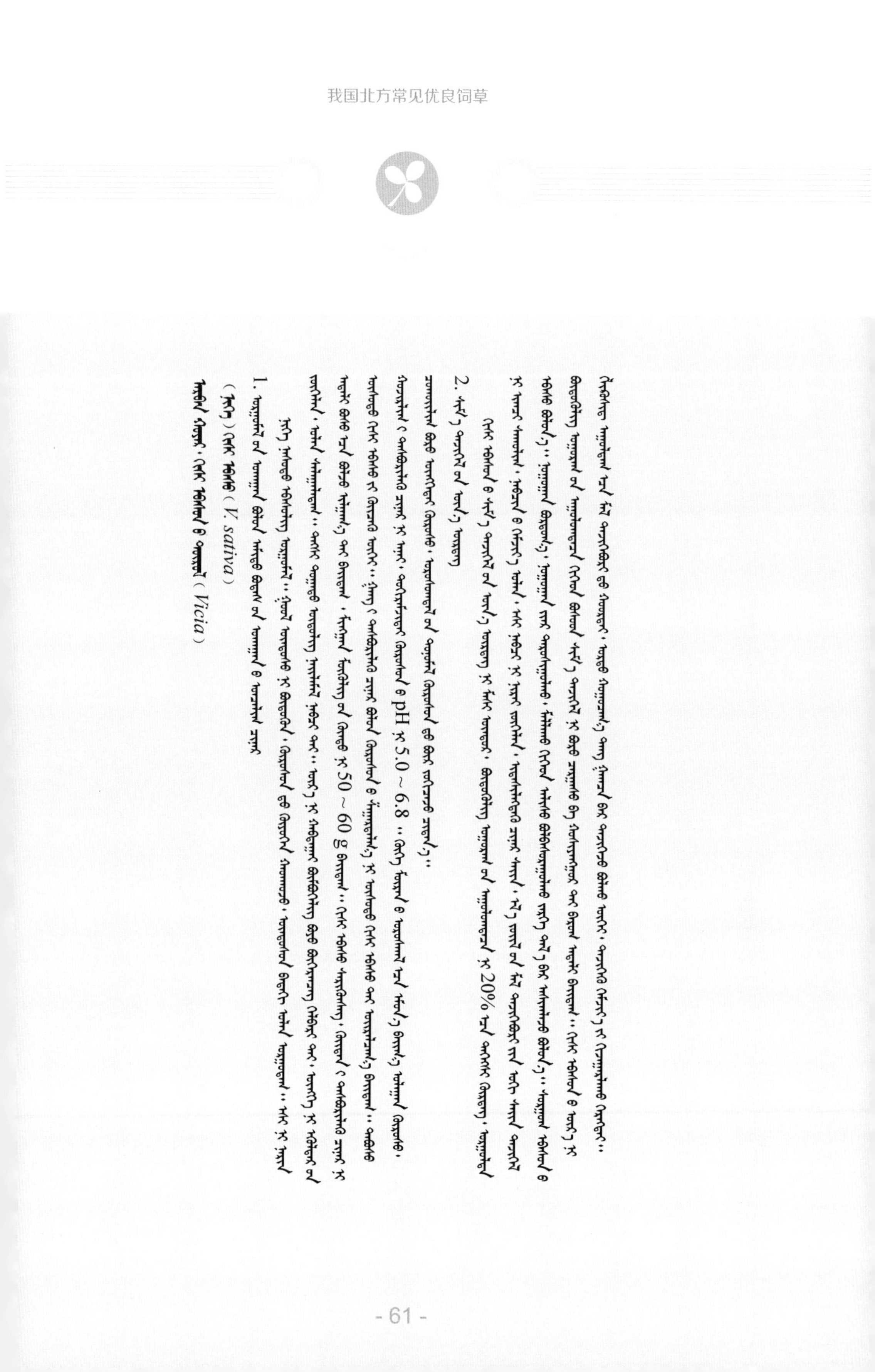

[illegible] (*Vicia*)

([illegible]) [illegible] (*V. sativa*)

1. [illegible]

[illegible] 50～60 g [illegible]

[illegible] pH [illegible] 5.0～6.8 [illegible]

2. [illegible]

[illegible] 20% [illegible]

3. 栽培技术要点

＊ 播种时间：一般在9月中、下旬播种为宜，到10月播种则鲜草产量明显下降。

＊ 播种量：打草田60 ～ 75 kg/hm^2，种子田45 ～ 60 kg/hm^2。

＊ 播种方式：旱地混种箭筈豌豆，可与种植作物同时播种。条播，行距20 ～ 30 cm，播种深度以3 ～ 4 cm为宜，播后覆土。

＊ 管理与收获：夏播可收获一次，盛花期至结荚期收获。盛花期刈割留茬5 ～ 6 cm，结荚期刈割留茬13 cm。

箭筈豌豆的营养成分

样品	含水量（%）	粗蛋白质（%）	粗脂肪（%）	粗纤维（%）	无氮浸出物（%）	钙（%）	磷（%）
鲜草	84.5	2.1	4.5	0.6	6.5	0.24	0.06
干草	全干	16.14	2.32	25.17	42.29	2	0.25
种子	全干	30.35	1.35	4.96	60.65	0.01	0.33
青贮饲料	69.9	3.5	1	9.8	13.4	—	—

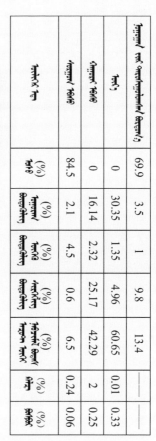

ᠲᠡᠵᠢᠭᠡᠯ ᠦᠨ ᠨᠡᠷ᠎ᠡ	(%) ᠤᠰᠤ	(%) ᠤᠤᠷᠭᠤᠭ ᠪᠦᠳᠦᠭᠦᠯᠢᠭ	(%) ᠲᠣᠰᠤ ᠪᠦᠳᠦᠭᠦᠯᠢᠭ	(%) ᠰᠢᠯᠦᠭᠡᠰᠦ ᠪᠦᠳᠦᠭᠦᠯᠢᠭ	(%) ᠠᠵᠤᠲ ᠦᠭᠡᠢ ᠨᠡᠪᠲᠡᠷᠡᠭᠰᠡᠨ ᠪᠣᠳᠠᠰ	(%) ᠺᠠᠯᠼᠢ	(%) ᠹᠣᠰᠹᠣᠷ
ᠨᠣᠭᠣᠭᠠᠨ ᠤ ᠴᠡᠴᠡᠭᠯᠡᠬᠦ ᠦᠶ᠎ᠡ ᠶᠢᠨ ᠪᠦᠳᠦᠭᠦᠯᠢᠭ	69.9	3.5	1	9.8	13.4	——	——
ᠦᠷ᠎ᠡ	0	30.35	1.35	4.96	60.65	0.01	0.33
ᠬᠠᠭᠤᠷᠠᠢ ᠡᠪᠡᠰᠦ	0	16.14	2.32	25.17	42.29	2	0.25
ᠨᠣᠭᠣᠭᠠᠨ ᠡᠪᠡᠰᠦ	84.5	2.1	4.5	0.6	6.5	0.24	0.06

ᠵᠢᠭᠠᠷ ᠡᠪᠡᠰᠦᠨ ᠦ ᠰᠢᠮ᠎ᠡ ᠲᠡᠵᠢᠭᠡᠯ ᠦᠨ ᠪᠦᠷᠢᠯᠳᠦᠬᠦᠨ

ᠪᠣᠯᠣᠨ ᠴᠡᠴᠡᠭᠯᠡᠬᠦ ᠦᠶᠡᠰ ᠦᠨ ᠬᠠᠷᠢᠴᠠᠭᠤᠯᠬᠤ ᠳᠤ 5 ~ 6 cm ᠦᠯᠡᠳᠡᠭᠡᠵᠦ ᠬᠠᠳᠤᠨ᠎ᠠ᠂ ᠪᠣᠷᠣᠭᠣᠨ ᠤ ᠬᠠᠷᠢᠴᠠᠭᠤᠯᠬᠤ ᠳᠤ 13 cm ᠦᠯᠡᠳᠡᠭᠡᠵᠦ ᠬᠠᠳᠤᠨ᠎ᠠ ᠃

* ᠲᠠᠷᠢᠯᠭ᠎ᠠ ᠶᠢᠨ ᠬᠤᠭᠤᠴᠠᠭ᠎ᠠ: ᠬᠠᠪᠤᠷ ᠤᠨ ᠲᠠᠷᠢᠯᠭ᠎ᠠ᠂ ᠪᠣᠯᠣᠨ ᠴᠡᠴᠡᠭᠯᠡᠬᠦ ᠦᠶ᠎ᠡ ᠪᠠ ᠪᠣᠷᠣᠭᠣᠨ ᠤ ᠬᠠᠷᠢᠴᠠᠭᠤᠯᠬᠤ ᠳᠤ ᠲᠠᠷᠢᠨ᠎ᠠ ᠃

ᠲᠠᠷᠢᠬᠤ ᠭᠦᠨ ᠨᠢ 3 ~ 4 cm ᠪᠠᠢᠬᠤ᠂ ᠲᠠᠷᠢᠯᠭ᠎ᠠ ᠶᠢᠨ ᠬᠡᠮᠵᠢᠶ᠎ᠡ ᠶᠢ ᠲᠣᠭᠲᠠᠭᠠᠨ᠎ᠠ ᠃

* ᠲᠠᠷᠢᠬᠤ ᠠᠷᠭ᠎ᠠ: ᠴᠠᠴᠤᠵᠤ ᠲᠠᠷᠢᠬᠤ ᠳᠤ ᠵᠢᠭᠠᠷ ᠡᠪᠡᠰᠦ ᠶᠢ ᠪᠤᠰᠤᠳ ᠲᠡᠵᠢᠭᠡᠯ ᠦᠨ ᠡᠪᠡᠰᠦ ᠲᠡᠢ ᠬᠣᠯᠢᠵᠤ ᠲᠠᠷᠢᠨ᠎ᠠ ᠃ ᠮᠥᠷ ᠢᠶᠡᠷ ᠲᠠᠷᠢᠬᠤ᠂ ᠮᠥᠷ ᠦᠨ ᠵᠠᠢ 20 ~ 30 cm᠂

* ᠲᠠᠷᠢᠬᠤ ᠬᠡᠮᠵᠢᠶ᠎ᠡ: ᠴᠠᠴᠤᠵᠤ ᠲᠠᠷᠢᠬᠤ ᠳᠤ 60 ~ 75 kg/hm^2᠂ ᠮᠥᠷ ᠢᠶᠡᠷ ᠲᠠᠷᠢᠬᠤ ᠳᠤ 45 ~ 60 kg/hm^2 ᠃

ᠬᠡᠷᠡᠭᠯᠡᠨ᠎ᠡ ᠃

* ᠲᠠᠷᠢᠬᠤ ᠴᠠᠭ: ᠡᠷᠲᠡ 9 ᠰᠠᠷ᠎ᠠ ᠶᠢᠨ ᠳᠤᠮᠳᠠ ᠡᠴᠡ ᠬᠣᠢᠢᠰᠢ ᠲᠠᠷᠢᠪᠠᠯ ᠵᠣᠬᠢᠮᠵᠢᠲᠠᠢ᠂ ᠣᠷᠣᠢ 10 ᠰᠠᠷ᠎ᠠ ᠳᠤ ᠲᠠᠷᠢᠪᠠᠯ ᠨᠣᠭᠣᠭᠠᠨ ᠡᠪᠡᠰᠦ ᠶᠢᠨ ᠮᠥᠨ ᠵᠢ

3. ᠲᠠᠷᠢᠬᠤ ᠠᠷᠭ᠎ᠠ ᠵᠢ ᠦᠯᠡᠳᠡᠭᠡᠯ

（二）山野豌豆（*V. amoena*）

1. 植物学与生物学特性

多年生草本。主根粗壮，须根发达。茎具棱，偶数羽状复叶。种子圆形，黄褐色，千粒重17.9 g。山野豌豆在苜蓿不能越冬的地方仍可以越冬，耐寒、耐旱性强。

2. 利用价值

山野豌豆是优良牧草，蛋白质可达10.2%，牲畜喜食。可青饲、放牧或调制干草。

3. 栽培技术要点

* 播种时间：3～9月均可播种，但在北方草原区春旱少雨，以雨季播种为好。

* 播种量：50～75 kg/hm^2。种子硬实度高，需种前硬实处理。

* 播种方式：条播，行距50～60 cm，播种深度3～4 cm。

* 管理与收获：可以和多年生的老芒麦、无芒雀麦等或一年生的燕麦、黑麦等混播。种植当年生长缓慢，1～2年内不建议放牧，之后可进行利用。盛花期可轮牧，留茬高度3 cm。在荚果2/3变茶褐色时可收获种子。

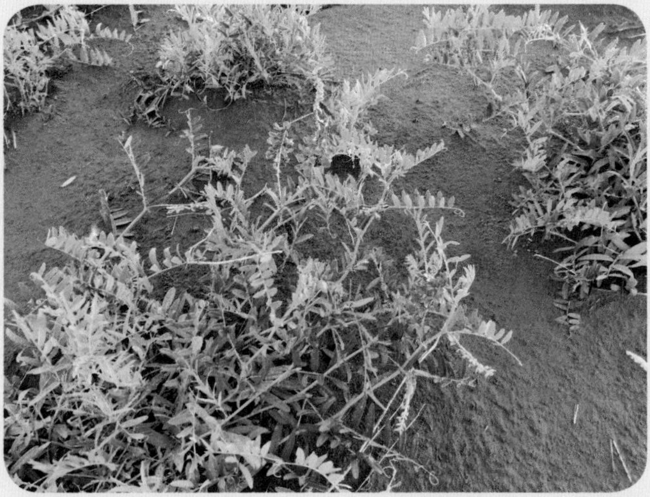

(ᠭᠤᠷᠪᠠᠳᠤᠭᠠᠷ) ᠬᠡᠭᠡᠷ᠎ᠡ ᠶᠢᠨ ᠭᠢᠯᠢᠭ (*V. amoena*)

1. ᠲᠠᠷᠢᠮᠠᠯ ᠤᠨ ᠲᠠᠯᠠᠪᠠᠢ ᠪᠣᠯᠤᠨ ᠰᠢᠭᠠᠳᠤ ᠪᠦᠳᠦᠨ ᠦ ᠲᠠᠯᠠᠪᠠᠢ ᠳᠤ ᠲᠠᠷᠢᠯᠭ᠎ᠠ ᠶᠢᠨ ᠬᠡᠮᠵᠢᠶ᠎ᠡ ᠨᠢ ᠡᠰᠡᠭᠦᠯᠪᠡᠷᠢ ᠲᠠᠷᠢᠮᠠᠯ ᠤᠨ ᠬᠡᠮᠵᠢᠶ᠎ᠡ ᠪᠡᠨ ᠢ ᠲᠠᠷᠢᠬᠤ ᠶᠢᠨ ᠡᠮᠦᠨ᠎ᠡ ᠬᠡᠮᠵᠢᠶ᠎ᠡ ᠪᠡᠨ ᠪᠤᠶᠤ ᠲᠠᠷᠢᠬᠤ ᠶᠢᠨ ᠳᠠᠷᠠᠭ᠎ᠠ 17.9 g ᠪᠣᠯᠤᠨ᠎ᠠ :: ᠲᠠᠷᠢᠮᠠᠯ ᠤᠨ ᠪᠣᠷᠣᠭ᠎ᠠ ᠵᠢᠨ ᠬᠡᠮᠵᠢᠶ᠎ᠡ ᠳᠤ ᠪᠠᠷᠢᠮᠲᠠ ᠶᠢ ᠲᠣᠭᠲᠠᠭᠠᠳᠠᠭ :: ᠬᠤᠷ᠎ᠠ ᠲᠤᠮ᠎ᠠ ᠰᠠᠶᠢᠨ ᠤᠷᠭᠤᠮᠠᠯ ᠳᠤ ᠲᠤᠰᠠᠲᠠᠢ ᠪᠠᠢᠳᠠᠭ ᠤᠴᠢᠷ ᠠᠴᠠ ᠲᠠᠷᠢᠬᠤ ᠳᠤ ᠡᠭᠦᠳᠭᠡᠬᠦ ᠬᠡᠷᠡᠭᠲᠡᠢ ᠪᠠᠢᠳᠠᠭ ::

2. ᠬᠥᠷᠥᠰᠥ ᠪᠡᠯᠡᠳᠬᠡᠬᠦ ᠠᠷᠭ᠎ᠠ ᠬᠡᠮᠵᠢᠶ᠎ᠡ ᠲᠤᠭᠤᠯ ᠬᠥᠷᠥᠰᠥ ᠶᠢᠨ ᠲᠠᠷᠢᠬᠤ ᠶᠢᠨ ᠡᠮᠦᠨ᠎ᠡ ᠤᠰᠤᠯᠠᠭᠠᠳ ᠬᠠᠯᠠᠰᠤ ᠶᠢ ᠲᠠᠢᠯᠪᠤᠷᠢᠯᠠᠬᠤ 10.2% ᠪᠣᠯᠤᠨ᠎ᠠ ᠂ ᠬᠥᠷᠥᠰᠥ ᠨᠢ ᠰᠤᠯᠠ ᠪᠣᠯᠪᠠᠰᠤ ᠭᠠᠵᠠᠷ ᠲᠤ ᠲᠠᠷᠢᠵᠤ ᠪᠣᠯᠬᠤ ᠦᠭᠡᠢ ::

3. ᠲᠠᠷᠢᠬᠤ ᠠᠷᠭ᠎ᠠ ᠶᠢᠨ ᠲᠣᠬᠢᠷᠠᠭᠤᠯᠤᠯᠲᠠ

* ᠲᠠᠷᠢᠬᠤ ᠴᠠᠭ : 3 ~ 9 ᠰᠠᠷ᠎ᠠ ᠳᠤ ᠲᠠᠷᠢᠵᠤ ᠪᠣᠯᠬᠤ ᠪᠠᠢᠨ᠎ᠠ ᠂ ᠬᠠᠪᠤᠷ ᠲᠠᠷᠢᠬᠤ ᠳᠤ ᠰᠠᠶᠢᠨ ᠠᠷᠭ᠎ᠠ ᠪᠣᠯ ᠬᠠᠪᠤᠷ ᠤᠨ ᠴᠠᠭ ᠲᠤ ᠴᠢᠭ ᠪᠠᠢᠳᠠᠯ ᠲᠠᠢ ᠪᠣᠯᠤᠨ᠎ᠠ ᠂ ᠵᠤᠨ ᠤ ᠲᠠᠷᠢᠯᠭ᠎ᠠ ᠪᠣᠯ ᠲᠠᠷᠢᠯᠭ᠎ᠠ ᠶᠢᠨ ᠬᠡᠮᠵᠢᠶ᠎ᠡ ᠶᠢ ᠪᠠᠷᠢᠮᠲᠠᠯᠠᠨ᠎ᠠ ::

* ᠲᠠᠷᠢᠬᠤ ᠬᠡᠮᠵᠢᠶ᠎ᠡ : 50 ~ 75 kg/hm^2 :: ᠬᠥᠷᠥᠰᠥ ᠶᠢᠨ ᠰᠢᠴᠢᠭᠦᠯᠭᠡ ᠲᠠᠷᠢᠯᠭ᠎ᠠ ᠶᠢᠨ ᠮᠥᠷ ᠬᠣᠭᠣᠷᠣᠨᠳᠤ ᠰᠢᠭᠠᠳᠤ ᠲᠠᠷᠢᠬᠤ ᠳᠤ ᠲᠣᠬᠢᠷᠠᠮᠵᠢᠲᠠᠢ ::

* ᠲᠠᠷᠢᠬᠤ ᠠᠷᠭ᠎ᠠ : ᠮᠥᠷᠯᠡᠨ ᠲᠠᠷᠢᠬᠤ ᠂ ᠮᠥᠷ ᠦᠨ ᠵᠠᠢ 50 ~ 60 cm ᠂ ᠲᠠᠷᠢᠬᠤ ᠭᠦᠨ 3 ~ 4 cm ᠪᠠᠢᠬᠤ ᠳᠤ ᠲᠣᠬᠢᠷᠠᠮᠵᠢᠲᠠᠢ ::

* ᠲᠣᠷᠢᠭᠠᠯᠠᠨ ᠲᠠᠷᠢᠬᠤ : ᠬᠥᠷᠥᠰᠥ ᠶᠢᠨ ᠴᠢᠭ ᠪᠠᠢᠳᠠᠯ ᠰᠠᠶᠢᠨ ᠪᠣᠯ ᠪᠤᠰᠤᠳ ᠲᠠᠷᠢᠮᠠᠯ ᠲᠠᠢ ᠬᠣᠯᠢᠨ ᠲᠠᠷᠢᠵᠤ ᠪᠣᠯᠤᠨ᠎ᠠ ᠂ ᠬᠣᠯᠢᠨ ᠲᠠᠷᠢᠬᠤ ᠳᠤ

ᠰᠠᠶᠢᠨ ᠲᠠᠷᠢᠬᠤ ᠪᠣᠯᠤᠨ᠎ᠠ :: ᠲᠠᠷᠢᠯᠠᠩ ᠠᠮᠢᠳᠤ ᠤᠨ ᠬᠠᠮᠲᠤ ᠲᠠᠷᠢᠬᠤ ᠳᠤ ᠪᠤᠰᠤᠳ ᠲᠠᠷᠢᠮᠠᠯ ᠤᠨ ᠬᠡᠮᠵᠢᠶ᠎ᠡ ᠶᠢ ᠲᠣᠬᠢᠷᠠᠭᠤᠯᠤᠨ᠎ᠠ ᠂ ᠦᠷ᠎ᠡ ᠲᠠᠷᠢᠮᠠᠯ 3cm ᠭᠦᠨ ᠳᠦ ᠲᠠᠷᠢᠨ᠎ᠠ :: ᠲᠠᠷᠢᠮᠠᠯ ᠤᠨ 2/3 ᠢ ᠰᠢᠭᠦᠷᠳᠡᠨ᠎ᠡ

ᠪᠣᠯᠤᠨ ᠲᠡᠷᠢᠭᠦᠨ ᠳᠦ ᠪᠦᠬᠦ ᠲᠠᠷᠢᠮᠠᠯ ᠢ ᠳᠠᠷᠤᠨ ᠪᠣᠯᠤᠨ᠎ᠠ ::

十三、山黧豆（*Lathyrus quinquenervius*）

1. 植物学与生物学特性

一年生或越年生草本植物。主根入土深，侧根繁茂。茎四棱，偶数羽状复叶。种子为不规则三角形或楔形，白色或灰色，千粒重75～125 g。山黧豆喜凉爽、湿润气候，对土壤要求不严，在轻沙壤土、沙土和黏土上都能生长。抗寒、抗旱性强，但不耐高温，不耐涝，也不耐盐碱。

2. 利用价值

山黧豆的粗蛋白质含量26.17%，高于三叶草和小冠花，与苜蓿相近。山黧豆中含有山黧豆毒素，长期饲喂可表现为山黧豆中毒，这是山黧豆不能得到广泛应用的重要原因。营养生长期和始花期的山黧豆植株适口性最好，盛花期和结实期的植株适口性下降，幼龄动物比成年动物易适应这种饲料。

3. 栽培技术要点

＊ 播种时间：春播为宜，早春顶凌播种。

＊ 播种量：60～75 kg/hm^2。

＊ 播种方式：条播、点播或撒播均可，一般以条播居多，覆土深3～4 cm。

＊ 管理与收获：应施腐熟堆肥或厩肥3×10^4～3.75×10^4 kg/hm^2。山黧豆的青绿茎叶是优良的多汁饲料，可从现蕾至成熟初期分批刈割。以在下部叶尚未脱落的开花初期一次收获最为适宜。一次刈割为齐地刈割，不留茬。一般从现蕾到开花末期分批刈割，达20～30天。调制干草的刈割时间在开花至结荚期。

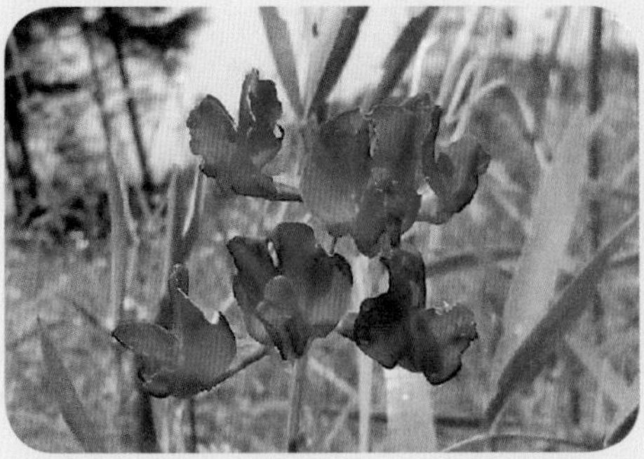

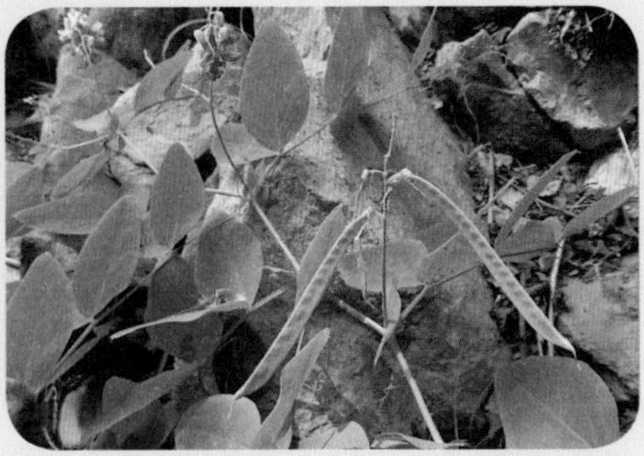

ᠬᠦᠷᠡᠩ ᠭᠡᠷᠡᠭᠡ᠂ ᠲᠠᠪᠤᠨ ᠰᠤᠳᠠᠯᠲᠤ ᠭᠢᠰᠢᠭᠤᠨ ᠡᠪᠡᠰᠦ (*Lathyrus quinquenervius*)

1. ᠪᠠᠢᠭᠠᠯᠢ ᠶᠢᠨ ᠣᠷᠴᠢᠨ ᠪᠣᠯᠤᠨ ᠲᠠᠷᠬᠠᠴᠠ ᠪᠦᠰᠡ ᠶᠢᠨ ᠣᠷᠴᠢᠨ ᠤ ᠪᠠᠢᠳᠠᠯ

ᠣᠯᠠᠨ ᠵᠢᠯ ᠤᠨ ᠡᠪᠡᠰᠦ ᠤᠷᠭᠠᠮᠠᠯ ᠪᠣᠯᠤᠨ᠎ᠠ᠃ ᠰᠢᠩᠭᠡᠨ ᠤᠰᠤᠨ ᠳᠤ ᠳᠠᠰᠤᠯᠤᠨ᠂ ᠬᠦᠢᠲᠡᠨ ᠳᠦ ᠲᠡᠰᠪᠦᠷᠢ ᠰᠠᠢᠲᠠᠢ᠃ ᠵᠢᠭᠠᠷ ᠢ ᠡᠬᠢᠯᠡᠨ ᠤᠷᠭᠤᠳᠠᠭ᠃ ᠨᠢᠭᠡ ᠮᠣᠳᠤ ᠳᠤ ᠪᠠᠢᠬᠤ ᠦᠷ᠎ᠡ ᠶᠢᠨ ᠲᠣᠭ᠎ᠠ ᠨᠢ ᠣᠯᠠᠨ᠂ ᠨᠢᠭᠡ ᠮᠢᠩᠭᠠᠨ ᠦᠷ᠎ᠡ ᠶᠢᠨ ᠵᠢᠩ ᠨᠢ 75 ~ 125 g ᠪᠣᠯᠤᠨ᠎ᠠ᠃ ᠲᠠᠪᠤᠨ ᠰᠤᠳᠠᠯᠲᠤ ᠭᠢᠰᠢᠭᠤᠨ ᠡᠪᠡᠰᠦ ᠶᠢ ᠬᠠᠳᠠᠭᠠᠯᠠᠬᠤ ᠳᠤ᠂ ᠬᠠᠭᠤᠷᠠᠢ ᠰᠠᠭᠤᠨ᠂ ᠬᠦᠢᠲᠡᠨ ᠳᠦ᠂ ᠰᠡᠪᠡᠭᠡ ᠲᠠᠢ ᠭᠠᠵᠠᠷ ᠲᠤ ᠬᠠᠳᠠᠭᠠᠯᠠᠪᠠᠯ ᠰᠠᠢᠨ᠃ ᠦᠷ᠎ᠡ ᠶᠢᠨ ᠤᠷᠭᠤᠬᠤ ᠴᠢᠳᠠᠪᠬᠢ ᠨᠢ ᠤᠨᠳᠤᠷ ᠂ ᠤᠷᠭᠤᠯᠲᠠ ᠶᠢᠨ ᠬᠤᠪᠢ ᠨᠢ ᠶᠡᠬᠡ᠃ ᠬᠠᠳᠠᠭᠠᠯᠠᠬᠤ ᠬᠤᠭᠤᠴᠠᠭ᠎ᠠ ᠨᠢ ᠬᠤᠪᠢ ᠶᠢᠨ ᠲᠠᠯ᠎ᠠ ᠪᠠᠷ ᠬᠢᠷ ᠰᠠᠶᠢᠲᠠᠢ᠃

2. ᠦᠷ᠎ᠡ ᠶᠢᠨ ᠣᠷᠴᠢᠨ ᠤ ᠰᠣᠩᠭᠣᠯᠲᠠ

ᠲᠠᠷᠢᠬᠤ ᠦᠶ᠎ᠡ᠂ ᠪᠠᠢᠳᠠᠯ᠂ ᠰᠠᠷ᠎ᠠ ᠳᠤ ᠲᠠᠷᠢᠯᠠᠨ᠂ ᠬᠠᠪᠤᠷ ᠪᠠ ᠨᠠᠮᠤᠷ ᠪᠣᠯᠤᠨ᠎ᠠ᠃

ᠲᠠᠪᠤᠨ ᠰᠤᠳᠠᠯᠲᠤ ᠭᠢᠰᠢᠭᠤᠨ ᠡᠪᠡᠰᠦ ᠶᠢᠨ ᠪᠦᠬᠦ ᠤᠷᠭᠤᠮᠠᠯ ᠤᠨ ᠬᠤᠭᠤᠷᠠᠢ ᠪᠣᠳᠠᠰ ᠤᠨ ᠳᠤᠮᠳᠠᠬᠢ ᠦᠨᠳᠦᠰᠦᠨ ᠤᠷᠭᠤᠮᠠᠯ ᠤᠨ ᠬᠡᠮᠵᠢᠶ᠎ᠡ 26.17%᠂ ᠰᠢᠮ᠎ᠡ ᠲᠡᠵᠢᠭᠡᠯ ᠦᠨ ᠴᠢᠨᠠᠷ ᠰᠠᠢᠨ᠂ ᠮᠠᠯ ᠤᠨ ᠢᠳᠡᠭᠡᠨ ᠲᠡᠵᠢᠭᠡᠯ ᠦᠨ ᠡᠬᠢ ᠪᠣᠯᠤᠨ᠎ᠠ᠃ ᠲᠠᠪᠤᠨ ᠰᠤᠳᠠᠯᠲᠤ ᠭᠢᠰᠢᠭᠤᠨ ᠡᠪᠡᠰᠦ ᠶᠢ ᠮᠠᠯ ᠳᠤ ᠲᠡᠵᠢᠭᠡᠬᠦ ᠳᠦ ᠰᠠᠢᠨ᠂ ᠣᠯᠠᠨ ᠵᠦᠢᠯ ᠦᠨ ᠮᠠᠯ ᠳᠤᠷᠠᠲᠠᠢ ᠢᠳᠡᠳᠡᠭ᠃ ᠨᠣᠭᠣᠭᠠᠨ ᠪᠠᠢᠬᠤ ᠦᠶ᠎ᠡ ᠳᠦ ᠮᠠᠯ ᠤᠨ ᠢᠳᠡᠭᠡᠨ ᠳᠦ ᠬᠡᠷᠡᠭᠯᠡᠨ᠎ᠡ᠃ ᠪᠦᠷᠢᠯᠳᠦᠯ ᠦᠨ ᠬᠤᠪᠢ ᠨᠢ ᠶᠡᠬᠡ᠂ ᠬᠠᠳᠠᠭᠠᠯᠠᠯᠲᠠ ᠳᠤ ᠲᠣᠬᠢᠷᠠᠮᠵᠢᠲᠠᠢ ᠪᠣᠯᠤᠨ᠎ᠠ᠃

3. ᠦᠷ᠎ᠡ ᠲᠠᠷᠢᠬᠤ ᠶᠢᠨ ᠠᠷᠭ᠎ᠠ

* ᠦᠷ᠎ᠡ ᠶᠢᠨ ᠴᠠᠭ : ᠬᠠᠪᠤᠷ ᠪᠣᠶᠤ ᠨᠠᠮᠤᠷ ᠲᠠᠷᠢᠵᠤ ᠪᠣᠯᠤᠨ᠎ᠠ᠃

* ᠦᠷ᠎ᠡ ᠶᠢᠨ ᠬᠡᠮᠵᠢᠶ᠎ᠡ : 60 ~ 75 kg/hm² ᠃

* ᠦᠷ᠎ᠡ ᠲᠠᠷᠢᠬᠤ ᠠᠷᠭ᠎ᠠ : ᠮᠥᠷ ᠲᠠᠷᠢᠯᠭ᠎ᠠ᠂ ᠴᠠᠴᠤᠯᠲᠠ ᠲᠠᠷᠢᠯᠭ᠎ᠠ᠂ ᠬᠣᠯᠢᠮᠠᠭ ᠲᠠᠷᠢᠯᠭ᠎ᠠ ᠪᠣᠯᠤᠨ᠎ᠠ᠂ ᠲᠠᠷᠢᠯᠭ᠎ᠠ ᠶᠢᠨ ᠭᠦᠨ ᠨᠢ 3 ~ 4 cm ᠪᠠᠢᠬᠤ ᠬᠡᠷᠡᠭᠲᠡᠢ᠃

* ᠬᠠᠳᠠᠭᠠᠯᠠᠬᠤ ᠪᠠ ᠦᠷᠡᠵᠢᠯ : ᠨᠣᠭᠣᠭᠠᠨ ᠲᠡᠵᠢᠭᠡᠯ ᠦᠨ ᠦᠷᠡᠵᠢᠯ ᠨᠢ ᠨᠢᠭᠡ ᠭᠧᠺᠲ᠋ᠠᠷ ᠲᠤ 3×10⁴ ~ 3.75×10⁴ kg/hm²

ᠪᠣᠯᠤᠨ᠎ᠠ᠃ ᠲᠠᠪᠤᠨ ᠰᠤᠳᠠᠯᠲᠤ ᠭᠢᠰᠢᠭᠤᠨ ᠡᠪᠡᠰᠦ ᠶᠢ ᠬᠠᠳᠠᠭᠠᠯᠠᠬᠤ ᠳᠤ ᠴᠡᠴᠡᠭ ᠳᠡᠯᠭᠡᠷᠡᠬᠦ ᠦᠶ᠎ᠡ ᠳᠦ ᠬᠠᠳᠤᠵᠤ ᠪᠣᠯᠤᠨ᠎ᠠ᠃ ᠬᠠᠳᠤᠯᠲᠠ ᠶᠢᠨ ᠳᠠᠷᠠᠭᠠᠬᠢ ᠤᠷᠭᠤᠯᠲᠠ ᠶᠢᠨ ᠦᠶ᠎ᠡ ᠳᠦ ᠮᠠᠯ ᠪᠡᠯᠡᠴᠡᠭᠡᠯᠡᠬᠦ ᠳᠦ ᠲᠣᠬᠢᠷᠠᠮᠵᠢᠲᠠᠢ ᠪᠣᠯᠤᠨ᠎ᠠ᠃ ᠨᠢᠭᠡ ᠵᠢᠯ ᠳᠦ 20 ~ 30 ᠬᠣᠶᠠᠷ ᠤᠳᠠᠭ᠎ᠠ ᠬᠠᠳᠤᠵᠤ ᠪᠣᠯᠤᠨ᠎ᠠ᠃ ᠲᠠᠪᠤᠨ ᠰᠤᠳᠠᠯᠲᠤ ᠭᠢᠰᠢᠭᠤᠨ ᠡᠪᠡᠰᠦ ᠶᠢ ᠬᠠᠳᠤᠬᠤ ᠳᠤ ᠪᠡᠯᠡᠴᠡᠭᠡᠯᠡᠬᠦ ᠦᠶ᠎ᠡ ᠶᠢᠨ ᠬᠤᠭᠤᠴᠠᠭ᠎ᠠ ᠨᠢ ᠲᠣᠬᠢᠷᠠᠮᠵᠢᠲᠠᠢ᠃ ᠬᠠᠳᠠᠭᠠᠯᠠᠯᠲᠠ ᠶᠢᠨ ᠰᠢᠨᠵᠢ ᠴᠢᠨᠠᠷ ᠢ ᠪᠠᠲᠤᠯᠠᠨ ᠬᠠᠮᠠᠭᠠᠯᠠᠬᠤ ᠪᠣᠯᠤᠨ᠎ᠠ᠃

第二章　禾本科牧草

禾本科（Gramineae）牧草是一个古老类群，历史悠久，资源丰富，其中不少已引入栽培。中国约有264属876种禾本科植物，仅次于菊科、豆科和兰科。在草原地带，禾本科牧草是植被的重要组成部分，在我国南方草山草坡约占60%，北方草原地区占40%～70%。在栽培牧草中约75%为禾本科牧草。在家畜饲养业中，禾本科牧草占据重要地位。禾本科牧草生境极为广泛，因此表现出极强的生态适应性，尤其在抗寒性及抗病虫害方面，远比豆科及其他牧草强。除靠种子繁殖外，亦能无性繁殖。禾本科牧草分布极广，从热带到寒带，从酸性土壤到碱性土壤，从高山到平原，从干荒漠到湿地乃至积水湿地，以及河、湖、沟、塘均有禾本科牧草生长。

禾本科牧草营养丰富，富含糖类及其他碳水化合物，在放牧条件下，禾本科牧草可满足家畜对各营养的需求。一般禾本科具有较强的耐牧性，践踏后不易受损，再生性强。在调制干草时叶片不易脱落，茎叶干燥均匀。由于禾本科牧草糖类含量较高，青饲饲用价值大部分较高，而且易调制成品质优良的青贮饲料。同时，禾本科牧草在改善土壤结构，提高土壤肥力，防止冲刷，保持水土，绿化、美化环境以及环境治理等方面均有很大作用。

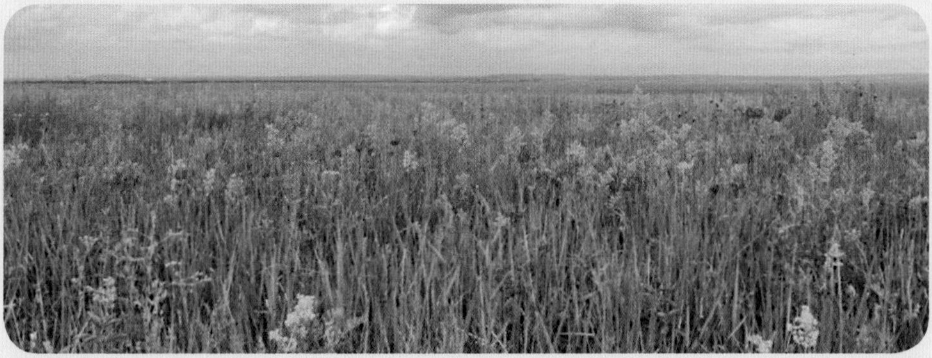

ᠬᠣᠶᠠᠳᠤᠭᠠᠷ ᠪᠦᠯᠦᠭ ᠪᠣᠳᠣᠭᠠ ᠤᠷᠭᠤᠮᠠᠯ ᠤᠨ ᠠᠶᠢᠮᠠᠭ

ᠪᠣᠳᠣᠭᠠ ᠤᠷᠭᠤᠮᠠᠯ (Gramineae) ᠤᠨ ᠠᠶᠢᠮᠠᠭ [illegible] 264 ᠲᠥᠷᠥᠯ · 876 ᠵᠦᠢᠯ [illegible] 60% [illegible] 40% ~ 70% [illegible] 75% [illegible] ::

[illegible] ::

一、雀麦属（*Bromus*）

（一）无芒雀麦（*B. inermis*）

1. 植物学与生物学特性

多年生草本。具横走根状茎，多分布在离地表10 cm的土层中。茎直立，圆锥花序。颖果长圆形，褐色，千粒重2.44 ～ 3.74 g。无芒雀麦适应性强，适于凉爽的半干旱、半湿润气候，耐寒、耐旱、耐牧、耐践踏，适宜在排水良好而肥沃的壤土、黏壤土生长，但不耐强酸、强碱的土壤及盐碱地。

2. 利用价值

无芒雀麦利用价值高，营养期粗蛋白含量20.4%，鲜草粗蛋白含量（20.8%），适口性好，草质柔软。

3. 栽培技术要点

＊ 播种时间：5月下旬至6月中旬夏播为宜，刈割后追施尿素，以225 ～ 300 kg/hm^{2}为宜。

＊ 播种量：22.5 ～ 30.0 kg/hm^2。

＊ 播种方式：机械条播，行距15 ～ 25 cm。

＊ 管理与收获：苗期要及时除草，双子叶杂草用900 mL/hm^2 2,4–D丁酯或1 200 mL/hm^2 2,4–D钠盐防除。有条件的可进行中耕除草。刈牧兼用，主要用于调制干草。

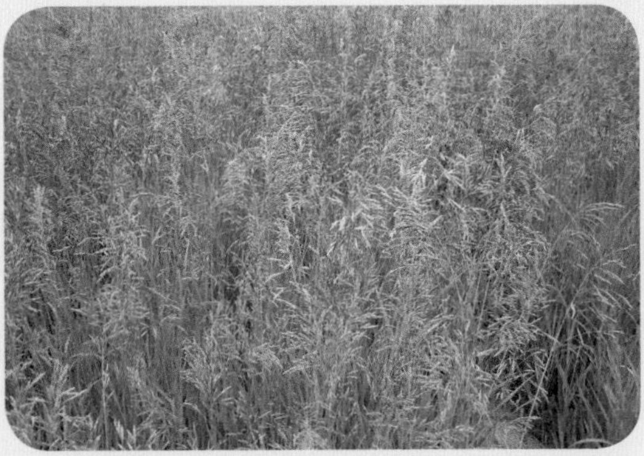

＊ 注意事项：调制干草的适宜刈割期为开花期，再生草还可刈割一次。生长3 ～ 4年形成草皮后才能放牧。

ᠪᠣᠯᠤᠨᠠ᠃ 3 ~ 4 ᠤᠳᠠ ᠬᠠᠳᠤᠯᠵᠤ ᠪᠣᠯᠬᠤ ᠪᠥᠭᠡᠳ ᠬᠠᠳᠤᠯᠭ᠎ᠠ ᠶᠢᠨ ᠳᠠᠷᠠᠭ᠎ᠠ ᠣᠷᠣᠭᠤᠯᠬᠤ ᠬᠡᠷᠡᠭᠲᠡᠢ ᠪᠣᠯᠤᠨᠠ᠃

* ᠬᠣᠯᠢᠮᠠᠭ ᠲᠠᠷᠢᠯᠭ᠎ᠠ᠄ ᠨᠠᠷᠢᠯᠢᠭ ᠪᠤᠳᠤᠯᠢᠭᠲᠤ ᠡᠪᠡᠰᠦ ᠲᠡᠢ ᠬᠣᠯᠢᠮᠠᠭ ᠲᠠᠷᠢᠵᠤ ᠪᠣᠯᠤᠨᠠ᠃ ᠬᠣᠭ ᠨᠣᠭᠣ ᠶᠢ ᠠᠷᠢᠯᠭᠠᠬᠤ ᠳᠤ ᠬᠢᠵᠦ ᠪᠣᠯᠬᠤ ᠪᠣᠯᠤᠨᠠ᠃ ᠨᠠᠷᠢᠯᠢᠭ ᠪᠤᠳᠤᠯᠢᠭᠲᠤ ᠡᠪᠡᠰᠦ ᠶᠢ ᠠᠷᠢᠯᠭᠠᠬᠤ ᠳᠤ mL/hm² 2, 4-D ᠪᠣᠳᠠᠰ ᠢ 1 200 mL/hm² 2, 4-D ᠬᠡᠷᠡᠭᠯᠡᠵᠦ ᠪᠣᠯᠤᠨᠠ᠃

* ᠲᠠᠷᠢᠯᠭ᠎ᠠ ᠶᠢᠨ ᠬᠤᠭᠤᠴᠠᠭ᠎ᠠ᠄ ᠬᠠᠪᠤᠷ ᠤᠨ ᠲᠠᠷᠢᠯᠭ᠎ᠠ ᠪᠣᠯ ... 15 ~ 25 cm ᠪᠠᠢᠨ᠎ᠠ᠃

* ᠲᠠᠷᠢᠬᠤ ᠬᠡᠮᠵᠢᠶ᠎ᠡ᠄ 22.5 ~ 30.0 kg/hm²᠃

ᠬᠠᠳᠤᠯᠭ᠎ᠠ ᠶᠢᠨ ᠬᠤᠭᠤᠴᠠᠭ᠎ᠠ᠃

* ᠲᠠᠷᠢᠬᠤ ᠴᠠᠭ᠄ 5 ᠰᠠᠷ᠎ᠠ ᠶᠢᠨ ᠳᠤᠮᠳᠠ ᠡᠴᠡ 6 ᠰᠠᠷ᠎ᠠ ᠶᠢᠨ ... ᠲᠠᠷᠢᠬᠤ ᠪᠥᠭᠡᠳ ᠭᠠᠷᠤᠯᠲᠠ 225 ~ 300 kg/hm²

3. ᠲᠡᠵᠢᠭᠡᠯ ᠦᠨ ᠦᠨ᠎ᠡ ᠴᠢᠨᠠᠷ

ᠰᠠᠯᠠᠭᠠᠯᠠᠬᠤ ᠦᠶ᠎ᠡ ᠳᠦ ᠡᠨᠡ ᠪᠠᠢᠳᠠᠯ ᠤᠭᠤᠷᠭ᠎ᠠ ᠶᠢᠨ ᠠᠭᠤᠯᠭ᠎ᠠ 20.8% ᠪᠣᠯᠵᠤ᠂ ... ᠲᠠᠯᠪᠢᠬᠤ ᠦᠶ᠎ᠡ ᠳᠦ ᠨᠢ ᠤᠭᠤᠷᠭ᠎ᠠ ᠶᠢᠨ ᠠᠭᠤᠯᠭ᠎ᠠ 20.4% ᠪᠣᠯᠤᠨᠠ᠃

2. ᠠᠵᠤ ᠠᠬᠤᠢ ᠶᠢᠨ ᠴᠢᠨᠠᠷ

... 2.44 ~ 3.74 g ...

1. ... 10 cm ...

(ᠳᠥᠷᠪᠡ) ᠠᠭᠤᠷ ᠦᠭᠡᠢ ᠰᠣᠯᠣᠩᠭ᠎ᠠ (*B. inermis*)

ᠳᠥᠷᠪᠡ᠂ ᠰᠣᠯᠣᠩᠭ᠎ᠠ ᠶᠢᠨ ᠲᠥᠷᠥᠯ (*Bromus*)

无芒雀麦的营养成分

（引自中国饲用植物志编辑委员会，1987）

生育时期	干物质（%）	占干物质（%）				
		粗蛋白质	粗脂肪	粗纤维	无氮浸出物	粗灰分
营养期	25	20.4	4	23.2	42.8	9.6
抽穗期	30	16	6.3	30	44.2	7.8
成熟期	53	5.3	2.3	36.4	49.2	6.8

无芒雀麦营养期鲜草和干草的营养成分及可消化养分

（引自中国饲用植物志编辑委员会，1987）

种类	干物质（%）	钙（%）	磷（%）	可消化蛋白质（%）	总消化养分（%）	占干物质（%）				
						粗蛋白质	粗脂肪	粗纤维	无氮浸出物	粗灰分
鲜草	25	0.12	0.08	3.7	15.5	20.8	3.6	22.8	40.4	12.4
干草	88.1	0.2	0.28	5	48.9	11.24	2.93	32.24	44.82	9.31

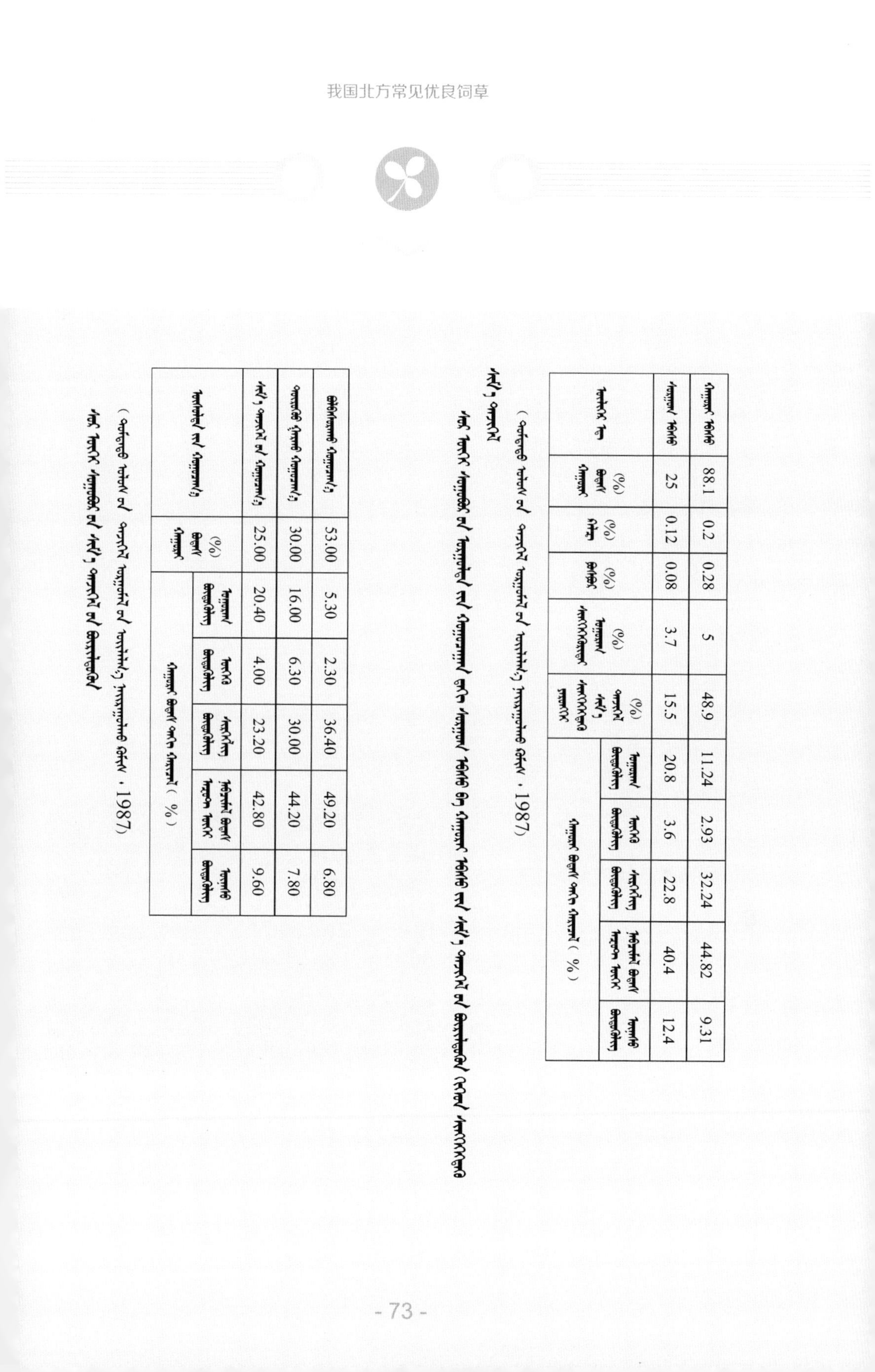

[illegible]	(%) [illegible]	(%) [illegible]	(%) [illegible]	(%) [illegible]	(%) [illegible]	[illegible] (%)				
						[illegible]	[illegible]	[illegible]	[illegible]	[illegible]
[illegible]	88.1	0.2	0.28	5	48.9	11.24	2.93	32.24	44.82	9.31
[illegible]	25	0.12	0.08	3.7	15.5	20.8	3.6	22.8	40.4	12.4

([illegible] · 1987)

[illegible]

[illegible]

[illegible]	(%) [illegible]	[illegible] (%)				
		[illegible]	[illegible]	[illegible]	[illegible]	[illegible]
[illegible]	53.00	5.30	2.30	36.40	49.20	6.80
[illegible]	30.00	16.00	6.30	30.00	44.20	7.80
[illegible]	25.00	20.40	4.00	23.20	42.80	9.60

([illegible] · 1987)

[illegible]

（二）扁穗雀麦（*B. catharticus*）

1. 植物学与生物学特性

一年生草本植物。秆丛生，直立。圆锥花序。颖果长约8 mm，千粒重10 g左右。扁穗雀麦喜温暖、湿润气候，不耐炎热、积水和寒冷，在中国北方不能越冬。

2. 利用价值

扁穗雀麦再生性强，叶量多，产草量高，品质仅次于一年生黑麦草和燕麦。抽穗期含有丰富的家畜必需氨基酸，适口性好，各种家畜均喜食。

3. 栽培技术要点

＊ 播种时间：平原和丘陵地区为9月上旬至10月下旬，海拔800 m以上的山区播种期可提前至8月中旬。

＊ 播种量：条播播种量为30.0 ～ 37.5 kg/hm^2，撒播播量增加30 % ～ 50 %。

＊ 播种方式：条播、撒播均可。条播行距 20 ～ 30 cm，播种深度2 ～ 3 cm，适当镇压。

＊ 管理与收获：播种翻耕前选适宜的除草剂进行杂草防除。苗期视墒情适当灌溉，灌溉量以湿润土层5 ～ 8 cm为宜。苗期施尿素75 ～ 120 kg/hm^2。可鲜草饲喂、青贮与放牧。

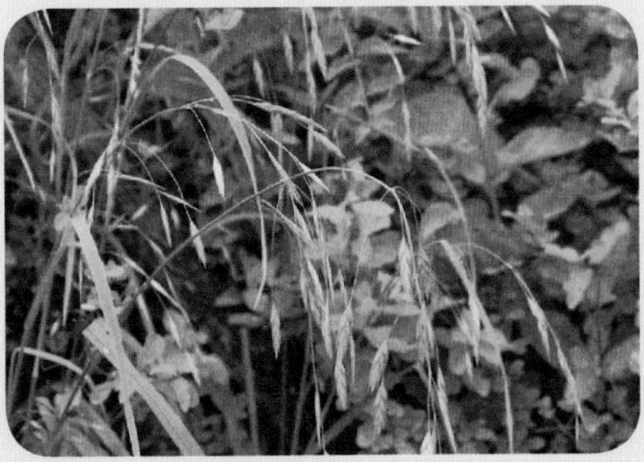

＊ 注意事项：鲜草饲喂时留茬高度3 ～ 5 cm，青贮时留茬高度5 ～ 8 cm，株高30 cm时可进行放牧利用。

ᠬᠠᠳᠠᠭᠠᠯᠠᠬᠤ · ᠬᠠᠳᠤᠯᠠᠯᠲᠠ ᠶᠢᠨ ᠬᠣᠭᠣᠷᠣᠨᠳᠣ ᠡᠴᠡ 30 cm ᠪᠠᠢᠬᠤ ᠬᠡᠷᠡᠭᠲᠡᠢ ᠪᠣᠯᠤᠨ᠎ᠠ ::

* ᠲᠠᠷᠢᠬᠤ ᠭᠦᠨ : ᠬᠥᠷᠥᠰᠥ ᠨᠢᠭᠲᠠ ᠪᠣᠯ ᠪᠠᠷᠠᠭ᠎ᠠ ᠳᠤ ᠭᠦᠨ ᠢ ᠡᠴᠡ 3 ~ 5 cm ᠬᠠᠳᠠᠭᠠᠯᠠᠬᠤ · ᠰᠡᠢᠷᠡᠭ ᠡᠯᠡᠰᠦ ᠬᠥᠷᠥᠰᠥᠨ ᠳᠦ 5 ~ 8 cm ᠬᠠᠳᠠᠭᠠᠯᠠᠬᠤ ᠬᠡᠷᠡᠭᠲᠡᠢ :: ᠬᠥᠷᠥᠰᠥ ᠨᠢᠭᠲᠠ ᠪᠣᠯ ᠬᠦᠨᠳᠦ ᠪᠠᠷᠠᠭ᠎ᠠ ᠪᠠᠢᠬᠤ ᠰᠡᠢᠷᠡᠭ ᠡᠯᠡᠰᠦ ᠬᠥᠷᠥᠰᠥᠨ · ᠬᠦᠨᠳᠦ ᠪᠣᠷᠣᠭ᠎ᠠ ᠳᠤ ᠭᠦᠨ ᠪᠣᠯᠤᠨ᠎ᠠ ::

ᠬᠠᠳᠠᠭᠠᠯᠠᠬᠤ ᠬᠡᠷᠡᠭᠲᠡᠢ · ᠬᠠᠳᠠᠭᠠᠯᠠᠬᠤ ᠳᠤ ᠭᠦᠨ ᠢ 5 ~ 8 cm ᠬᠦᠷᠭᠡᠵᠦ ᠪᠣᠯᠤᠨ᠎ᠠ :: ᠲᠠᠷᠢᠬᠤ ᠬᠡᠮᠵᠢᠶ᠎ᠡ ᠳᠦ ᠨᠢᠭᠡ ᠭᠠ ᠳᠤ 75 ~ 120 kg/hm²

* ᠲᠠᠷᠢᠯᠲᠠ ᠶᠢᠨ ᠠᠷᠭ᠎ᠠ : ᠮᠥᠷ ᠬᠣᠭᠣᠷᠣᠨᠳᠣ ᠵᠠᠢ ᠲᠠᠷᠢᠬᠤ ᠪᠤᠶᠤ ᠬᠥᠷᠥᠰᠥ ᠢ ᠡᠴᠡ ᠬᠠᠳᠠᠭᠠᠯᠠᠬᠤ ᠬᠡᠷᠡᠭᠲᠡᠢ :: ᠲᠠᠷᠢᠬᠤ ᠮᠥᠷ ᠦᠨ ᠵᠠᠢ ᠶᠢᠨ ᠬᠡᠮᠵᠢᠶ᠎ᠡ ᠢ ᠡᠴᠡ
cm ᠪᠠᠢᠯᠭᠠᠬᠤ · ᠬᠣᠯᠢᠮᠠᠭ ᠬᠡᠮᠵᠢᠶ᠎ᠡ ᠪᠡᠷ ᠲᠠᠷᠢᠬᠤ ᠬᠡᠷᠡᠭᠲᠡᠢ ::

* ᠬᠠᠳᠠᠬᠤ ᠬᠤᠭᠤᠴᠠᠭ᠎ᠠ : ᠨᠠᠮᠤᠷ ᠬᠠᠳᠠᠬᠤ · ᠬᠠᠪᠤᠷ ᠬᠠᠳᠠᠬᠤ ᠪᠠᠢᠵᠤ ᠪᠣᠯᠤᠨ᠎ᠠ :: ᠨᠠᠮᠤᠷ ᠬᠠᠳᠠᠬᠤ ᠤᠨᠳᠤᠷ ᠢ ᠨᠢ ᠡᠴᠡ 20 ~ 30 cm · ᠬᠠᠳᠠᠬᠤ ᠤᠳᠠᠭ᠎ᠠ 2 ~ 3
ᠬᠡᠷᠡᠭᠲᠡᠢ ::

* ᠬᠠᠳᠠᠬᠤ ᠬᠡᠮᠵᠢᠶ᠎ᠡ : ᠨᠠᠮᠤᠷ ᠬᠠᠳᠠᠬᠤ ᠬᠡᠮᠵᠢᠶ᠎ᠡ ᠢ 30.0 ~ 37.5 kg/hm² · ᠬᠠᠪᠤᠷ ᠬᠠᠳᠠᠬᠤ ᠳᠤ ᠬᠡᠮᠵᠢᠶ᠎ᠡ ᠢ ᠡᠴᠡ 30% ~ 50% ᠪᠠᠢᠬᠤ ᠳᠠᠯᠠᠢ
800 m ᠡᠴᠡ ᠳᠡᠭᠡᠭᠰᠢ ᠭᠠᠵᠠᠷ ᠲᠤ 8 ᠰᠠᠷ᠎ᠠ ᠶᠢᠨ ᠡᠬᠢᠨ ᠡᠴᠡ ᠡᠬᠢᠯᠡᠨ ᠬᠠᠳᠠᠬᠤ ᠪᠣᠯᠤᠨ᠎ᠠ ::

* ᠬᠠᠳᠠᠬᠤ ᠴᠠᠭ : ᠲᠠᠯ᠎ᠠ ᠭᠠᠵᠠᠷ ᠪᠣᠯᠣᠨ ᠠᠭᠤᠯᠠ ᠭᠠᠵᠠᠷ ᠬᠠᠳᠠᠬᠤ ᠳᠤ 9 ᠰᠠᠷ᠎ᠠ ᠶᠢᠨ ᠳᠤᠮᠳᠠ ᠡᠴᠡ 10 ᠰᠠᠷ᠎ᠠ ᠶᠢᠨ ᠰᠡᠭᠦᠯᠴᠡ ᠪᠣᠯᠲᠠᠯ᠎ᠠ ᠬᠠᠳᠠᠬᠤ · ᠬᠠᠵᠢᠭᠤ ᠶᠢᠨ ᠬᠠᠮᠢᠭᠯᠠᠯ ᠢ

3. ᠬᠠᠳᠠᠬᠤ ᠬᠡᠷᠡᠭᠯᠡᠭᠡ ᠶᠢᠨ ᠦᠨᠡᠯᠡᠯᠲᠡ

ᠮᠣᠩᠭᠣᠯ ᠪᠣᠳᠣ ᠶᠢᠨ ᠮᠠᠯᠴᠢᠨ ᠮᠠᠯ · ᠬᠠᠭᠤᠷᠠᠢ ᠲᠡᠵᠢᠭᠡᠯ ᠢ ᠰᠠᠢᠨ · ᠨᠣᠭᠣᠭᠠᠨ ᠤ ᠪᠠᠢᠳᠠᠯ ᠪᠠᠨ ᠬᠠᠳᠠᠭᠠᠯᠠᠬᠤ ᠰᠠᠢᠨ ::

ᠰᠠᠷ᠎ᠠ ᠪᠤᠳᠤᠭ ᠶᠢᠨ ᠬᠣᠭᠣᠷᠣᠨᠳᠣ ᠪᠠᠢᠬᠤ ᠰᠢᠮ ᠪᠣᠯᠤᠨ᠎ᠠ ᠶᠢᠨ ᠬᠢ ᠶᠢᠨ ᠬᠠᠳᠠᠯᠠᠨ ᠬᠠᠳᠠᠭᠠᠯᠠᠨ᠎ᠠ :: ᠬᠠᠳᠠᠭᠠᠯᠠᠬᠤ ᠪᠠᠢᠳᠠᠯ ᠢᠶᠠᠷ ᠲᠡᠵᠢᠭᠡᠯ ᠳᠦ ᠨᠣᠭᠣᠭᠠᠨ ᠤ ᠬᠠᠳᠠᠭᠠᠯᠠᠬᠤ ᠶᠢᠨ ᠬᠠᠳᠠᠭᠠᠯᠠᠯᠲᠠ ᠪᠠᠢᠳᠠᠯ ᠰᠠᠢᠨ

ᠲᠡᠵᠢᠭᠡᠯ ᠬᠠᠳᠠᠭᠠᠯᠠᠬᠤ ᠮᠠᠯ ᠤᠨ ᠬᠣᠭᠣᠯᠠ ᠶᠢᠨ ᠬᠠᠳᠠᠭᠠᠯᠠᠬᠤ ᠲᠡᠵᠢᠭᠡᠯ ᠲᠦᠷᠦᠯ · ᠮᠣᠷᠢ ᠦᠬᠡᠷ · ᠬᠣᠨᠢ ᠶᠢᠨ ᠡᠳᠡᠭᠡᠨ ᠬᠣᠭᠣᠯᠠ · ᠭᠠᠬᠠᠢ ᠶᠢᠨ ᠲᠥᠷᠥᠯ ᠲᠥᠷᠥᠯᠲᠡ ᠢ ᠰᠠᠢᠨ ᠳᠤᠷᠠᠲᠠᠢ

2. ᠦᠷ᠎ᠡ ᠶᠢᠨ ᠴᠢᠨᠠᠷ ᠤᠨ ᠦᠵᠡᠭᠦᠯᠦᠯᠲᠡ

ᠬᠠᠳᠠᠯᠠᠬᠤ · ᠳᠡᠭᠡᠷᠡ ᠪᠣᠳᠠᠯ ᠳᠤ ᠬᠠᠷᠢᠴᠠᠩᠭᠤᠢ ᠰᠠᠢᠨ · ᠬᠤᠷ ᠤ ᠬᠡᠮᠵᠢᠶ᠎ᠡ ᠶᠢᠨ ᠬᠠᠳᠠᠭᠠᠯᠠᠬᠤ ᠬᠡᠮᠵᠢᠶ᠎ᠡ ᠳᠦ ᠲᠣᠬᠢᠷᠠᠮᠵᠢᠲᠠᠢ ᠬᠠᠳᠠᠭᠠᠯᠠᠬᠤ ᠰᠠᠢᠨ ::

ᠮᠢᠩᠭ᠎ᠠ ᠦᠷ᠎ᠡ ᠶᠢᠨ ᠵᠢᠩᠬᠦ ᠢ 10 g ᠪᠣᠯᠤᠨ᠎ᠠ :: ᠮᠣᠩᠭᠣᠯ ᠤᠯᠤᠰ ᠤᠨ ᠬᠣᠢᠲᠤ ᠢ ᠲᠠᠷᠢᠬᠤ ᠲᠠᠷᠢᠯᠠᠩ ᠲᠠᠢ ᠭᠠᠵᠠᠷ ᠲᠤ ᠬᠠᠳᠠᠭᠠᠯᠠᠨ᠎ᠠ · ᠪᠠᠷᠠᠭ᠎ᠠ ᠮᠠᠯᠴᠢᠨ ᠪᠠᠢᠬᠤ ᠬᠠᠳᠠᠯᠠᠬᠤ

ᠰᠠᠢᠨ ᠰᠠᠢᠬᠠᠨ ᠬᠠᠳᠠᠭᠠᠯᠠᠭᠰᠠᠨ ᠬᠠᠳᠠᠭᠠᠯᠠᠨ᠎ᠠ :: ᠬᠥᠷᠥᠰᠥ ᠢ ᠪᠣᠯᠭᠠᠨ ᠬᠠᠳᠠᠭᠠᠯᠠᠨ ᠬᠠᠳᠠᠭᠠᠯᠠᠨ᠎ᠠ :: ᠦᠷ᠎ᠡ ᠪᠠᠨ ᠲᠠᠷᠢᠭ᠎ᠠ ᠦᠭᠡᠢ :: ᠬᠠᠬᠤ ᠦᠷ᠎ᠡ ᠶᠢᠨ ᠤᠷᠳᠤ ᠢ ᠪᠣᠯᠣᠨ 8 mm ·

1. ᠬᠠᠳᠠᠭᠠᠯᠠᠯᠲᠠ ᠶᠢᠨ ᠬᠡᠮᠵᠢᠶ᠎ᠡ ᠪᠣᠯᠣᠨ ᠲᠠᠷᠢᠬᠤ ᠪᠣᠰᠠᠭ ᠤᠨ ᠬᠡᠮᠵᠢᠶ᠎ᠡ ᠪᠡᠷ ᠬᠠᠳᠠᠭᠠᠯᠠᠯ ᠲᠠᠯ᠎ᠠ

（ᠬᠣᠶᠠᠷ）ᠮᠣᠩᠭᠣᠯ ᠬᠠᠳᠠᠭᠠᠯᠠᠬᠤ ᠰᠣᠭᠣᠭᠣᠨ（B. catharticus）

二、赖草属（*Leymus*）

（一）羊草（*L. chinensis*）

1. 植物学与生物学特性

多年生植物。具下伸或横走根茎，须根具沙套。秆散生，直立。叶鞘光滑，基部残留叶鞘呈纤维状。颖片锥状。颖果细小，深褐色，千粒重约2.0 g。羊草宜生长在年降水量500～600 mm的地区，在降水量300 mm的地方也能生长良好，但不耐涝，长期水淹会引起烂根。耐寒、耐旱、耐碱、耐践踏。

2. 利用价值

羊草茎叶细嫩，颜色浓绿，其味清香，叶量丰富，粗蛋白含量为24.14%，饲用价值高，为各种家畜喜食。夏、秋能催肥，冬季能补饲，对于幼畜发育、成畜育肥及繁殖有较高利用价值。羊草种群主要依靠营养繁殖补充和更新其营养结构。

3. 栽培技术要点

＊ 播种时间：早春4～5月抢墒播种。施足底肥（厩肥37.5～40.0 t/hm^2），及时追肥，以氮肥为主。

＊ 播种量：37.5～45.0 kg/hm^2。种子发芽率偏低，可适当调高播种量到60.0 kg/hm^2。

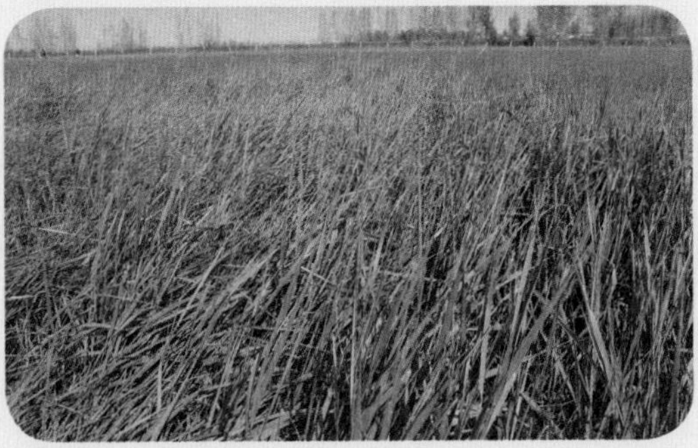

＊ 播种方式：条播，行距18～25 cm，覆土厚度1～2 cm。

＊ 管理与收获：播种前封闭灭杂草，苗期（2～3片叶片）用2，4-D灭草，刈牧兼用，主要用于调制干草。

＊ 注意事项：种植当年不建议收获。

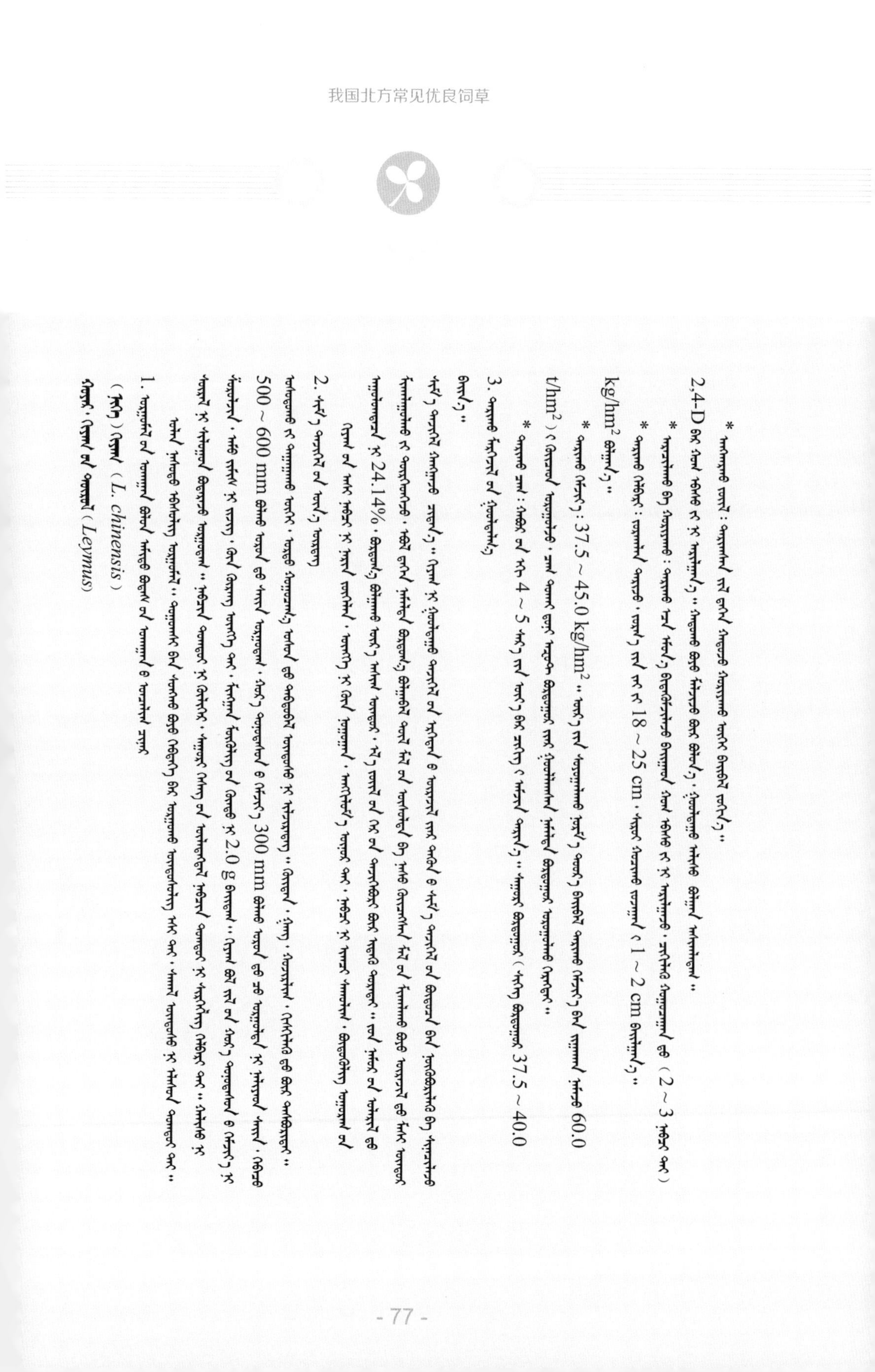

* [illegible]

2,4-D [illegible]

* [illegible] (2 ~ 3 [illegible])

* [illegible] 18 ~ 25 cm [illegible] 1 ~ 2 cm [illegible]

kg/hm² [illegible]

* [illegible]: 37.5 ~ 45.0 kg/hm² [illegible] 60.0 t/hm² [illegible]

* [illegible] 4 ~ 5 [illegible] 37.5 ~ 40.0 [illegible]

3. [illegible]

[illegible] 24.14% [illegible]

2. [illegible]

[illegible] 300 mm [illegible] 500 ~ 600 mm [illegible] 2.0 g [illegible]

1. [illegible]

([illegible]) [illegible] (*L. chinensis*)

[illegible] (*Leymus*)

（二）赖草（*L. secalinus*）

1. 植物学与生物学特性

多年生植物。秆单生或丛生，直立。叶鞘光滑无毛，叶舌膜质，截平，叶片扁平或内卷。颖果千粒重约2.79 g。赖草适应性强，耐旱、耐寒、耐轻度盐渍化土壤。具有防风固沙、水土保持等功能。

2. 利用价值

赖草粗蛋白含量高达25.14%。幼嫩时山羊、绵羊喜食，牛、骆驼终年喜食。夏季适口性降低，秋季又见提高，可作为牲畜的抓膘牧草。

3. 栽培技术要点

* 播种时间：播种最佳时期为4月上旬至5月上旬，秋播最晚为8月中旬。

* 播种量：20.0 ～ 35.0 kg/hm^2。

* 播种方式：条播、撒播和穴播均可。条播，行距30 ～ 60 cm。播种深度，沙性土壤一般不超过3 cm，黏性土壤不超过2 cm。

* 管理与收获：播种当年应注意防除杂草。苗期结合中耕进行除草，拔节或孕穗期追施氮肥30 ～ 40 kg/hm^2。最佳刈割时期为开花期。

* 注意事项：春播当年可刈割1次，第2年开始可刈割2次。留茬高度4 ～ 5 cm，越冬前最后一次刈割留茬高度7 ～ 8 cm。

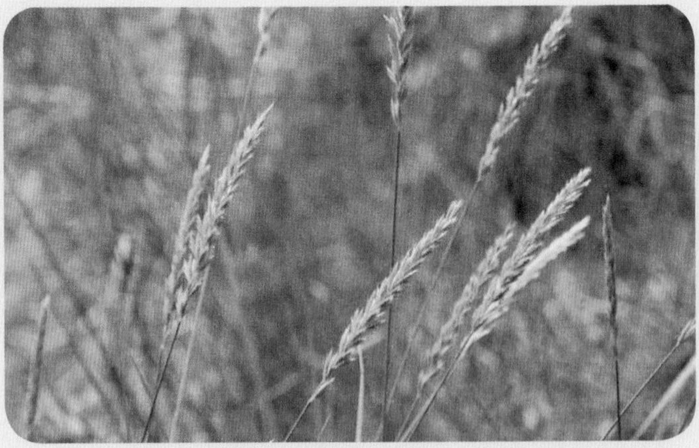

(ᠮᠢᠰᠠᠭ) ᠣᠯᠠᠨ ᠬᠢᠶᠠᠭ (*L. secalinus*)

1. ᠤᠷᠭᠤᠮᠠᠯ ᠤᠨ ᠲᠣᠭᠲᠠᠯᠴᠠᠯ ᠪᠠᠢᠳᠠᠯ ᠬᠢᠭᠡᠳ ᠪᠠᠢᠭᠠᠯ ᠤᠨ ᠲᠣᠭᠲᠠᠯᠴᠠᠯ ᠤᠨ ᠣᠨᠴᠠᠯᠢᠭ

ᠣᠯᠠᠨ ᠨᠠᠰᠤᠲᠤ ᠣᠯᠠᠨ ᠵᠢᠯᠦᠨ ᠤᠭᠤᠰᠤᠨ ᠡᠪᠡᠰᠦ ᠂ ᠦᠨᠳᠦᠷ ᠨᠢ 45 ~ 100 cm ᠂ ᠦᠨᠳᠦᠰᠦ ᠨᠢ ᠭᠦᠨ ᠂ ᠰᠠᠭᠠᠭᠠ ᠲᠠᠢ ᠂ ᠦᠨᠳᠦᠰᠦᠨ ᠢᠰᠦᠯ ᠲᠠᠢ ᠪᠣᠯᠤᠨ᠎ᠠ ᠃ ᠦᠷ᠎ᠡ ᠨᠢ ᠲᠣᠮᠣ ᠪᠥᠭᠡᠳ ᠮᠢᠩᠭᠠᠨ ᠦᠷ᠎ᠡ ᠶᠢᠨ ᠵᠢᠩ ᠨᠢ 2.79 g ᠪᠣᠯᠤᠨ᠎ᠠ ᠃

ᠬᠠᠮᠤᠭ ᠣᠯᠠᠨ ᠭᠠᠵᠠᠷ ᠲᠠᠷᠬᠠᠵᠤ ᠤᠷᠭᠤᠳᠠᠭ ᠃ ᠭᠠᠨᠴᠤ ᠳᠠᠭᠠᠷᠢᠭ ᠂ ᠲᠠᠰᠢᠷ ᠂ ᠬᠤᠪᠢ ᠲᠣᠭᠲᠠᠮᠠᠯ ᠬᠦᠢᠲᠡᠨ ᠳᠦ ᠲᠡᠰᠪᠦᠷᠢ ᠰᠠᠢᠲᠠᠢ ᠂ ᠵᠠᠭᠠ ᠳᠠᠪᠤᠰᠤᠯᠢᠭ ᠭᠠᠵᠠᠷ ᠲᠤ ᠤᠷᠭᠤᠬᠤ ᠴᠢᠳᠠᠪᠤᠷᠢ ᠲᠠᠢ ᠃

ᠪᠣᠯᠤᠨ᠎ᠠ ᠃ ᠡᠨᠡ ᠨᠢ ᠣᠯᠠᠨ ᠨᠠᠰᠤᠲᠤ ᠤᠷᠭᠤᠮᠠᠯ ᠂ ᠦᠨᠳᠦᠰᠦᠨ ᠢᠰᠦᠯ ᠬᠦᠴᠦᠲᠡᠢ ᠲᠠᠷᠬᠠᠵᠤ ᠥᠰᠦᠭᠡᠳ ᠪᠦᠯᠦᠭ ᠤᠷᠭᠤᠮᠠᠯ ᠪᠣᠯᠤᠨ ᠣᠷᠣᠰᠢᠳᠠᠭ ᠃ ᠬᠤᠪᠢᠷᠠᠯ ᠴᠢᠳᠠᠪᠤᠷᠢ ᠨᠢ ᠬᠦᠴᠦᠲᠡᠢ ᠃

2. ᠡᠳ᠋ᠯᠡᠯ ᠦᠨ ᠦᠨ᠎ᠡ ᠴᠡᠩᠨᠡᠯ

ᠲᠡᠵᠢᠭᠡᠯ ᠦᠨ ᠦᠨ᠎ᠡ ᠴᠡᠩᠨᠡᠯ ᠳᠤᠮᠳᠠ ᠂ ᠬᠠᠪᠤᠷ ᠤᠨ ᠡᠬᠢᠨ ᠳᠦ ᠮᠠᠯ ᠳᠤᠷᠠᠲᠠᠢ ᠢᠳᠡᠳᠡᠭ ᠂ ᠴᠡᠴᠡᠭᠯᠡᠬᠦ ᠦᠶ᠎ᠡ ᠶᠢᠨ ᠭᠢᠯᠤᠭ ᠦᠪᠡᠰᠦ ᠶᠢᠨ ᠦᠵᠦᠭᠦᠷ ᠦᠨ ᠤᠷᠭᠤᠯᠲᠠ ᠳᠤ ᠲᠦᠦᠬᠡᠢ ᠤᠰᠢᠭᠯᠠᠭ ᠨᠢ 25.14% ᠬᠦᠷᠳᠡᠭ ᠃ ᠲᠠᠷᠢᠮᠠᠯ ᠪᠣᠯᠭᠠᠬᠤ ᠳᠤ ᠲᠣᠬᠢᠷᠠᠮᠵᠢᠲᠠᠢ ᠃

3. ᠲᠠᠷᠢᠮᠠᠯ ᠨᠤᠲᠠᠭᠰᠢᠭᠤᠯᠬᠤ ᠠᠷᠭ᠎ᠠ

* ᠲᠠᠷᠢᠬᠤ ᠴᠠᠭ : ᠲᠠᠷᠢᠬᠤ ᠰᠠᠶᠢᠨ ᠬᠤᠭᠤᠴᠠᠭ᠎ᠠ ᠨᠢ 4 ᠰᠠᠷ᠎ᠠ ᠶᠢᠨ ᠳᠤᠮᠳᠠ ᠡᠴᠡ 5 ᠰᠠᠷ᠎ᠠ ᠶᠢᠨ ᠳᠤᠮᠳᠠ ᠬᠦᠷᠲᠡᠯ ᠂ ᠵᠤᠨ ᠤ ᠲᠠᠷᠢᠯᠭ᠎ᠠ 8 ᠰᠠᠷ᠎ᠠ ᠶᠢᠨ ᠡᠬᠢᠨ ᠡᠴᠡ ᠡᠮᠦᠨ᠎ᠡ ᠲᠠᠷᠢᠬᠤ ᠬᠡᠷᠡᠭᠲᠡᠢ ᠃

* ᠲᠠᠷᠢᠬᠤ ᠬᠡᠮᠵᠢᠶ᠎ᠡ : 20.0 ~ 35.0 kg/hm² ᠃

* ᠲᠠᠷᠢᠬᠤ ᠠᠷᠭ᠎ᠠ : ᠮᠥᠷ ᠢᠶᠠᠷ ᠲᠠᠷᠢᠬᠤ ᠂ ᠴᠠᠴᠤᠵᠤ ᠲᠠᠷᠢᠬᠤ ᠪᠠᠨ ᠮᠥᠷ ᠢᠶᠠᠷ ᠲᠠᠷᠢᠬᠤ ᠨᠢ ᠰᠠᠢᠨ ᠪᠣᠯᠤᠨ᠎ᠠ ᠃ ᠮᠥᠷ ᠢᠶᠠᠷ ᠲᠠᠷᠢᠬᠤ ᠵᠠᠢ ᠨᠢ 30 ~ 60 cm ᠪᠣᠯᠤᠨ᠎ᠠ ᠃ ᠲᠠᠷᠢᠬᠤ ᠭᠦᠨ ᠨᠢ ᠬᠥᠷᠥᠰᠦ ᠶᠢᠨ ᠴᠢᠢᠭ ᠴᠢᠢᠭᠯᠡᠭ ᠰᠠᠢᠲᠠᠢ ᠭᠠᠵᠠᠷ ᠲᠤ 3 cm ᠡᠴᠡ ᠬᠡᠲᠦᠷᠡᠬᠦ ᠦᠭᠡᠢ ᠂ ᠨᠢᠭᠤᠷ ᠭᠠᠵᠠᠷ ᠲᠤ 2 cm ᠡᠴᠡ ᠬᠡᠲᠦᠷᠡᠬᠦ ᠦᠭᠡᠢ ᠃

ᠪᠣᠯᠤᠨ᠎ᠠ ᠃

* ᠲᠠᠷᠢᠬᠤ ᠡᠮᠦᠨ᠎ᠡ ᠬᠢ ᠪᠡᠯᠡᠳᠬᠡᠯ : ᠭᠠᠵᠠᠷ ᠢ ᠬᠠᠭᠠᠯᠵᠤ ᠂ ᠲᠡᠭᠰᠢᠯᠡᠨ ᠪᠢᠴᠢᠯᠡᠬᠦ ᠂ ᠰᠠᠢᠨ ᠬᠤᠷᠢᠶᠠᠬᠤ ᠬᠡᠷᠡᠭᠲᠡᠢ ᠃ ᠰᠠᠭᠤᠷᠢ ᠪᠣᠷᠳᠤᠭ᠎ᠠ ᠪᠣᠯᠭᠠᠨ ᠨᠢᠭᠤᠷ ᠭᠠᠵᠠᠷ ᠲᠤ ᠮᠠᠯ ᠤᠨ ᠪᠣᠷᠳᠤᠭ᠎ᠠ ᠶᠢ 30 ~ 40 kg/hm² ᠣᠷᠣᠭᠤᠯᠬᠤ ᠬᠡᠷᠡᠭᠲᠡᠢ ᠃

ᠰᠠᠢᠨ ᠬᠠᠷᠢᠭᠤ ᠦᠭᠭᠦᠭᠰᠡᠨ ᠤᠷᠤᠭ ᠳᠤ ᠲᠠᠷᠢᠪᠠᠯ ᠰᠠᠢᠨ ᠪᠣᠯᠤᠨ᠎ᠠ ᠃

* ᠰᠢᠨᠵᠢ ᠴᠢᠨᠠᠷ : ᠤᠷᠭᠤᠬᠤ ᠴᠢᠨᠠᠷ ᠨᠢ 1 ᠵᠢᠯ ᠦᠨ ᠦᠢᠯᠡ ᠬᠡᠷᠡᠭᠯᠡᠯ ᠂ ᠬᠠᠪᠤᠷ ᠤᠨ 2 ᠵᠢᠯ ᠦᠨ ᠦᠢᠯᠡ ᠬᠡᠷᠡᠭᠯᠡᠯ ᠪᠣᠯᠤᠨ᠎ᠠ ᠃ 4 ~ 5 cm

ᠭᠦᠨ ᠲᠠᠷᠢᠬᠤ ᠂ ᠲᠠᠷᠢᠭᠠᠳ ᠬᠠᠭᠤᠷᠠᠢ ᠦᠶ᠎ᠡ ᠳᠦ ᠲᠠᠷᠢᠬᠤ ᠨᠢ ᠰᠠᠢᠨ ᠂ ᠦᠨᠳᠦᠷ ᠨᠢ 7 ~ 8 cm ᠬᠦᠷᠬᠦ ᠶᠢ ᠬᠦᠯᠢᠶᠡᠬᠦ ᠬᠡᠷᠡᠭᠲᠡᠢ ᠃

三、冰草属（*Agropyron*）

（一）冰草（*A. cristatum*）

1. 植物学与生物学特性

又名扁穗冰草，多年生草本植物。须根发达，密生。茎秆直立，穗状花序，外稃顶端常具短芒。种子千粒重2 g左右。扁穗冰草抗寒、抗旱，适宜在干燥寒冷的地区种植，适应性广，抗逆性强，耐瘠薄土壤，在轻壤土、重壤土，甚至半荒漠地区、中度盐碱土都能生长，但不宜在酸性土和沼泽土种植。

2. 利用价值

冰草为优良牧草，草质柔软，营养丰富。抽穗期粗蛋白含量16.12%，粗脂肪3.14%，有机物质消化率为63.93%，适口性佳，各种家畜喜食。因返青期早，能较早地为家畜提供青饲料。青鲜时马和羊最喜食，牛与骆驼亦喜食。用冰草饲喂反刍家畜，消化率和可消化养分也较高，是中等催肥饲料。

3. 栽培技术要点

＊ 播种时间：最佳播种期为每年的4月上旬至8月中旬，即土壤温度和墒情相对较好时期。秋季播种时，应控制在秋霜来临前1个月之内。

＊ 播种量：30 kg/hm^2。

＊ 播种方式：条播，播种深度2 ～ 4 cm。

＊ 管理与收获：苗期注意防除杂草，刈割利用。

＊ 注意事项：播种当年不利用。

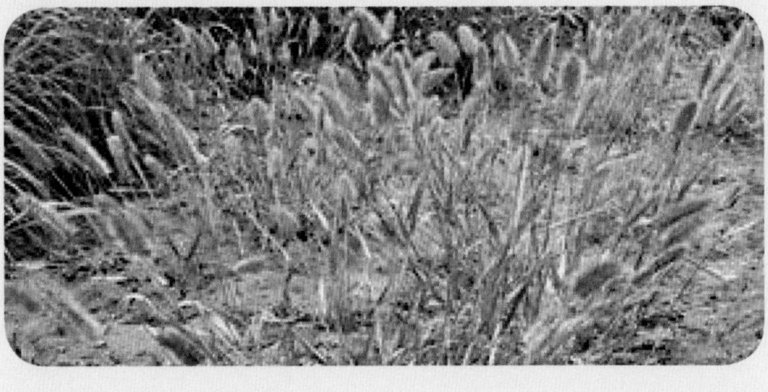

（ᠬᠣᠶᠠᠷ）ᠶᠡᠷᠬᠦᠭ ᠦᠨ ᠲᠥᠷᠥᠯ（*Agropyron*）

（ᠨᠢᠭᠡ）ᠶᠡᠷᠬᠦᠭ（*A. cristatum*）

1. ᠲᠠᠷᠬᠠᠯᠲᠠ ᠶᠢᠨ ᠬᠦᠷᠢᠶ᠎ᠡ ᠪᠣᠯᠤᠨ ᠠᠮᠢᠳᠤᠷᠠᠯ ᠤᠨ ᠣᠷᠴᠢᠨ ᠤ ᠲᠠᠶᠢᠯᠪᠤᠷᠢ ᠵᠠᠭᠠᠷ

ᠪᠣᠯ ᠬᠡᠭᠡᠷ᠎ᠡ ᠲᠠᠯ᠎ᠠ ᠶᠢᠨ ᠡᠭᠡᠯ ᠭᠠᠵᠠᠷ ᠲᠤ ᠲᠠᠷᠬᠠᠭᠰᠠᠨ ᠪᠠ᠂ ᠬᠠᠭᠤᠷᠠᠢ ᠭᠠᠵᠠᠷ ᠲᠤ ᠲᠡᠰᠪᠦᠷᠢ ᠰᠠᠢ᠌ᠨ ᠲᠠᠷᠬᠠᠭᠰᠠᠨ :: ᠬᠠᠯ ᠶᠢ ᠲᠡᠰᠪᠦᠷᠢᠬᠦ ᠴᠢᠳᠠᠪᠬᠢ ᠰᠠᠢ᠌ᠨ᠂ ᠬᠦᠢᠲᠡᠨ ᠳᠤ ᠲᠡᠰᠪᠦᠷᠢᠬᠦ ᠴᠢᠳᠠᠪᠬᠢ ᠰᠠᠢ᠌ᠨ ᠪᠠᠶᠢᠳᠠᠭ ᠪᠣᠯ ᠮᠢᠩᠭ᠎ᠠ ᠦᠷ᠎ᠡ ᠶᠢᠨ ᠵᠢᠩ 2 g ᠣᠷᠴᠢᠮ ᠪᠣᠯᠳᠠᠭ :: ᠰᠢᠯᠢᠮᠡᠯ ᠲᠠᠷᠢᠮᠠᠯ ᠲᠠᠷᠢᠶ᠎ᠠ ᠳᠤ ᠲᠣᠬᠢᠷᠠᠮᠵᠢᠲᠠᠢ᠂ ᠪᠣᠭᠣᠨᠢ ᠨᠠᠰᠤᠲᠤ ᠣᠯᠠᠨ ᠨᠠᠰᠤᠲᠤ ᠤᠷᠭᠤᠮᠠᠯ ᠪᠣᠯᠤᠨ᠎ᠠ ::

2. ᠲᠡᠵᠢᠭᠡᠯ ᠦᠨ ᠴᠢᠨᠠᠷ

ᠶᠡᠷᠬᠦᠭ ᠪᠣᠯ ᠮᠠᠯ ᠤᠨ ᠳᠤᠷᠠᠲᠠᠢ ᠡᠪᠡᠰᠦ ᠪᠣᠯᠬᠤ ᠪᠠᠷ ᠰᠠᠢ᠌ᠨ ᠴᠢᠨᠠᠷ ᠲᠠᠢ ᠡᠪᠡᠰᠦ ᠶᠢᠨ ᠨᠢᠭᠡ ᠪᠣᠯᠤᠨ᠎ᠠ :: ᠬᠤᠪᠢ ᠨᠠᠷᠢᠨ ᠢᠯᠠᠩᠭᠤᠶ᠎ᠠ ᠰᠡᠯᠦᠭᠡ ᠴᠠᠭ ᠲᠤ ᠬᠠᠭᠤᠷᠠᠢ ᠪᠣᠳᠠᠰ ᠤᠨ ᠲᠣᠭ᠎ᠠ ᠨᠢ ᠤᠰᠠᠷᠬᠠᠭ ᠣᠭᠤᠷᠬᠠᠢ ᠳᠤ ᠬᠡᠪᠲᠡᠭ ᠦᠨ ᠶᠡᠷᠦᠩᠬᠡᠢ ᠳᠡᠭᠡᠷᠡ ᠲᠤᠤᠷᠠᠢ ᠶᠢᠨ ᠨᠢ ᠬᠡᠮᠵᠢᠶ᠎ᠡ 16.12%᠂ ᠲᠣᠰᠣᠨ ᠤ ᠬᠡᠮᠵᠢᠶ᠎ᠡ 3.14%᠂ ᠠᠵᠣᠲ ᠦᠭᠡᠢ ᠬᠠᠨᠤᠨ ᠤ ᠬᠡᠮᠵᠢᠶ᠎ᠡ 63.93% ᠪᠣᠯᠤᠨ᠎ᠠ᠂ ᠲᠡᠵᠢᠭᠡᠯ ᠦᠨ ᠴᠢᠨᠠᠷ ᠰᠠᠢ᠌ᠨ ᠪᠠᠶᠢᠳᠠᠭ :: ᠮᠠᠯ ᠤᠨ ᠳᠤᠷᠠᠲᠠᠢ ᠡᠳᠡᠭᠡᠳ ᠲᠡᠵᠢᠭᠡᠯ ᠦᠨ ᠴᠢᠨᠠᠷ ᠲᠠᠢ ᠪᠣᠯᠤᠨ᠎ᠠ ::

3. ᠲᠠᠷᠢᠬᠤ ᠲᠠᠷᠢᠯᠭ᠎ᠠ ᠶᠢᠨ ᠠᠷᠭ᠎ᠠ ᠬᠡᠮᠵᠢᠶ᠎ᠡ

* ᠲᠠᠷᠢᠬᠤ ᠴᠠᠭ: ᠬᠠᠪᠤᠷ ᠨᠠᠮᠤᠷ ᠲᠠᠷᠢᠬᠤ ᠪᠣᠯᠤᠮᠵᠢᠲᠠᠢ ᠪᠣᠯᠪᠠᠴᠤ 4 ᠰᠠᠷ᠎ᠠ ᠠᠴᠠ 8 ᠰᠠᠷ᠎ᠠ ᠶᠢᠨ ᠬᠣᠭᠣᠷᠣᠨᠳᠣ 1 ᠰᠠᠷ᠎ᠠ ᠶᠢᠨ ᠳᠤᠲᠤᠷ ᠲᠠᠷᠢᠪᠠᠯ ᠰᠠᠢ᠌ᠨ ::
* ᠲᠠᠷᠢᠬᠤ ᠬᠡᠮᠵᠢᠶ᠎ᠡ: 30 kg/hm² ::
* ᠲᠠᠷᠢᠬᠤ ᠭᠦᠨ: ᠲᠠᠷᠢᠶᠠᠯᠠᠩ ᠲᠠᠷᠢᠬᠤ᠂ ᠲᠠᠷᠢᠬᠤ ᠭᠦᠨ ᠨᠢ 2 ~ 4 cm ᠪᠠᠶᠢᠯᠭᠠᠬᠤ ᠬᠡᠷᠡᠭᠲᠡᠢ ::
* ᠮᠥᠷ ᠦᠨ ᠵᠠᠢ: ᠮᠥᠷ ᠦᠨ ᠵᠠᠢ ᠨᠢ 15 ~ 30 cm ᠪᠠᠶᠢᠯᠭᠠᠬᠤ ᠬᠡᠷᠡᠭᠲᠡᠢ᠂ ᠲᠠᠷᠢᠭᠠᠳ ᠳᠠᠷᠤᠬᠤ ᠬᠡᠷᠡᠭᠲᠡᠢ ::
* ᠬᠠᠳᠤᠯᠠᠬᠤ ᠴᠠᠭ: ᠲᠣᠯᠣᠭᠠᠢ ᠭᠠᠷᠬᠤ ᠡᠴᠡ ᠴᠡᠴᠡᠭᠯᠡᠬᠦ ᠶᠢᠨ ᠡᠬᠢᠨ ᠳᠦ ᠬᠠᠳᠤᠯᠠᠪᠠᠯ ᠰᠠᠢ᠌ᠨ ::

（二）蒙古冰草（*A. mongolicum*）

1. 植物学与生物学特性

又名沙芦草，禾本科、冰草属多年生牧草。须根发达，茎秆直立，穗状花序，种子千粒重1.9 g左右。蒙古冰草耐旱、寒冷、耐风沙，生命力很强，耐瘠性强，但不耐夏季高温。利用价值高，可用于建设人工饲草料用地以及退化草场的补播、水土保持、防风固沙。

2. 利用价值

蒙古冰草早春鲜草羊、牛、马等喜食。抽穗期粗蛋白含量13.07%，粗脂肪3.08%，有机物质消化率为55.15%。抽穗以后适口性降低，秋季牲畜喜食再生草，冬季牧草干枯时牛和羊也喜食。

3. 栽培技术要点

* 播种时间：春播、夏播均可。土壤水分适宜地区尽可能早播，土壤墒情较差地区宜趁夏季降雨抢墒播种。干旱地区旱作栽培，宜趁雨季抢墒播种，最迟不能晚于8月中旬。

* 播种量：条播为15 ～ 20 kg/hm^2，撒播为30 ～ 37 kg/hm^2。

* 播种方式：条播、撒播。条播行距20 ～ 30 cm，播后及时覆土镇压。

* 管理与收获：苗期注意防除杂草和病虫害，有条件的可以进行灌水和追施氮肥。刈割利用。

* 注意事项：播种当年不利用。

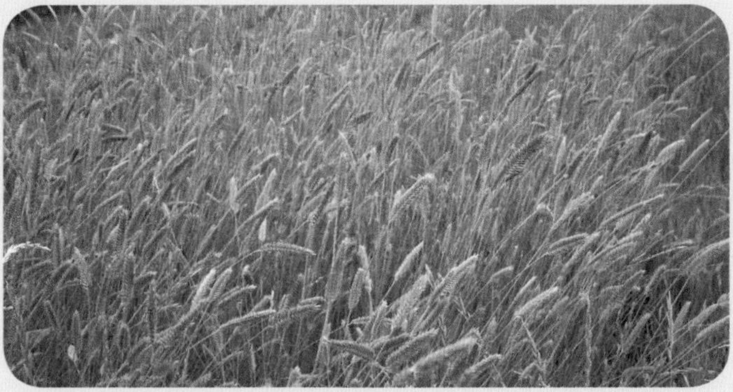

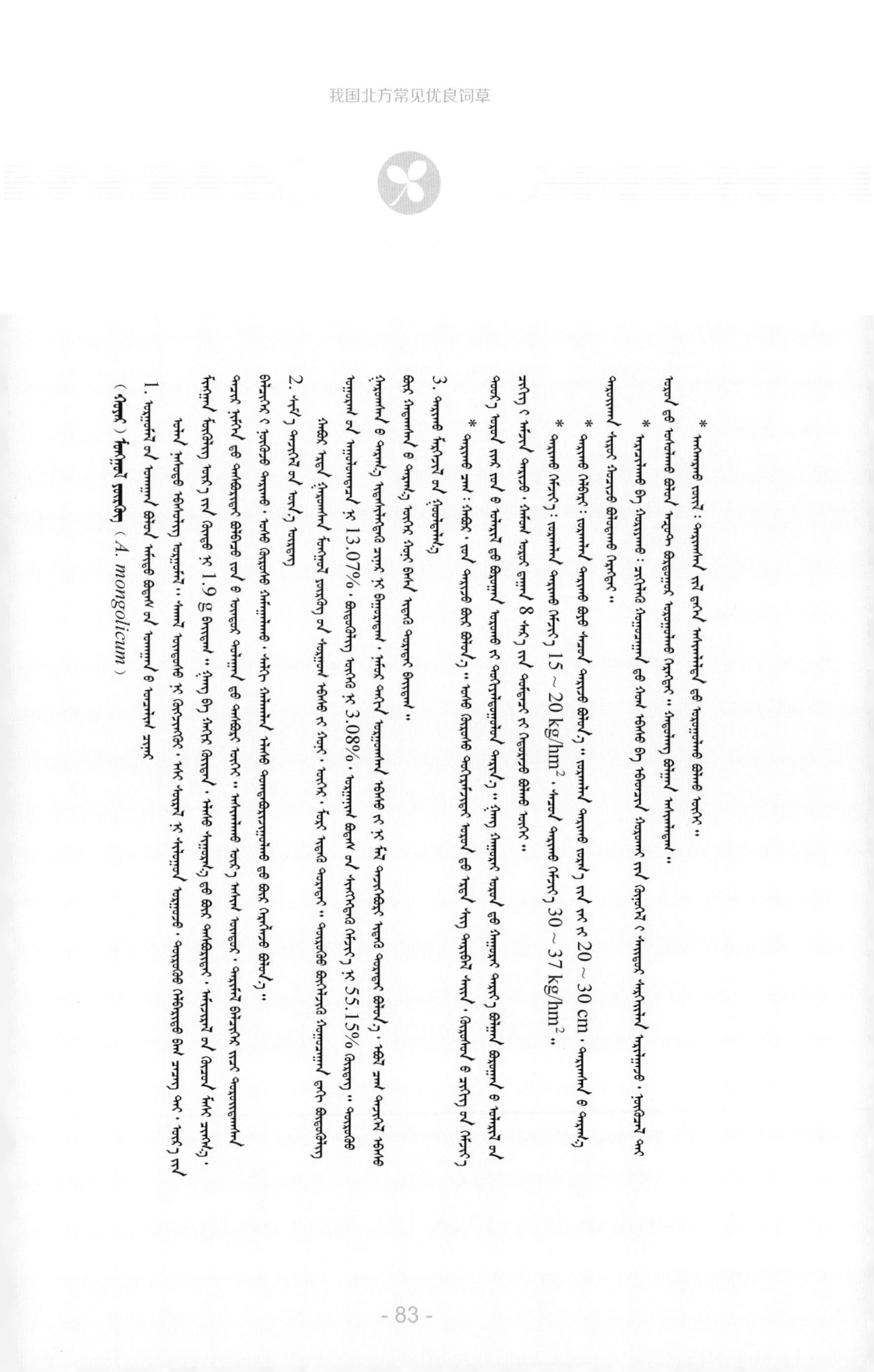

([illegible]) **[illegible]** (*A. mongolicum*)

1. [illegible]

[illegible]

[illegible] 1.9 g [illegible]

[illegible]

[illegible]

2. [illegible]

[illegible]

[illegible] 13.07% · [illegible] 3.08% · [illegible] 55.15% [illegible]

[illegible]

[illegible]

3. [illegible]

* [illegible]

[illegible]

[illegible] 8 [illegible]

* [illegible] 15 ~ 20 kg/hm^2 · [illegible] 30 ~ 37 kg/hm^2 ::

* [illegible] 20 ~ 30 cm · [illegible]

* [illegible]

[illegible]

* [illegible]

[illegible]

（三）沙生冰草（*A. desertorum*）

1. 植物学与生物学特性

多年生植物。秆成疏丛、直立，叶片多内卷成锥状。穗状花序，直立。颖舟形，千粒重2.57 g。沙生冰草在年降水量150 ～ 400 mm的草原地区生长良好，耐寒、耐旱，耐盐碱性差，不能忍受长期水淹。

2. 利用价值

沙生冰草茎叶柔软，含有较多的蛋白质和氨基酸，抽穗期和开花期粗蛋白质含量15.8%，粗脂肪3.81%，有机物质消化率为59.92%。各种家畜喜食，尤以马、牛更喜食。

3. 栽培技术要点

＊ 播种时间：在东北寒冷地区春播或夏季播种，华北地区宜秋播。

＊ 播种量：条播为15 ～ 20 kg/hm^2，撒播为30 ～ 37 kg/hm^2。

＊ 播种方式：条播、撒播。条播行距20 ～ 30 cm，播后及时覆土镇压。

＊ 管理与收获：苗期注意防除杂草和病虫害，有条件的进行灌水和追施氮肥。刈割利用。

＊ 注意事项：留茬高度一般为4 ～ 6 cm。

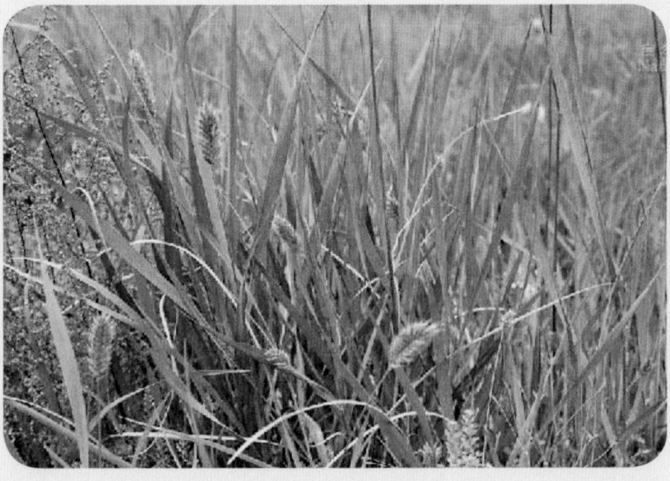

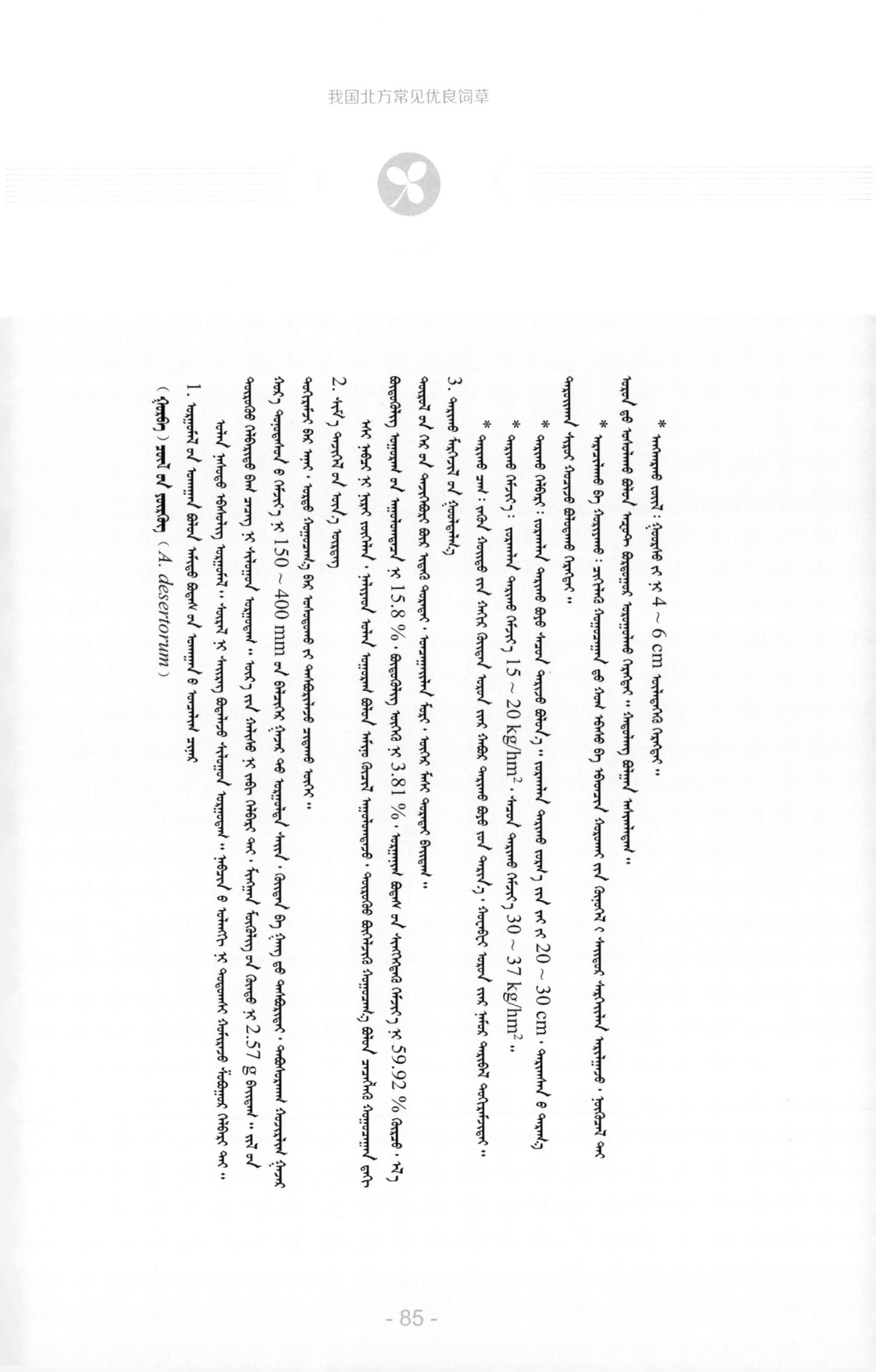

([illegible]) [illegible] (*A. desertorum*)

1. [illegible]

[illegible] 150 ~ 400 mm [illegible] 2.57 g [illegible]

2. [illegible]

[illegible] 15.8 % [illegible] 3.81 % [illegible] 59.92 % [illegible]

3. [illegible]

* [illegible] 15 ~ 20 kg/hm^2 [illegible] 30 ~ 37 kg/hm^2 ::

* [illegible] 20 ~ 30 cm [illegible]

* [illegible]

* [illegible] 4 ~ 6 cm [illegible]

（四）西伯利亚冰草（*A. sibiricum*）

1. 植物学与生物学特性

多年生植物。须根系，茎直立。叶片线形或长披针形，干旱时卷缩。窄穗状花序。结实2～3粒，千粒重2.44 g。西伯利亚冰草在年降水量200～350 mm的地区能较好地生长，耐寒、耐旱。

2. 利用价值

西比利亚冰草茎叶较柔软，干物质中粗蛋白含量16.6%，适口性好，为草食家畜喜食。其草地早春、晚秋可放牧或刈割晒制干草，亦可青饲。

3. 栽培技术要点

* 播种时间：春、秋播种均可。
* 播种量：11～22 kg/hm^2。
* 播种方式：条播，行距30～40 cm，覆土3～4 cm。
* 管理与收获：苗期注意防除杂草和病虫害。

西伯利亚冰草的营养成分

（引自中国饲用植物志编辑委员会，1987）

分析样别	干物质（%）	粗蛋白质（%）	粗脂肪（%）	粗纤维（%）	粗灰分（%）	无氮浸出物（%）	钙（%）	磷（%）
原样	24.6	4.1	0.5	7.6	2.2	10.2	0.18	0.07
风干样	90.9	15.1	1.9	28	8	37.9	0.66	0.25
干物质	100	16.6	2.1	30.8	8.8	41.7	0.72	0.27

([illegible]) [illegible] (*A. sibiricum*)

1. [illegible]

[illegible] 200 ~ 350 mm [illegible] 2 ~ 3 [illegible] 2.44 g [illegible]

2. [illegible]

[illegible] 16.6% [illegible]

3. [illegible]

* [illegible]

* [illegible]: 11 ~ 22 kg/hm² ::

* [illegible] 30 ~ 40 cm, [illegible] 3 ~ 4 cm [illegible]

* [illegible]

[illegible]

([illegible], 1987)

[illegible]	(%) [illegible]	(%) [illegible]	(%) [illegible]	(%) [illegible]	(%) [illegible]	(%) [illegible]	(%) [illegible]	(%) [illegible]
[illegible]	24.6	4.1	0.5	7.6	2.2	10.2	0.18	0.07
[illegible]	90.9	15.1	1.9	28	8	37.9	0.66	0.25
[illegible]	100	16.6	2.1	3.08	8.8	41.7	0.72	0.27

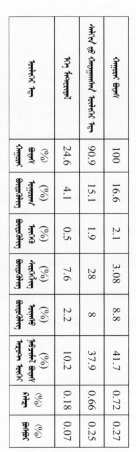

四、草地早熟禾（*Poa pratensis*）

1. 植物学与生物学特性

多年生植物。匍匐根状茎、直立。叶舌膜质，叶片线形。圆锥花序，金字塔形或卵圆形。颖果纺锤形，千粒重0.02～0.026g。草地早熟禾适宜生长在冷湿的气候环境，耐寒、耐热、较耐干旱。

2. 利用价值

草地早熟禾茎叶柔软，适口性好，幼嫩而富于营养，放牧时马、牛、羊等均喜食。在种子成熟期前，马、牛、羊喜食；成熟后期，茎秆下部变粗硬，适口性降低，但上部茎叶牛、羊仍喜食。

草地早熟禾的营养成分

（引自中国饲用植物志编辑委员会，1987）

生长期	水分（%）	占风干物质（%）					钙（%）	磷（%）
		粗蛋白	粗脂肪	粗纤维	无氮浸出物	粗灰分		
开花期	7.8	11.71	4.67	28.31	28.31	6.94	0.44	0.2

ᠤᠷᠭᠤᠮᠠᠯ ᠤᠨ ᠦᠶ᠎ᠡ ᠴᠠᠭ	ᠤᠰᠤ (%)	ᠬᠠᠭᠤᠷᠠᠢ ᠪᠣᠳᠠᠰ ᠤᠨ ᠬᠤᠪᠢ (%)					ᠺᠠᠯᠢ (%)	ᠹᠣᠰᠹᠣᠷ (%)
		ᠪᠦᠳᠦᠬᠦᠨ ᠤᠭᠤᠷᠠᠭ	ᠪᠦᠳᠦᠬᠦᠨ ᠲᠣᠰᠣ	ᠪᠦᠳᠦᠬᠦᠨ ᠰᠢᠷᠬᠡᠭ	ᠠᠽᠣᠲ ᠦᠭᠡᠢ ᠨᠡᠪᠲᠡᠷᠡᠭᠦ ᠪᠣᠳᠠᠰ	ᠪᠦᠳᠦᠬᠦᠨ ᠦᠨᠡᠰᠦ		
ᠴᠡᠴᠡᠭᠯᠡᠬᠦ ᠦᠶ᠎ᠡ	7.80	11.71	4.67	28.31	28.31	6.40	0.44	0.2

(ᠥᠪᠥᠷ ᠮᠣᠩᠭᠣᠯ ᠤᠨ ᠪᠠᠢᠭᠠᠯᠢ ᠶᠢᠨ ᠨᠥᠭᠡᠴᠡ ᠶᠢᠨ ᠬᠡᠪᠯᠡᠯ · 1987)

ᠬᠠᠳᠠᠯᠠᠩ ᠤᠨ ᠪᠤᠷᠴᠠᠭ ᠡᠪᠡᠰᠦ ᠶᠢᠨ ᠠᠰᠢᠭ ᠤᠨ ᠬᠡᠷᠡᠭᠯᠡᠭᠡ ᠶᠢᠨ ᠦᠨᠡᠯᠡᠭᠡ

ᠪᠠᠢᠨ᠎ᠠ ::

ᠮᠠᠯ ᠤᠨ ᠬᠣᠭᠣᠯᠠ ᠶᠢᠨ ᠬᠡᠷᠡᠭᠴᠡᠭᠡ ᠶᠢ ᠬᠠᠩᠭᠠᠬᠤ ᠳᠤ ᠴᠢᠬᠤᠯᠠ ᠠᠴᠢ ᠬᠣᠯᠪᠣᠭᠳᠠᠯ ᠲᠠᠢ · ᠬᠣᠨᠢ ᠶᠠᠮᠠ ᠮᠣᠷᠢ ᠦᠬᠡᠷ ᠢ ᠳᠠᠷᠤᠢ ᠲᠠᠷᠢᠮᠠᠯ ᠤᠨ ᠮᠠᠯ ᠮᠠᠰᠢ ᠳᠤᠷᠠᠲᠠᠢ ᠢᠳᠡᠭᠡ ᠪᠣᠯᠤᠨ᠎ᠠ :: ᠮᠠᠯ ᠤᠨ ᠢᠳᠡᠭᠡ ᠶᠢᠨ ᠬᠠᠩᠭᠠᠮᠵᠢ ᠰᠠᠢᠨ · ᠲᠠᠷᠢᠮᠠᠯ ᠤᠨ ᠳᠤᠮᠳᠠ ᠵᠡᠷᠭᠡ ᠶᠢᠨ ᠮᠠᠯ ᠤᠨ ᠵᠢᠭᠡᠯᠡᠳᠡ ᠪᠣᠯᠤᠨ᠎ᠠ :: ᠰᠢᠨ᠎ᠡ ᠪᠡᠷ ᠲᠠᠷᠢᠭᠰᠠᠨ ᠤ ᠳᠠᠷᠠᠭ᠎ᠠ ᠬᠠᠳᠠᠯᠠᠩ ᠢ ᠮᠠᠯ ᠳᠤ ᠢᠳᠡᠭᠦᠯᠬᠦ ᠦᠭᠡᠢ · ᠲᠠᠷᠢᠮᠠᠯ ᠤᠨ ᠦᠷ᠎ᠡ ᠰᠠᠢᠨ · ᠮᠠᠯ ᠤᠨ ᠢᠳᠡᠭᠡ ᠶᠢᠨ ᠬᠣᠯᠢᠮᠠᠭ ·

2. ᠲᠠᠷᠢᠮᠠᠯ ᠤᠨ ᠠᠷᠭ᠎ᠠ ᠪᠠᠷᠢᠯ

ᠪᠠᠢᠨ᠎ᠠ :: ᠲᠠᠷᠢᠬᠤ · ᠬᠠᠳᠠᠯᠠᠩ · ᠨᠣᠭᠣᠭᠠᠨ ᠲᠡᠵᠢᠭᠡᠯ ᠢ ᠪᠡᠯᠳᠡᠬᠦ ᠳᠤ ᠬᠡᠷᠡᠭᠯᠡᠵᠦ ᠪᠣᠯᠣᠨ᠎ᠠ ::
ᠦᠷ᠎ᠡ ᠲᠠᠷᠢᠬᠤ ᠳᠤ ᠭᠡᠭᠡᠰᠦ ᠶᠢᠨ ᠬᠡᠮᠵᠢᠶ᠎ᠡ ᠨᠢ ᠬᠠᠷᠢᠴᠠᠩᠭᠤᠢ ᠪᠠᠭ᠎ᠠ · ᠬᠠᠮᠤᠭ ᠤᠨ ᠪᠠᠭ᠎ᠠ ᠳᠤ ᠨᠢ 0.02 ~ 0.026
ᠭᠷ᠋ᠠᠮ ᠪᠣᠯᠤᠨ᠎ᠠ :: ᠦᠷ᠎ᠡ ᠨᠢ ᠵᠢᠵᠢᠭ ᠲᠤᠯᠠ ᠬᠥᠷᠦᠰᠦ ᠶᠢ ᠰᠠᠢᠲᠤᠷ ᠪᠣᠯᠪᠠᠰᠤᠷᠠᠭᠤᠯᠵᠤ · ᠬᠥᠷᠦᠰᠦ ᠶᠢ ᠨᠠᠷᠢᠯᠢᠭ ᠪᠣᠯᠭᠠᠨ᠎ᠠ ::

1. ᠬᠠᠳᠠᠯᠠᠩ ᠤᠨ ᠪᠤᠷᠴᠠᠭ ᠡᠪᠡᠰᠦ ᠶᠢᠨ ᠠᠰᠢᠭ ᠤᠨ ᠬᠡᠷᠡᠭᠯᠡᠭᠡ ᠶᠢᠨ ᠦᠨᠡᠯᠡᠭᠡ

ᠬᠣᠯᠢᠮᠠᠭ · ᠬᠠᠳᠠᠯᠠᠩ ᠤᠨ ᠪᠤᠷᠴᠠᠭ ᠡᠪᠡᠰᠦ (*Poa pratensis*)

3. 栽培技术要点

＊ 播种时间：通常海拔3 000 m以上地区应在5月中旬到6月中旬播种，海拔3 000 m以下地区宜在4月下旬到7月上旬播种。

＊ 播种量：单播条播时10 ～ 12 kg/hm^2，单播撒播时150 kg/hm^2，混播时根据混播各草种的比例，按单播量增加15%计算。

＊ 播种方式：单播、混播，撒播、条播，覆土深度1 ～ 2 cm。

＊ 管理与收获：播种当年幼苗生长缓慢，应及时消除杂草，大面积可于分蘖后采用高效低毒、无残留、适合禾本科植物的除草剂清除杂草（如1 hm^{2}用72%的2, 4-D丁酯乳油0.75 ～ 1 kg，兑水300 ～ 375 kg），在晴天、无风（或微风）时均匀喷洒。

＊ 注意事项：播种当年不可放牧利用。

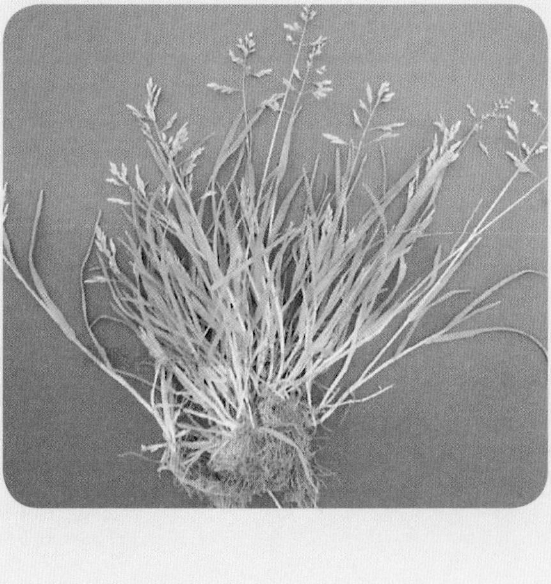

(ᠭᠡᠺᠲ᠋ᠠᠷ ᠲᠤ 1hm^2 ᠳᠤ 72% ᠤᠨ 2,4-D ᠪᠤᠲᠢᠯ ᠡᠰᠲ᠋ᠸᠷ ᠤᠨ ᠰᠦᠨ ᠲᠣᠰᠤ 0.75 ~ 1 kg ᠢ 300 ~ 375 kg ᠤᠰᠤ ᠳᠤ ᠨᠠᠶᠢᠷᠠᠭᠤᠯᠤᠨ ᠰᠠᠴᠤᠨ᠎ᠠ) ᠢ
* ᠲᠠᠷᠢᠬᠤ ᠠᠷᠭ᠎ᠠ : ᠮᠥᠷ ᠢᠶᠡᠷ ᠲᠠᠷᠢᠬᠤ᠂ ᠴᠠᠴᠤᠵᠤ ᠲᠠᠷᠢᠬᠤ᠂ ᠨᠦᠬᠡᠨ ᠲᠠᠷᠢᠬᠤ᠂ ᠬᠣᠯᠢᠮᠠᠭ ᠲᠠᠷᠢᠬᠤ ᠪᠦᠬᠦ ᠪᠣᠯᠤᠨ᠎ᠠ :: ᠲᠠᠷᠢᠬᠤ ᠭᠦᠨ ᠢ 1 ~ 2 cm
* ᠲᠠᠷᠢᠬᠤ ᠬᠡᠮᠵᠢᠶ᠎ᠡ : ᠮᠥᠷ ᠢᠶᠡᠷ ᠲᠠᠷᠢᠪᠠᠯ ᠲᠠᠷᠢᠬᠤ ᠨᠢ 10 ~ 12 kg/hm^2᠂ ᠮᠥᠷ ᠢᠶᠡᠷ ᠴᠠᠴᠤᠪᠠᠯ ᠲᠠᠷᠢᠬᠤ ᠨᠢ 150 kg/hm^2᠂ ᠰᠠᠴᠤᠵᠤ ᠲᠠᠷᠢᠬᠤ ᠬᠡᠮᠵᠢᠶ᠎ᠡ
ᠲᠠᠷᠢᠬᠤ᠂ ᠳᠠᠯᠠᠢ ᠶᠢᠨ ᠲᠥᠪᠰᠢᠨ ᠡᠴᠡ 3 000 m ᠡᠴᠡ ᠳᠣᠣᠭᠰᠢᠬᠢ ᠭᠠᠵᠠᠷ ᠢ 4 ᠰᠠᠷ᠎ᠠ ᠠᠴᠠ 7 ᠰᠠᠷ᠎ᠠ ᠶᠢᠨ ᠳᠤᠮᠳᠠ ᠪᠣᠯᠭᠠᠨ᠎ᠠ ᠲᠠᠷᠢᠨ᠎ᠠ ::
* ᠲᠠᠷᠢᠬᠤ ᠴᠠᠭ : ᠳᠠᠯᠠᠢ ᠶᠢᠨ ᠲᠥᠪᠰᠢᠨ ᠡᠴᠡ 3 000 m ᠡᠴᠡ ᠳᠡᠭᠡᠭᠰᠢᠬᠢ ᠭᠠᠵᠠᠷ ᠲᠤ ᠪᠣᠯ 5 ᠰᠠᠷ᠎ᠠ ᠠᠴᠠ 6 ᠰᠠᠷ᠎ᠠ ᠶᠢᠨ ᠳᠤᠮᠳᠠ ᠪᠣᠯᠭᠠᠨ᠎ᠠ

五、羊茅属（*Festuca*）

（一）苇状羊茅（*F. arundinacea*）

1. 植物学与生物学特性

多年生植物。须根系发达，入土较深。茎直立，圆锥花序疏松开展，颖片披针形，千粒重2.5 g左右。苇状羊茅能在多种气候条件下和生态环境中生长，耐旱、耐湿、抗寒、耐热。

2. 利用价值

苇状羊茅饲料品质中等，干物质中粗蛋白含量15.4%，适宜放牧、青饲、青贮或调制干草。刈割宜在抽穗期进行，可保持适口性和利用价值。一年中适口性以秋季最好，春季居中，夏季最低，但调制的干草各种家畜均喜食。

3. 栽培技术要点

* 播种时间：可在春季或秋季播种，秋季宜于9月进行。
* 播种量：15 ～ 30 kg/hm^2。
* 播种方式：条播，行距30 ～ 40 cm，播种深度1.5 ～ 2 cm。
* 管理与收获：中耕除草，生长期间适当灌溉，并结合追肥。

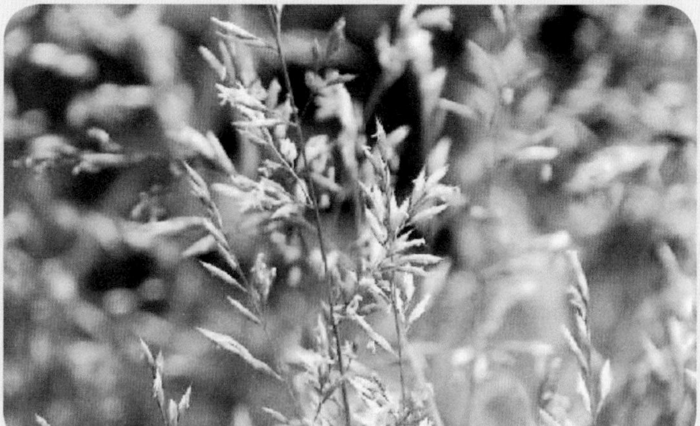

ᠲᠠᠪᠤ᠂ ᠪᠣᠲᠠᠯᠢᠭ ᠤᠨ ᠲᠥᠷᠥᠯ (*Festuca*)

(ᠨᠢᠭᠡ) ᠬᠣᠯᠣᠰᠣᠨ ᠪᠣᠲᠠᠯᠢᠭ (*F. arundinacea*)

1. ᠡᠳ᠋ ᠦᠨ ᠵᠠᠰᠠᠭ ᠤᠨ ᠠᠰᠢᠭ ᠲᠤᠰ᠎ᠠ ᠪᠠ ᠲᠡᠵᠢᠭᠡᠯ ᠦᠨ ᠦᠨ᠎ᠡ ᠴᠢᠨᠠᠷ

ᠰᠠᠢᠨ ᠴᠢᠨᠠᠷᠲᠠᠢ ᠮᠠᠯ ᠤᠨ ᠲᠡᠵᠢᠭᠡᠯ᠃ ᠨᠠᠯᠢᠶᠠᠭᠤᠨ ᠪᠣᠯᠤᠨ ᠰᠠᠯᠠᠭᠠᠯᠠᠭᠰᠠᠨ ᠵᠢᠭᠠᠷᠠᠮ ᠶᠢ ᠳᠠᠭᠠᠵᠤ᠂ ᠨᠢᠭᠡ ᠵᠢᠭᠠᠷᠠᠮ ᠤᠨ ᠳᠤᠨᠳᠠ ᠬᠦᠷᠦᠯ ᠤᠨ ᠵᠢᠩ ᠢ 2.5 g ᠬᠦᠷᠳᠡᠭ᠃ ᠨᠠᠯᠢᠶᠠᠭᠤᠨ ᠪᠣᠯᠤᠨ ᠰᠠᠯᠠᠭᠠᠯᠠᠭᠰᠠᠨ ᠪᠣᠯᠪᠠᠰᠤᠷᠠᠯ ᠳᠤ᠂ ᠭᠢᠯᠪᠦᠭᠡᠷ ᠬᠦᠯᠦᠭ᠂ ᠬᠣᠨᠢ᠂ ᠶᠠᠮᠠᠭ᠎ᠠ᠂ ᠲᠡᠮᠡᠭᠡ ᠶᠢᠨ ᠳᠤᠷᠠ ᠳᠤ ᠲᠠᠭᠠᠷᠠᠨ᠎ᠠ᠃

2. ᠲᠡᠵᠢᠭᠡᠯ ᠦᠨ ᠦᠨ᠎ᠡ ᠴᠢᠨᠠᠷ

ᠨᠠᠯᠢᠶᠠᠭᠤᠨ ᠪᠣᠯᠤᠨ ᠰᠠᠯᠠᠭᠠᠯᠠᠭᠰᠠᠨ ᠪᠣᠯᠪᠠᠰᠤᠷᠠᠯ ᠤᠨ ᠬᠤᠭᠤᠷᠠᠢ ᠪᠣᠳᠠᠰ ᠲᠤ᠂ ᠪᠦᠳᠦᠭᠦᠯᠢᠭ ᠤᠰᠤᠭᠠᠯᠢᠭ ᠤᠨ ᠠᠭᠤᠯᠤᠮᠵᠢ ᠶᠢ 15.4% ᠪᠠᠢᠳᠠᠭ᠂ ᠬᠥᠷᠦᠰᠦ ᠶᠢᠨ ᠨᠢᠭᠤᠯᠬᠤ ᠴᠢᠳᠠᠪᠦᠷᠢ ᠬᠦᠴᠦᠲᠡᠢ᠂ ᠰᠠᠯᠬᠢ ᠳᠤ ᠲᠡᠰᠪᠦᠷᠢ ᠰᠠᠢᠲᠠᠢ᠂ ᠲᠠᠷᠢᠯᠠᠩ ᠤᠨ ᠭᠠᠵᠠᠷ ᠤᠨ ᠬᠥᠷᠦᠰᠦ ᠶᠢ ᠪᠣᠯᠪᠠᠰᠤᠷᠠᠭᠤᠯᠬᠤ ᠳᠤ ᠬᠡᠷᠡᠭᠯᠡᠨ᠎ᠡ᠃

3. ᠲᠠᠷᠢᠬᠤ ᠠᠷᠭ᠎ᠠ ᠬᠡᠮᠵᠢᠶ᠎ᠡ

* ᠰᠠᠴᠤᠬᠤ ᠴᠠᠭ: ᠬᠠᠪᠤᠷ ᠪᠤᠶᠤ ᠨᠠᠮᠤᠷ ᠰᠠᠴᠤᠬᠤ ᠪᠣᠯᠤᠨ᠎ᠠ᠂ ᠨᠠᠮᠤᠷ ᠰᠠᠴᠤᠯᠲᠠ 9 ᠰᠠᠷ᠎ᠠ ᠳᠤ ᠳᠠᠭᠤᠰᠤᠭᠠᠳᠠᠭ᠃
* ᠰᠠᠴᠤᠬᠤ ᠬᠡᠮᠵᠢᠶ᠎ᠡ: 15 ~ 30 kg/hm²᠃
* ᠰᠠᠴᠤᠬᠤ ᠠᠷᠭ᠎ᠠ: ᠮᠥᠷᠯᠡᠨ ᠰᠠᠴᠤᠬᠤ᠂ ᠮᠥᠷ ᠤᠨ ᠵᠠᠢ ᠶᠢ 30 ~ 40 cm᠂ ᠰᠠᠴᠤᠬᠤ ᠭᠦᠨ ᠢ 1.5 ~ 2 cm ᠪᠣᠯᠭᠠᠨ᠎ᠠ᠃
* ᠲᠠᠷᠢᠯᠠᠩ ᠤᠨ ᠭᠠᠵᠠᠷ: ᠬᠥᠷᠦᠰᠦ ᠶᠢ ᠰᠠᠢᠲᠠᠷ ᠬᠠᠭᠤᠯᠵᠤ᠂ ᠲᠡᠭᠰᠢᠯᠡᠵᠦ ᠰᠠᠴᠤᠬᠤ ᠨᠢ ᠴᠢᠬᠤᠯᠠ ᠪᠠᠢᠳᠠᠭ᠃

（二）草地羊茅（*F. pratensis*）

1. 植物学与生物学特性

多年生植物。须根发达，具短根茎。茎秆光滑，直立。叶片平展。圆锥花序较松散，直立或顶端下垂。种子小，千粒重1.7 g。草地羊茅抗寒性较强，越冬性良好，耐阴、耐瘠，较抗旱和耐湿。

2. 利用价值

草地羊茅干物质中含粗蛋白12.3%，粗脂肪5.6%，粗纤维25%，无氮浸出物47.7%，粗灰分8.7%。草地羊茅茎秆较细，叶量中等，营养枝较多。刈牧皆可，较适合放牧。草质略粗糙，早期利用为好。青草、青贮、干草各种家畜均喜食。

3. 栽培技术要点

* 播种时间：春、夏、秋播均可，以秋播为好。
* 播种量：22.5 ～ 30 kg/hm^2。
* 播种方式：条播或撒播。条播行距30 cm，播深1 ～ 2 cm。
* 管理与收获：根据杂草情况，及时除杂。
* 注意事项：播种后第二年开始正常采种或收草。

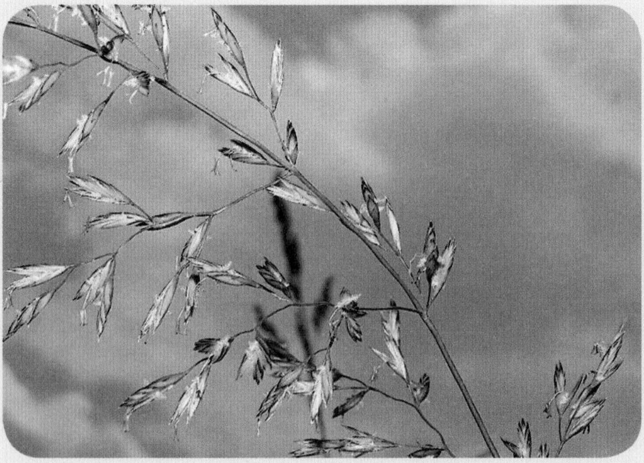

（ᠨᠤᠭᠤ）ᠨᠤᠭᠤᠨ ᠪᠣᠲᠣᠭᠤᠯ（*F. pratensis*）

1. ᠲᠠᠷᠢᠯᠠᠩ ᠤᠨ ᠲᠠᠷᠢᠮᠠᠯ ᠪᠣᠳᠠᠰ ᠪᠤᠶᠤ ᠪᠣᠷᠣ ᠶᠢᠨ ᠲᠠᠷᠢᠮᠠᠯ ᠤᠨ ᠲᠣᠳᠣᠷᠬᠠᠢ ᠴᠢᠨᠠᠷ

ᠲᠠᠷᠢᠮᠠᠯ ᠪᠣᠯᠭᠠᠬᠤ ᠬᠤᠭᠤᠴᠠᠭ᠎ᠠ ᠲᠠᠷᠢᠯᠠᠩ᠃ ᠬᠠᠪᠤᠷ ᠲᠠᠷᠢᠬᠤ ᠶᠢ ᠪᠠᠷᠢᠮᠲᠠᠯᠠᠬᠤ᠂ ᠲᠠᠷᠢᠮᠠᠯ ᠲᠠᠷᠢᠯᠠᠩ ᠳᠤ ᠲᠠᠷᠢᠬᠤ ᠳᠤ ᠡᠩ ᠲᠣᠬᠢᠷᠠᠮᠵᠢᠲᠠᠢ᠂ ᠨᠠᠮᠤᠷ ᠲᠠᠷᠢᠬᠤ ᠶᠢ ᠪᠠᠰᠠ ᠪᠣᠯᠤᠨ᠎ᠠ᠃ ᠲᠠᠷᠢᠬᠤ ᠶᠢᠨ ᠡᠮᠦᠨ᠎ᠡ ᠭᠠᠵᠠᠷ ᠢ ᠬᠠᠭᠠᠯᠵᠤ᠂ ᠨᠠᠷᠢᠨ ᠲᠠᠷᠢᠯᠠᠩ ᠤᠨ ᠪᠡᠯᠡᠳᠬᠡᠯ

ᠬᠢᠵᠦ ᠲᠠᠷᠢᠯᠠᠩ ᠤᠨ ᠭᠠᠵᠠᠷ ᠢ ᠬᠠᠭᠠᠯᠵᠤ ᠲᠡᠭᠰᠢᠯᠡᠨ᠎ᠡ᠃ ᠰᠠᠭᠤᠷᠢ ᠪᠣᠲᠣᠭᠤᠯ ᠢ ᠨᠢᠭᠤᠷ ᠲᠣᠭ᠎ᠠ ᠳᠤ ᠪᠡᠯᠡᠳᠭᠡᠵᠦ᠂ ᠨᠢᠭᠤᠷ ᠪᠣᠯᠭᠠᠬᠤ ᠶᠢᠨ ᠬᠠᠮᠲᠤ ᠨᠢᠭᠤᠷ ᠬᠤᠪᠢᠶᠠᠨ ᠤ ᠪᠣᠷᠣᠭᠠ ᠶᠢ

ᠶᠢ 1.7 g ᠪᠣᠯᠤᠨ᠎ᠠ᠃ ᠪᠣᠷᠣᠭᠠ ᠪᠠᠷ ᠲᠠᠷᠢᠮᠠᠯ ᠤᠷᠭᠤᠮᠠᠯ ᠬᠠᠯᠠᠭᠤᠨ ᠵᠢ᠂ ᠬᠦᠢᠲᠡᠨ ᠳᠤ ᠲᠡᠰᠪᠦᠷᠢ᠂ ᠬᠠᠭᠤᠷᠠᠢ᠂ ᠳᠤᠭᠤᠢ᠂ ᠰᠢᠯᠢᠳᠡᠭ ᠳᠤ ᠳᠠᠰᠤᠯ ᠤᠷᠭᠤᠮᠠᠯ ᠪᠣᠯᠤᠨ᠎ᠠ᠃

2. ᠬᠣᠭᠤ ᠲᠡᠵᠢᠯ ᠦᠨ ᠴᠢᠨᠠᠷ ᠤᠨ ᠦᠷᠡ

ᠬᠤᠤᠷᠠᠢ ᠪᠣᠳᠠᠰ ᠤᠨ ᠪᠣᠳᠣᠭᠠᠯᠲᠠ ᠲᠠᠷᠢᠮᠠᠯ ᠤᠨ ᠲᠡᠵᠢᠭᠦᠯᠦᠮᠵᠢ ᠶᠢ 12.4%᠂ ᠪᠣᠳᠣᠭᠠᠯᠲᠠ ᠲᠣᠰᠣ ᠶᠢ 5.6%᠂ ᠪᠣᠳᠣᠭᠠᠯᠲᠠ ᠰᠢᠯᠢᠪᠡᠷ ᠢ 25%᠂ ᠲᠣᠭᠤᠷᠠ

ᠲᠠᠯᠠᠰ ᠲᠡᠵᠢᠭᠦᠯ ᠪᠣᠳᠠᠰ ᠢ 47.7%᠂ ᠪᠣᠳᠣᠭᠠᠯᠲᠠ ᠲᠣᠰᠣ ᠶᠢ 8.7% ᠪᠠᠶᠢᠨ᠎ᠠ᠃ ᠮᠠᠯ ᠳᠤᠷᠠᠲᠠᠢ ᠶᠢ ᠲᠡᠵᠢᠭᠡᠯ᠂ ᠨᠣᠭᠤᠭᠠᠨ ᠬᠠᠳᠤᠯ ᠤᠨ ᠲᠡᠵᠢᠭᠡᠯ ᠦᠨ ᠴᠢᠨᠠᠷ ᠰᠠᠢᠨ᠂ ᠲᠣᠭᠤᠷᠢᠮ

ᠮᠠᠯ ᠲᠡᠵᠢᠭᠡᠯ ᠲᠠᠷᠢᠯᠠᠩ ᠪᠣᠯᠤᠨ᠎ᠠ᠃ ᠨᠣᠭᠤᠭᠠᠨ ᠪᠠᠷ ᠲᠡᠵᠢᠭᠡᠬᠦ ᠪᠠ ᠪᠣᠯᠤᠨ᠎ᠠ᠂ ᠬᠠᠳᠠᠭᠠᠯᠠᠬᠤ ᠶᠢ ᠨᠣᠭᠤᠭᠠᠨ ᠲᠡᠵᠢᠭᠡᠯᠳᠡᠭ᠃ ᠲᠡᠵᠢᠭᠡᠯ ᠦᠨ ᠴᠢᠨᠠᠷ ᠢ ᠮᠠᠯ᠂ ᠬᠣᠨᠢ ᠬᠣᠶᠠᠭᠤᠯᠠ ᠳᠤ ᠰᠠᠢᠨ ᠲᠠᠷᠢᠮᠠᠯ

ᠮᠠᠯ ᠰᠠᠢᠨ᠃ ᠰᠠᠯᠠᠭᠠ ᠪᠣᠯᠭᠠᠨ᠂ ᠰᠠᠯᠠᠭᠠ ᠪᠣᠲᠣᠭᠤᠯ ᠤᠨ ᠲᠠᠷᠢᠮᠠᠯ ᠪᠣᠯᠤᠨ ᠲᠡᠵᠢᠭᠡᠯ ᠳᠤ ᠰᠠᠢᠨ ᠲᠠᠷᠢᠬᠤ ᠪᠣᠯᠤᠨ᠎ᠠ᠃

3. ᠲᠠᠷᠢᠬᠤ ᠲᠡᠭᠦᠰᠲᠡᠯ ᠦᠨ ᠬᠢᠷᠢᠰᠦᠯᠲᠡ

* ᠲᠠᠷᠢᠬᠤ ᠴᠠᠭ : ᠬᠠᠪᠤᠷ᠂ ᠵᠤᠨ᠂ ᠨᠠᠮᠤᠷ ᠲᠠᠷᠢᠵᠤ ᠪᠣᠯᠬᠤ ᠪᠠᠶᠢᠨ᠎ᠠ᠂ ᠬᠠᠪᠤᠷ ᠲᠠᠷᠢᠬᠤ ᠶᠢ ᠨᠠᠮᠤᠷ ᠲᠠᠷᠢᠨ᠎ᠠ᠃

* ᠲᠠᠷᠢᠬᠤ ᠬᠡᠮᠵᠢᠶ᠎ᠡ : 22.5 ~ 30 kg/hm² ᠃

* ᠲᠠᠷᠢᠬᠤ ᠠᠷᠭ᠎ᠠ : ᠲᠠᠷᠢᠮᠠᠯ ᠲᠠᠷᠢᠬᠤ ᠪᠤᠶᠤ ᠲᠠᠷᠢᠬᠤ ᠪᠣᠯᠤᠨ᠎ᠠ᠃ ᠮᠥᠷ ᠲᠠᠷᠢᠬᠤ ᠮᠥᠷ ᠬᠣᠭᠣᠷᠣᠨᠳᠣ ᠵᠠᠢ 30 cm᠂ ᠲᠠᠷᠢᠬᠤ ᠭᠦᠨ ᠨᠢ 1 ~ 2 cm

ᠪᠣᠯᠳᠠᠭ᠃

* ᠲᠠᠷᠢᠮᠠᠯ ᠤᠨ ᠪᠡᠯᠡᠳᠬᠡᠯ : ᠨᠠᠮᠤᠷ ᠲᠠᠷᠢᠬᠤ ᠳᠤ ᠪᠣᠷᠣᠭᠠ ᠶᠢᠨ ᠲᠠᠷᠢᠮᠠᠯ ᠳᠤ ᠣᠨᠴᠠ ᠠᠩᠬᠠᠷᠬᠤ ᠴᠢᠬᠤᠯᠠ᠃

* ᠬᠠᠳᠠᠯᠠᠬᠤ ᠬᠤᠭᠤᠴᠠᠭ᠎ᠠ : ᠲᠠᠷᠢᠮᠠᠯ ᠤᠨ ᠪᠣᠯᠪᠠᠰᠤᠷᠠᠯ ᠤᠨ ᠦᠶ᠎ᠡ ᠳᠦ ᠬᠠᠳᠠᠵᠤ ᠬᠠᠳᠠᠯᠠᠬᠤ ᠳᠤ ᠲᠣᠬᠢᠷᠠᠮᠵᠢᠲᠠᠢ ᠪᠠᠶᠢᠨ᠎ᠠ᠃

（三）紫羊茅（*F. rubra*）

1. 植物学与生物学特性

多年生植物，疏丛或密丛生。秆直立，无毛。叶鞘粗糙，叶舌平截，叶片对折或边缘内卷。圆锥花序狭窄、稍下垂，花药黄色。颖果细小，千粒重0.72～0.75 g。紫羊茅在砂砾地、岗坡地等生长也较好，耐寒、耐旱、耐贫瘠、耐牧。

2. 利用价值

紫羊茅抽穗前叶片多，利用价值很高，适口性好，其干物质中粗蛋白含量21.17%，粗脂肪3.15%。各种家畜均喜食，尤以牛嗜食。

3. 栽培技术要点

＊ 播种时间：当土壤5 cm深地温稳定通过10 ℃时即可播种，以春播为宜。

＊ 播种量：20～30 kg/hm^2。

＊ 播种方式：撒播，播深1～2 cm，播后镇压。

＊ 管理与收获：可采用人工防除或化学防除。必须使用化学防除时，在杂草2～3叶期喷施2,4-D类除草剂。

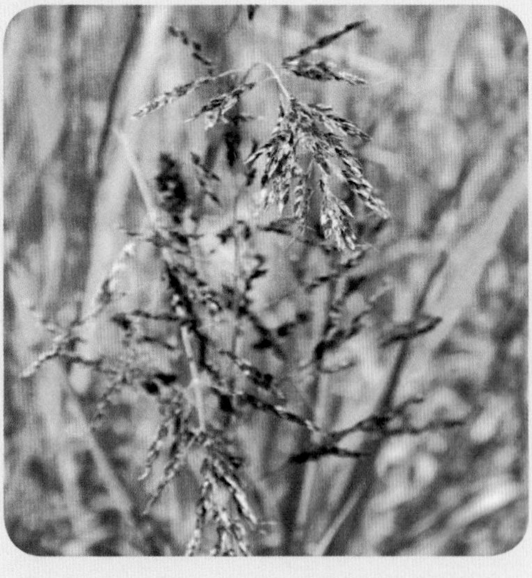

2～3 ᠨᠠᠪᠴᠢᠳᠠᠬᠤ ᠦᠶ᠎ᠡ ᠳᠦ ᠨᠢ 2，4-D ᠬᠣᠷᠣᠯᠠᠬᠤ ᠴᠠᠴᠤᠬᠤ ᠪᠣᠯᠤᠨ᠎ᠠ᠃

* ᠲᠠᠷᠢᠬᠤ ᠠᠷᠭ᠎ᠠ᠄ ᠴᠠᠰᠤᠨ ᠲᠠᠷᠢᠬᠤ᠂ ᠲᠠᠷᠢᠬᠤ ᠮᠥᠷ ᠦᠨ ᠵᠠᠢ 1～2cm ᠪᠣᠯᠭᠠᠬᠤ᠂ ᠲᠠᠷᠢᠮᠠᠯ ᠤᠨ ᠲᠠᠷᠢᠬᠤ ᠪᠣᠯᠤᠨ᠎ᠠ᠃

* ᠲᠠᠷᠢᠬᠤ ᠬᠡᠮᠵᠢᠶ᠎ᠡ᠄ 20～30 kg/hm^2᠃

* ᠲᠠᠷᠢᠬᠤ ᠭᠦᠨ᠄ 5cm ᠡᠴᠡ ᠳᠣᠣᠷᠠᠬᠢ ᠬᠥᠷᠥᠰᠦ ᠶᠢᠨ ᠬᠡᠮᠵᠢᠶ᠎ᠡ ᠳᠦ ᠲᠣᠭᠲᠠᠪᠤᠷᠢᠵᠢᠭᠰᠠᠨ 10°C ᠬᠦᠷᠬᠦ ᠦᠶ᠎ᠡ ᠳᠦ ᠲᠠᠷᠢᠨ᠎ᠠ᠂ ᠬᠠᠪᠤᠷ ᠲᠠᠷᠢᠯᠭ᠎ᠠ ᠶᠢ ᠭᠣᠣᠯ ᠪᠣᠯᠭᠠᠨ᠎ᠠ᠃

ᠣᠯᠠᠨ ᠵᠢᠯ ᠦᠨ ᠥᠪᠡᠰᠦ ᠲᠡᠬᠦ ᠤᠷᠭᠤᠮᠠᠯ᠂ ᠪᠠᠭᠠᠴᠠ ᠬᠡᠯᠪᠡᠷᠢᠲᠡᠢ ᠦᠨᠳᠦᠰᠦ ᠲᠡᠢ᠂ ᠦᠨᠳᠦᠰᠦ ᠨᠢ ᠭᠦᠨ ᠳᠦ ᠬᠦᠷᠦᠨ᠎ᠡ᠃ ᠰᠠᠯᠠᠭᠠ ᠢᠷᠠᠭᠤᠯ ᠤᠨ ᠦᠨᠳᠦᠷ 0.72～0.75 g ᠪᠣᠯᠤᠨ᠎ᠠ᠃ ᠡᠩ ᠦᠨ ᠪᠣᠳᠠᠰ ᠢ

（ᠭᠤᠷᠪᠠ）**ᠤᠯᠠᠭᠠᠨ ᠪᠤᠭᠤᠯ**（*F. rubra*）

六、碱茅属（*Puccinellia*）

（一）碱茅（*P. distans*）

1. 植物学与生物学特性

多年生植物。秆直立。叶鞘长于节间，平滑无毛。叶片线形，微粗糙或下面平滑。圆锥花序开展。颖质薄，颖果纺锤形，成熟后紫褐色。种子千粒重0.7 g。碱茅适应性强，喜湿润和盐渍性土壤，耐碱、抗寒、抗旱。

2. 利用价值

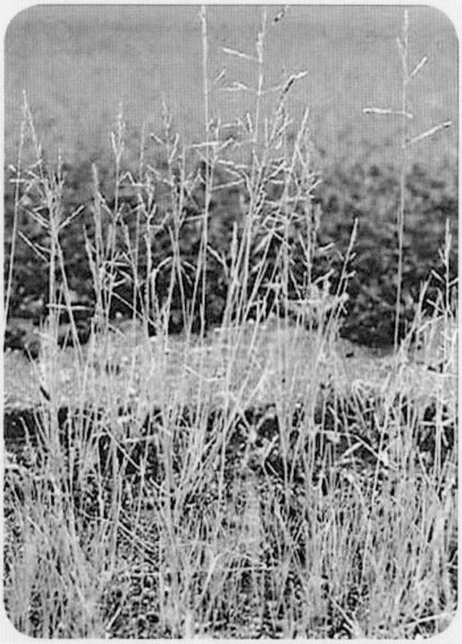

碱茅茎叶较柔软，适口性好，可调制干草，也可放牧利用。干物质中含粗蛋白质13.39%，粗脂肪1.47%，粗纤维30.36%，无氮浸出物46.1%，灰分4.65%。

3. 栽培技术要点

＊ 播种时间：播种时需要充分的土壤水分，故以雨季播种为宜。

＊ 播种量：7.5 kg/hm^2。

＊ 播种方式：机械或人工条播，行距15 ～ 30 cm，播种深度1 ～ 2 cm，墒情较差时也不宜超过2.5 cm。

＊ 管理与收获：在4叶期人工除杂草或使用高效、低毒、无残留的除草剂清除阔叶杂草。

ᠦᠶᠡᠲᠦ ᠡᠪᠡᠰᠦᠨ ᠤ ᠲᠣᠪᠴᠢᠶ᠎ᠠ · ᠬᠦᠵᠢᠷᠯᠢᠭ ᠪᠣᠳᠣᠯᠭᠠᠨ᠎ᠠ ᠶᠢᠨ ᠲᠦᠷᠦᠯ （*Puccinellia*）

（ᠬᠣᠶᠠᠷ）ᠬᠦᠵᠢᠷᠯᠢᠭ ᠪᠣᠳᠣᠯᠭᠠᠨ᠎ᠠ （*P. distans*）

1. ᠤᠷᠭᠤᠮᠠᠯ ᠤᠨ ᠬᠡᠯᠪᠡᠷᠢ ᠪᠣᠯᠤᠨ ᠤᠷᠭᠤᠬᠤ ᠣᠷᠴᠢᠨ ᠤ ᠬᠡᠯᠪᠡᠷᠢ ᠶᠢᠨ ᠣᠨᠴᠠᠯᠢᠭ

ᠣᠯᠠᠨ ᠨᠠᠰᠤᠲᠤ ᠤᠷᠭᠤᠮᠠᠯ ᠪᠥᠭᠡᠳ ᠪᠣᠭᠣᠨᠢ ᠦᠨᠳᠦᠷ ᠨᠢ 15 ~ 30 cm ᠪᠣᠯᠤᠨ᠎ᠠ ᠃ ᠨᠠᠭᠤ ᠨᠢ ᠨᠠᠷᠢᠬᠠᠨ · ᠬᠠᠯᠲᠠᠰᠤ ᠶᠢᠨ ᠦᠵᠦᠭᠦᠷ ᠨᠢ ᠡᠷᠭᠢᠮᠡᠯ ᠃ ᠰᠠᠴᠤᠯ ᠬᠡᠯᠪᠡᠷᠢ ᠲᠠᠯᠠᠪᠢᠷ ᠪᠣᠭᠣᠨᠢ ᠬᠡᠯᠪᠡᠷᠢ ᠲᠠᠢ ᠃ ᠦᠷ᠎ᠡ ᠨᠢ ᠵᠠᠭᠠᠰᠤ ᠶᠢᠨ ᠬᠡᠯᠪᠡᠷᠢ ᠲᠠᠢ · ᠬᠦᠷᠡᠩ ᠦᠩᠭᠡ ᠲᠠᠢ · ᠮᠢᠩᠭᠠᠨ ᠦᠷ᠎ᠡ ᠶᠢᠨ ᠵᠢᠩ ᠨᠢ 0.7 g ᠪᠣᠯᠤᠨ᠎ᠠ ᠃ ᠬᠦᠵᠢᠷᠯᠢᠭ ᠪᠣᠳᠣᠯᠭᠠᠨ᠎ᠠ ᠶᠢᠨ ᠲᠠᠷᠢᠯᠠᠯᠲᠠ ᠶᠢᠨ ᠭᠠᠵᠠᠷ ᠣᠷᠣᠨ ·

2. ᠡᠳ᠋ ᠠᠵᠢᠬᠤᠢ ᠶᠢᠨ ᠦᠨ᠎ᠡ ᠴᠡᠨᠢ

ᠮᠠᠯ ᠬᠣᠷᠣᠭᠳᠠᠬᠤ ᠰᠠᠢᠨ ᠪᠣᠯᠬᠤ ᠪᠥᠭᠡᠳ · ᠬᠣᠨᠢ · ᠦᠬᠡᠷ · ᠮᠣᠷᠢ ᠳᠤ ᠳᠤᠷᠠᠲᠠᠢ ᠢᠳᠡᠭᠡᠯᠡᠨ᠎ᠡ ᠃

ᠬᠦᠵᠢᠷᠯᠢᠭ ᠪᠣᠳᠣᠯᠭᠠᠨ᠎ᠠ ᠶᠢᠨ ᠨᠣᠭᠣᠭᠠᠨ ᠴᠢᠭ ᠲᠦ ᠪᠣᠯᠪᠠᠰᠤᠷᠠᠭᠰᠠᠨ ᠰᠢᠷᠬᠡᠭ ᠲᠤᠰ ᠲᠠᠢ · ᠭᠣᠷᠢᠮᠠᠯ ᠰᠢᠷᠬᠡᠭ ᠦᠭᠡᠢ ᠲᠠᠵᠢᠭᠢᠲᠤ ᠪᠣᠳᠠᠰ ᠢᠶᠠᠷ ᠪᠠᠶᠠᠯᠢᠭ ᠪᠣᠯᠤᠨ᠎ᠠ ᠃ ᠬᠠᠭᠤᠷᠠᠢ ᠪᠣᠳᠠᠰ ᠲᠤ ᠪᠠᠭᠲᠠᠭᠰᠠᠨ ᠨᠢ ᠣᠭᠣᠷᠢ ᠶᠢᠨ ᠤᠭᠤᠷᠠᠭ 13.39% · ᠲᠣᠣᠷᠬᠠᠢ ᠲᠣᠰᠣ 1.47% · ᠲᠣᠣᠷᠬᠠᠢ ᠰᠢᠷᠬᠡᠭ 30.36% · ᠠᠵᠤᠲ ᠦᠭᠡᠢ ᠬᠠᠨᠤᠯᠳᠠ ᠪᠣᠳᠠᠰ 46.1% · ᠲᠣᠣᠷᠬᠠᠢ ᠦᠨᠡᠰᠦ 4.65% ᠪᠠᠶᠢᠨ᠎ᠠ ᠃

3. ᠲᠠᠷᠢᠬᠤ ᠲᠠᠷᠢᠯᠠᠯᠲᠠ ᠶᠢᠨ ᠠᠷᠭ᠎ᠠ ᠪᠠᠷᠢᠯ

* ᠲᠠᠷᠢᠬᠤ ᠴᠠᠭ : ᠲᠠᠷᠢᠬᠤ ᠡᠮᠦᠨ᠎ᠡ ᠬᠥᠷᠥᠰᠦ ᠶᠢ ᠨᠠᠷᠢᠯᠢᠭ ᠬᠠᠳᠬᠤᠵᠤ · ᠲᠡᠭᠰᠢᠯᠡᠬᠦ ᠬᠡᠷᠡᠭᠲᠡᠢ ᠃ ᠬᠠᠪᠤᠷ ᠤᠨ ᠲᠠᠷᠢᠬᠤ ᠳᠤ 4 ᠰᠠᠷ᠎ᠠ ᠳᠤ ᠲᠠᠷᠢᠵᠤ ᠪᠣᠯᠬᠤ ᠪᠥᠭᠡᠳ ᠲᠠᠷᠢᠬᠤ ᠭᠦᠨ ᠨᠢ 2.5 cm ᠪᠠᠶᠢᠬᠤ ᠳᠤ ᠲᠣᠬᠢᠷᠠᠮᠵᠢᠲᠠᠢ ᠪᠣᠯᠤᠨ᠎ᠠ ᠃

* ᠲᠠᠷᠢᠬᠤ ᠠᠷᠭ᠎ᠠ : ᠮᠥᠷ ᠢᠶᠡᠷ ᠲᠠᠷᠢᠬᠤ ᠪᠤᠶᠤ ᠴᠠᠴᠤᠵᠤ ᠲᠠᠷᠢᠬᠤ · ᠮᠥᠷ ᠦᠨ ᠵᠠᠢ 15 ~ 30 cm ᠪᠠᠶᠢᠨ᠎ᠠ ᠃ ᠲᠠᠷᠢᠬᠤ ᠭᠦᠨ ᠨᠢ 1 ~ 2 cm ·

* ᠲᠠᠷᠢᠬᠤ ᠬᠡᠮᠵᠢᠶ᠎ᠡ : 7.5 kg/hm^2 ᠃

* ᠲᠠᠷᠢᠬᠤ ᠠᠷᠭ᠎ᠠ : ᠲᠠᠷᠢᠬᠤ ᠤᠷᠢᠳᠠ ᠬᠥᠷᠥᠰᠦ ᠶᠢ ᠨᠢᠯᠬᠡᠳᠬᠡᠵᠦ ᠲᠠᠷᠢᠭᠰᠠᠨ ᠤ ᠬᠣᠶᠢᠨ᠎ᠠ ᠳᠠᠷᠤᠬᠤ ᠬᠡᠷᠡᠭᠲᠡᠢ ᠃

ᠶᠢᠨ ᠳᠣᠲᠣᠷ᠎ᠠ ᠬᠠᠳᠠᠭᠠᠯᠠᠬᠤ ᠰᠠᠢᠨ ᠬᠣᠭᠣᠰᠣᠨ ᠳᠤ ᠬᠠᠳᠠᠭᠠᠯᠠᠭᠳᠠᠬᠤ ᠪᠣᠯᠤᠨ᠎ᠠ ᠃

（二）朝鲜碱茅（*P. chinampoensis*）

1. 植物学与生物学特性

多年生植物。须根发达，茎直立，叶片细而扁平。圆锥花序呈圆柱状，淡绿色。种子圆形，细小，千粒重约0.4 g。喜冷凉湿润气候，适宜在年降水量750～1 000 mm地区生长，耐寒、耐酸。

2. 利用价值

朝鲜碱茅粗蛋白含量6.15%，粗脂肪1.67%，是饲用价值较高的优良牧草。叶层高，草质细嫩，叶量丰富，适口性非常好。马、骡、牛最喜食，羊采食稍差。

3. 栽培技术要点

* 播种时间：5月可播种。
* 播种量：11.25～12.75 kg/hm^2。
* 播种方式：条播，行距20～30 cm，播深2～8 cm。播后镇压1～2次。
* 管理与收获：苗高3 cm进行除杂，每5～7天一次。

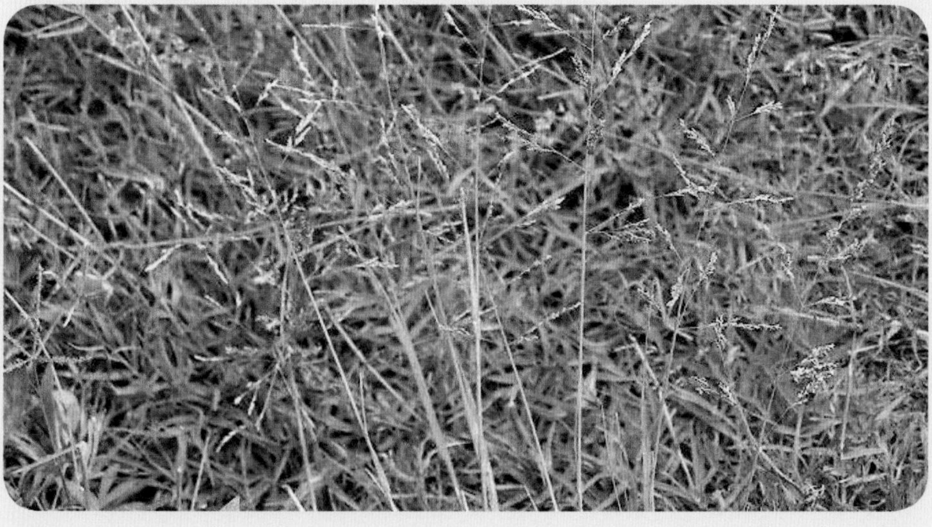

(ᠳᠥᠷᠪᠡ) **ᠰᠣᠯᠣᠩᠭᠣᠰ ᠬᠤᠮᠤᠯ** (*P. chinampoensis*)

1. ᠬᠡᠯᠪᠡᠷᠢ ᠶᠢᠨ ᠣᠨᠴᠠᠯᠢᠭ ᠪᠣᠯᠤᠨ ᠤᠷᠭᠤᠮᠠᠯ ᠤᠨ ᠣᠨᠴᠠᠯᠢᠭ ᠤᠨ ᠲᠣᠪᠴᠢ ᠲᠠᠶᠢᠯᠪᠤᠷᠢ

ᠣᠯᠠᠨ ᠨᠠᠰᠤᠲᠤ ᠡᠪᠡᠰᠦᠨ ᠤᠷᠭᠤᠮᠠᠯ ᠪᠣᠯᠤᠨ᠎ᠠ᠃ ᠰᠤᠯᠠ ᠪᠦᠯᠦᠭ ᠤᠭᠯᠠᠭᠠᠴᠠ ᠲᠠᠢ᠂ ᠬᠠᠭᠤᠷᠰᠢ ᠬᠠᠭᠤᠷᠰᠢ ᠶᠢᠨ ᠭᠡᠵᠢᠭᠡ ᠪᠠᠷ ᠵᠢᠷᠤᠮ ᠤᠨ ᠬᠡᠰᠡᠭ ᠦᠨ ᠳᠤᠮᠳᠠ ᠰᠠᠷ᠎ᠠ ᠶᠢᠨ ᠬᠤᠷ᠎ᠠ ᠶᠢᠨ ᠬᠡᠮᠵᠢᠶ᠎ᠡ ᠨᠢ 750 ~ 1 000 mm ᠦᠨ ᠣᠷᠣᠨ ᠲᠤ ᠤᠷᠭᠤᠨ᠎ᠠ᠃ ᠮᠢᠩᠭ᠎ᠠ ᠦᠷ᠎ᠡ ᠶᠢᠨ ᠵᠢᠩ ᠨᠢ 0.4 g ᠪᠣᠯᠤᠨ᠎ᠠ᠃ ᠰᠣᠯᠣᠩᠭᠣᠰ ᠬᠤᠮᠤᠯ ᠪᠣᠯ ᠭᠠᠩ ᠭᠠᠴᠢᠭᠳᠠᠯ ᠳᠤ ᠲᠡᠰᠪᠦᠷᠢ ᠰᠠᠶᠢᠲᠠᠢ᠂ ᠬᠦᠢᠲᠡᠨ ᠳᠦ ᠲᠡᠰᠪᠦᠷᠢ ᠰᠠᠶᠢᠲᠠᠢ᠂ ᠬᠤᠵᠢᠷ ᠲᠤ ᠲᠡᠰᠪᠦᠷᠢ ᠰᠠᠶᠢᠲᠠᠢ᠂ ᠬᠢᠷ ᠤᠰᠤ ᠳᠤ ᠲᠡᠰᠪᠦᠷᠢ ᠰᠠᠶᠢᠲᠠᠢ᠂ ᠪᠣᠭᠣᠨᠢ ᠤᠰᠤ ᠳᠤ ᠲᠡᠰᠪᠦᠷᠢ ᠰᠠᠶᠢᠲᠠᠢ ᠪᠠᠶᠢᠳᠠᠭ᠃

2. ᠰᠢᠯᠢ ᠶᠢᠨ ᠴᠢᠨᠠᠷ ᠪᠠ ᠠᠰᠢᠭ ᠬᠡᠷᠡᠭᠯᠡᠭᠡ

ᠴᠡᠴᠡᠭᠯᠡᠬᠦ ᠦᠶ᠎ᠡ ᠶᠢᠨ ᠲᠣᠭᠣᠰᠤ ᠣᠯᠠᠨ ᠵᠦᠢᠯ ᠦᠨ ᠬᠣᠭᠤᠯᠠᠮᠵᠢ ᠳᠦ ᠡᠩ ᠰᠢᠮ᠎ᠡ ᠶᠢᠨ ᠠᠭᠤᠯᠭ᠎ᠠ ᠨᠢ 6.15%᠂ ᠡᠩ ᠲᠣᠰᠤ ᠶᠢᠨ ᠠᠭᠤᠯᠭ᠎ᠠ ᠨᠢ 1.67% ᠪᠣᠯᠤᠨ᠎ᠠ᠃ ᠮᠠᠯ ᠤᠨ ᠢᠳᠡᠭᠡᠨ ᠦ ᠴᠢᠨᠠᠷ ᠰᠠᠶᠢᠨ᠂ ᠬᠣᠪᠢ ᠰᠠᠶᠢᠲᠠᠢ ᠡᠪᠡᠰᠦ ᠮᠥᠨ᠃

3. ᠲᠠᠷᠢᠬᠤ ᠠᠷᠭ᠎ᠠ ᠪᠠᠷ ᠲᠠᠶᠢᠯᠪᠤᠷᠢᠯᠠᠪᠠᠯ

* ᠲᠠᠷᠢᠬᠤ ᠴᠠᠭ : 5 ᠰᠠᠷ᠎ᠠ ᠳᠤ ᠲᠠᠷᠢᠬᠤ ᠪᠣᠯᠤᠨ᠎ᠠ᠃

* ᠲᠠᠷᠢᠬᠤ ᠬᠡᠮᠵᠢᠶ᠎ᠡ : 11.25 ~ 12.75 kg/hm^2᠃

* ᠲᠠᠷᠢᠬᠤ ᠠᠷᠭ᠎ᠠ : ᠮᠥᠷᠯᠡᠨ ᠲᠠᠷᠢᠬᠤ᠂ ᠮᠥᠷ ᠬᠣᠭᠣᠷᠣᠨᠳᠣ ᠶᠢᠨ ᠵᠠᠢ ᠨᠢ 20 ~ 30cm᠂ ᠲᠠᠷᠢᠬᠤ ᠭᠦᠨ ᠨᠢ 2 ~ 8 cm ᠪᠠᠶᠢᠯᠭᠠᠨ᠎ᠠ᠃ ᠲᠠᠷᠢᠯᠠᠭ᠎ᠠ ᠶᠢᠨ ᠳᠠᠷᠠᠭ᠎ᠠ 1 ~ 2
ᠬᠣᠪᠢᠶᠠᠷᠢ ᠪᠣᠯᠭᠠᠬᠤ ᠬᠡᠷᠡᠭᠲᠡᠢ᠃

* ᠬᠠᠳᠠᠭᠠᠯᠠᠬᠤ ᠪᠠ ᠬᠠᠳᠤᠯᠬᠤ : ᠭᠠᠵᠠᠷ ᠠᠴᠠ 3 cm ᠥᠨᠳᠥᠷ ᠬᠡᠰᠡᠭ ᠢ 5 ~ 7 ᠬᠣᠨᠣᠭ ᠲᠤ ᠨᠢᠭᠡ ᠬᠠᠳᠤᠯᠪᠠᠯ ᠵᠣᠬᠢᠬᠤ ᠬᠠᠳᠤᠯᠬᠤ ᠳᠠ ᠢ ᠬᠡᠷᠡᠭᠲᠡᠢ᠃

七、猫尾草（*Phleum pratense*）

1. 植物学与生物学特性

多年生植物。须根发达，茎直立，叶片细叶扁平。圆锥花序呈圆柱状，淡绿色。种子圆形，细小，千粒重约0.4 g。猫尾草喜冷凉湿润气候，适宜在年降水量750～1 000 mm地区生长，耐寒、耐酸。

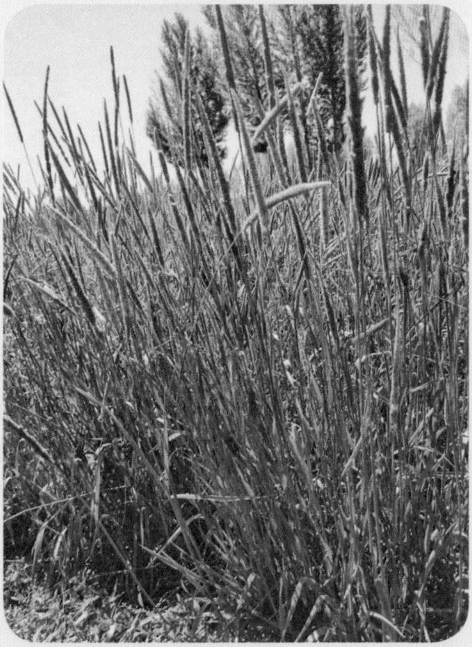

2. 利用价值

猫尾草开花期和结实期的粗蛋白含量分别为7.48%和6.85%，粗脂肪含量分别为1.93%和3.03%，是饲用价值较高的优良牧草。叶层高，草质细嫩，叶量丰富，适口性非常好。马、骡、牛最喜食，羊采食稍差。

3. 栽培技术要点

* 播种时间：5月可播种。

* 播种量：11.25～12.75 kg/hm^2。

* 播种方式：条播，行距20～30 cm，播深2～8 cm。播后镇压1～2次。

* 管理与收获：苗高3 cm进行除杂，每5～7天一次。

* ᠬᠠᠳᠠᠭᠠᠯᠠᠬᠤ ᠪᠠ ᠰᠣᠯᠢᠭᠠᠯᠠᠬᠤ: ᠨᠠᠭᠠᠯᠳᠤᠯ 3cm ᠪᠣᠯᠬᠤ ᠦᠶ᠎ᠡ ᠳᠦ 5 ~ 7 ᠬᠣᠨᠣᠭ ᠤᠨ ᠳᠣᠲᠣᠷ᠎ᠠ ᠬᠢᠵᠦ ᠪᠣᠯᠬᠤ ᠰᠠᠢᠨ ᠬᠤᠷᠢᠶᠠᠬᠤ ᠶᠢ ᠬᠠᠷᠢᠭᠤᠯᠬᠤ ᠬᠡᠷᠡᠭᠲᠡᠢ ᠃ ᠬᠤᠪᠢᠶᠠᠷᠢᠯᠠᠬᠤ ᠬᠡᠷᠡᠭᠲᠡᠢ ᠃

* ᠲᠠᠷᠢᠬᠤ ᠠᠷᠭ᠎ᠠ: ᠮᠥᠷ ᠲᠠᠷᠢᠯᠭ᠎ᠠ ᠂ ᠮᠥᠷ ᠤᠨ ᠵᠠᠢ ᠶᠢ 20 ~ 30 cm ᠂ ᠲᠠᠷᠢᠬᠤ ᠭᠦᠨ ᠢ 2 ~ 8cm ᠪᠣᠯᠭᠠᠨ᠎ᠠ ᠃ ᠲᠠᠷᠢᠯᠭ᠎ᠠ ᠶᠢᠨ ᠲᠠᠷᠢᠯᠳᠠ 1 ~ 2

* ᠲᠠᠷᠢᠬᠤ ᠬᠡᠮᠵᠢᠶ᠎ᠡ: 11.25 ~ 12.75 kg/hm² ᠃

ᠨᠠᠷᠠᠨ ᠭᠡᠷᠡᠯ ᠳᠤᠷᠠᠲᠠᠢ ᠪᠡᠷ ᠲᠡᠰᠪᠦᠷᠢ ᠂ ᠵᠢᠯ ᠦᠨ ᠬᠤᠷ᠎ᠠ ᠲᠣᠳᠤᠷᠠᠯᠲᠠ ᠶᠢᠨ ᠬᠡᠮᠵᠢᠶ᠎ᠡ ᠨᠢ 750 ~ 1 000 mm ᠦᠨ ᠴᠢᠭ ᠲᠠᠢ ᠭᠠᠵᠠᠷ ᠲᠤ ᠲᠠᠷᠢᠬᠤ ᠳᠤ ᠲᠣᠬᠢᠷᠠᠮᠵᠢ ᠲᠠᠢ ᠂ ᠪᠠᠭᠠ

ᠪᠣᠯᠤᠨ ᠬᠦᠢᠲᠡᠨ ᠳᠦ ᠂ ᠪᠠᠭᠠ ᠬᠡᠮᠵᠢᠶ᠎ᠡ ᠲᠠᠢ ᠳᠦ ᠃ ᠮᠢᠩᠭ᠎ᠠ ᠨᠢ ᠪᠣᠯᠪᠠᠰᠤᠷᠠᠬᠤ ᠦᠷ᠎ᠡ ᠂ ᠮᠢᠩᠭ᠎ᠠ ᠦᠷ᠎ᠡ ᠶᠢᠨ ᠪᠡᠶ᠎ᠡ ᠨᠢ 0.4 g ᠪᠣᠯᠤᠨ᠎ᠠ ᠃ ᠲᠡᠵᠢᠭᠡᠯ ᠪᠠᠢᠳᠠᠯ ᠰᠠᠢᠨ

ᠲᠤᠷᠠᠭᠤᠨ ᠤ ᠡᠪᠡᠰᠦ (*Phleum pratense*)

八、披碱草属（*Elymus*）

（一）老芒麦（*E. sibiricus*）

1. 植物学与生物学特性

多年生植物。疏丛型，须根密集。茎单生或成疏丛，叶平展。颖果长扁平圆形，千粒重3.5 ~ 4.9 g。老芒麦为旱中生植物，在年降水量400 ~ 600 mm的地区可旱作栽培，耐寒、耐贫瘠。

2. 利用价值

老芒麦干物质中粗蛋白含量13.38%，粗脂肪2.41%，草质柔软，叶量较多，适口性好，利用价值高，为优良饲用植物。其最大优点是，出苗快而整齐，生长快，播种当年可获得一定收益。牛、马、绵羊和山羊均喜食。

3. 栽培技术要点

＊ 播种时间：春播、夏播或秋播。春播应在土壤解冻5 cm左右且气温稳定通过0℃时播种。

＊ 播种量：18.75 ~ 26.25 kg/hm^2。

＊ 播种方式：条播，行距15 ~ 30 cm，播深3 ~ 4 cm。

＊ 管理与收获：牧草出苗后，种子田要及时清除杂草，采用中耕锄草机或喷洒生物除草剂等方法除草。可放牧利用。

＊ 注意事项：播种当年禁牧。

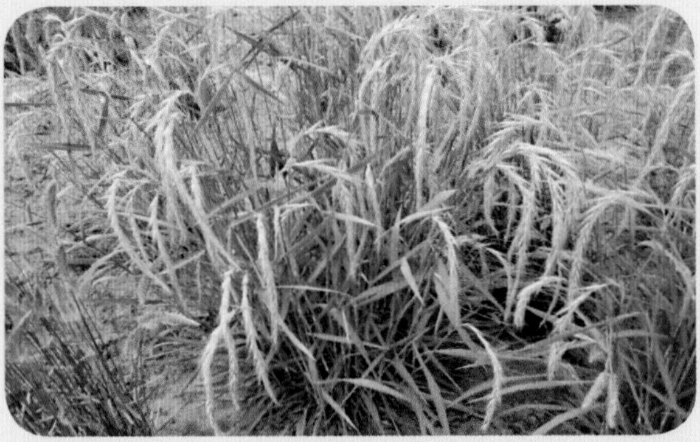

ᠵᠡᠭᠡᠷᠡ᠂ ᠰᠣᠯᠣᠩᠭ᠎ᠠ ᠡᠪᠡᠰᠦ ᠶᠢᠨ ᠲᠥᠷᠥᠯ（*Elymus*）

（ᠨᠢᠭᠡ）ᠰᠢᠪᠢᠷ ᠰᠣᠯᠣᠩᠭ᠎ᠠ ᠡᠪᠡᠰᠦ（*E. sibiricus*）

1. ᠲᠠᠷᠢᠶᠠᠯᠠᠩ ᠤᠨ ᠲᠣᠬᠢᠷᠠᠮᠵᠢᠲᠠᠢ ᠣᠷᠣᠨ ᠪᠣᠯᠣᠨ ᠲᠠᠷᠢᠬᠤ ᠪᠠᠢᠳᠠᠯ ᠤᠨ ᠲᠣᠬᠢᠷᠠᠮᠵᠢ ᠶᠢᠨ ᠲᠣᠭᠲᠠᠭᠠᠯ ᠨᠣᠷᠮ

ᠬᠦᠢᠲᠡᠨ ᠳᠦ ᠲᠡᠰᠪᠦᠷᠢ ᠰᠠᠢᠲᠠᠢ᠂ ᠲᠠᠷᠢᠶᠠᠯᠠᠩ ᠤᠨ ᠦᠢᠯᠡᠳᠪᠦᠷᠢ ᠶᠢᠨ ᠣᠷᠣᠨ ᠳᠤ ᠲᠠᠷᠢᠭᠳᠠᠬᠤ ᠪᠠ ᠵᠢᠯ ᠦᠨ ᠬᠤᠷ᠎ᠠ ᠤᠰᠤ ᠨᠢ 400 ~ 600 mm ᠬᠦᠷᠬᠦ ᠬᠠᠭᠠᠳ ᠤᠰᠤᠯᠠᠯᠲᠠ ᠲᠠᠢ ᠭᠠᠵᠠᠷ ᠲᠤ ᠲᠠᠷᠢᠵᠤ ᠪᠣᠯᠣᠨ᠎ᠠ᠂ ᠪᠠᠢᠭᠠᠯᠢ ᠪᠣᠳᠠᠰ ᠤᠨ ᠮᠢᠩᠭ᠎ᠠ ᠦᠷ᠎ᠡ ᠶᠢᠨ ᠵᠢᠩᠨᠡ ᠨᠢ 3.5 ~ 4.9 g ᠪᠣᠯᠤᠨ᠎ᠠ᠃ ᠰᠢᠪᠢᠷ ᠰᠣᠯᠣᠩᠭ᠎ᠠ ᠡᠪᠡᠰᠦ ᠳᠦ ᠲᠣᠬᠢᠷᠠᠬᠤ ᠬᠥᠷᠥᠰᠦ ᠶᠢᠨ ᠲᠥᠷᠥᠯ ᠨᠢ ᠬᠠᠷ᠎ᠠ ᠬᠥᠷᠥᠰᠦ᠂ ᠰᠢᠷᠠᠭᠴᠢᠨ ᠬᠥᠷᠥᠰᠦ᠂ ᠬᠣᠶᠢᠳ ᠬᠥᠷᠥᠰᠦ ᠨᠢ ᠲᠣᠬᠢᠷᠠᠮᠵᠢᠲᠠᠢ᠃ ᠰᠣᠯᠣᠩᠭ᠎ᠠ ᠨᠢ ᠰᠠᠢᠨ ᠪᠣᠯᠤᠨ ᠤᠷᠤᠭᠰᠢ ᠰᠢᠯᠵᠢᠬᠦ᠂ ᠴᠢᠯᠤᠭᠤ ᠨᠢ

2. ᠰᠢᠪᠢᠷ ᠰᠣᠯᠣᠩᠭ᠎ᠠ ᠶᠢᠨ ᠲᠠᠷᠢᠬᠤ ᠬᠡᠮᠵᠢᠶ᠎ᠡ

ᠪᠣᠯᠤᠨ ᠬᠠᠷᠠᠭᠰᠠᠨ ᠴᠢᠨᠠᠷ ᠢ ᠬᠠᠷᠢᠭᠤᠯᠬᠤ᠃

ᠶᠡᠬᠡ ᠰᠢᠷᠬᠡᠭ ᠦᠨ ᠬᠤᠭᠤᠴᠠᠭ᠎ᠠ ᠳᠤ ᠤᠷᠤᠭᠰᠢ ᠭᠠᠷᠭᠠᠭᠰᠠᠨ ᠬᠡᠮᠵᠢᠶ᠎ᠡ ᠶᠢᠨ ᠤᠭᠤᠷᠠᠭ ᠢᠶᠠᠷ ᠲᠣᠭᠠᠴᠠᠬᠤ᠂ ᠵᠢᠩᠬᠢᠨᠢ ᠰᠢᠪᠢᠷ ᠰᠣᠯᠣᠩᠭ᠎ᠠ ᠶᠢᠨ ᠪᠣᠳᠠᠰ ᠨᠢ ᠬᠤᠭᠤᠷᠠᠢ ᠪᠣᠳᠠᠰ ᠤᠨ 13.38 %᠂ ᠲᠣᠣᠰᠤ ᠲᠣᠰᠣ ᠨᠢ 2.41 %

ᠪᠣᠳᠠᠰ᠂ ᠬᠠᠯᠢᠰᠤ ᠶᠢᠨ ᠬᠤᠭᠤᠷᠠᠢ ᠨᠢ ᠬᠠᠮᠤᠭ ᠢᠶᠠᠷ᠂ ᠰᠢᠮ᠎ᠡ ᠢᠶᠠᠷ ᠪᠠᠶᠠᠯᠢᠭ᠂ ᠲᠣᠯᠣᠭᠠᠢᠯᠠᠭᠰᠠᠨ ᠨᠠᠰᠤ ᠶᠢᠨ ᠰᠢᠷᠬᠡᠭ᠂ ᠰᠢᠪᠢᠷ ᠰᠣᠯᠣᠩᠭ᠎ᠠ ᠶᠢᠨ ᠬᠠᠳᠠᠭᠠᠯᠠᠬᠤ ᠬᠡᠮᠵᠢᠶ᠎ᠡ ᠨᠢ ᠪᠠᠢᠨ᠎ᠠ᠃ ᠰᠢᠷᠢᠭ ᠦᠨ ᠳᠠᠭᠤᠷ ᠨᠢ ᠲᠠᠷᠢᠮᠠᠯ ᠤᠨ ᠲᠠᠯᠠᠪᠠᠢ ᠶᠢᠨ ᠲᠠᠷᠢᠯᠭ᠎ᠠ᠂ ᠮᠠᠯ ᠤᠨ ᠲᠡᠵᠢᠭᠡᠯ᠂ ᠲᠡᠵᠢᠭᠡᠯ᠂ ᠲᠡᠵᠢᠭᠡᠯ᠂

ᠳᠡᠰ ᠳᠠᠷᠠᠭᠠᠯᠠᠯ ᠢᠶᠠᠷ ᠲᠡᠵᠢᠭᠡᠭᠳᠡᠨ᠎ᠡ᠃

3. ᠲᠠᠷᠢᠬᠤ ᠲᠡᠭᠡᠬᠡᠨ ᠦ ᠬᠡᠮᠵᠢᠶ᠎ᠡ

* ᠲᠠᠷᠢᠬᠤ ᠴᠠᠭ᠄ ᠬᠠᠪᠤᠷ᠂ ᠵᠤᠨ᠂ ᠨᠠᠮᠤᠷ ᠲᠠᠷᠢᠵᠤ ᠪᠣᠯᠣᠨ᠎ᠠ᠃ ᠬᠠᠪᠤᠷ ᠲᠠᠷᠢᠬᠤ ᠳᠤ ᠭᠠᠵᠠᠷ ᠤᠨ 5cm ᠭᠦᠨ᠂ ᠬᠥᠰᠥᠨ ᠦ ᠲᠡᠮᠫᠧᠷᠠᠲ᠋ᠦᠷ ᠨᠢ 0°C ᠡᠴᠡ

ᠳᠡᠭᠡᠭᠰᠢ ᠬᠦᠷᠬᠦ ᠳᠦ ᠲᠠᠷᠢᠨ᠎ᠠ᠃

* ᠲᠠᠷᠢᠬᠤ ᠬᠡᠮᠵᠢᠶ᠎ᠡ᠄ 18.75 ~ 26.25 kg/hm²᠃

* ᠲᠠᠷᠢᠬᠤ ᠠᠷᠭ᠎ᠠ᠄ ᠮᠥᠷ ᠲᠠᠷᠢᠬᠤ᠂ ᠮᠥᠷ ᠤᠨ ᠵᠠᠢ ᠨᠢ 15 ~ 30 cm᠂ ᠲᠠᠷᠢᠬᠤ ᠭᠦᠨ ᠨᠢ 3 ~ 4 cm ᠪᠠᠢᠨ᠎ᠠ᠃

* ᠲᠠᠷᠢᠮᠠᠯ ᠤᠨ ᠵᠠᠬᠢᠷᠤᠯᠲᠠ᠄ ᠲᠠᠷᠢᠭᠰᠠᠨ ᠣᠨ ᠳᠤ ᠪᠠᠭ᠎ᠠ ᠬᠡᠮᠵᠢᠶ᠎ᠡ ᠪᠡᠷ ᠬᠠᠳᠤᠨ᠎ᠠ᠂ ᠬᠣᠶᠠᠳᠤᠭᠠᠷ ᠣᠨ ᠡᠴᠡ ᠡᠬᠢᠯᠡᠨ ᠵᠢᠯ ᠳᠦ ᠬᠣᠶᠠᠷ ᠤᠳᠠᠭ᠎ᠠ ᠬᠠᠳᠤᠵᠤ ᠪᠣᠯᠣᠨ ᠬᠠᠳᠤᠨ᠎ᠠ

ᠲᠠᠷᠢᠮᠠᠯ ᠤᠨ ᠪᠣᠯᠪᠠᠰᠤᠷᠠᠯᠲᠠ ᠶᠢᠨ ᠪᠠᠢᠳᠠᠯ ᠢ ᠬᠠᠷᠠᠭᠠᠯᠵᠠᠨ ᠲᠣᠬᠢᠷᠠᠭᠤᠯᠤᠨ᠎ᠠ᠃

* ᠬᠠᠳᠤᠬᠤ ᠴᠠᠭ᠄ ᠲᠠᠷᠢᠮᠠᠯ ᠤᠨ ᠲᠣᠯᠣᠭᠠᠢᠯᠠᠬᠤ ᠦᠶ᠎ᠡ ᠳᠦ ᠬᠠᠳᠤᠨ᠎ᠠ᠃

披碱草属重要牧草（抽穗期）营养成分

（引自中国农业科学院草原研究所，1990）

草种	干物质（%）	占绝对干物质（%）					钙（%）	磷（%）
		粗蛋白质	粗脂肪	粗纤维	无氮浸出物	粗灰分		
老芒麦	92.46	13.38	2.41	33.98	38.77	11.46	0.93	0.28
披碱草	91.09	11.05	2.17	39.08	42	5.7	0.38	0.21
肥披碱草	91.59	10.27	2.45	35.69	44.81	6.78	0.45	0.15
垂穗披碱草	91.68	10.28	2.7	30.04	37.79	10.19	0.43	0.29

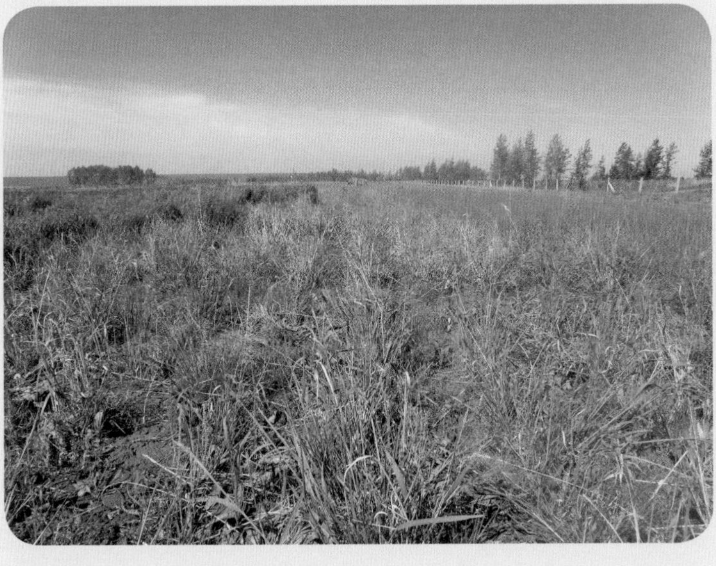

ᠳᠠᠭᠤᠰᠤᠨ ᠴᠡᠴᠡᠭᠯᠡᠬᠦ ᠦᠶ᠎ᠡ ᠳᠦ ᠬᠠᠳᠤᠭᠰᠠᠨ ᠤ ᠮᠠᠯ ᠤᠨ ᠲᠡᠵᠢᠭᠡᠯ ᠦᠨ ᠪᠦᠷᠢᠯᠳᠦᠬᠦᠨ

(ᠥᠪᠥᠷ ᠮᠣᠩᠭᠣᠯ ᠤᠨ ᠬᠦᠳᠡᠭᠡ ᠠᠵᠤ ᠠᠬᠤᠢ ᠶᠢᠨ ᠰᠤᠷᠭᠠᠭᠤᠯᠢ ᠶᠢᠨ ᠡᠷᠳᠡᠮ ᠰᠢᠨᠵᠢᠯᠡᠬᠦ ᠬᠦᠷᠢᠶᠡᠯᠡᠩ · 1990)

ᠤᠷᠭᠤᠯᠲᠠ ᠶᠢᠨ ᠦᠶ᠎ᠡ	ᠬᠠᠭᠤᠷᠠᠢ ᠪᠣᠳᠠᠰ (%)	ᠬᠠᠭᠤᠷᠠᠢ ᠪᠣᠳᠠᠰ ᠳᠠᠬᠢ ᠬᠡᠮᠵᠢᠶ᠎ᠡ (%)					ᠺᠠᠯᠢᠴᠢ (%)	ᠹᠣᠰᠹᠣᠷ (%)
		ᠪᠦᠳᠦᠦᠯᠢᠭ ᠤᠤᠷᠠᠭ	ᠪᠦᠳᠦᠦᠯᠢᠭ ᠲᠣᠰᠣ	ᠪᠦᠳᠦᠦᠯᠢᠭ ᠰᠢᠯᠢᠭᠰᠦ	ᠠᠵᠤᠲ ᠦᠭᠡᠢ ᠬᠠᠨᠤᠮᠠᠯ ᠪᠣᠳᠠᠰ	ᠪᠦᠳᠦᠦᠯᠢᠭ ᠦᠨᠡᠰᠦ		
ᠮᠥᠴᠢᠯᠡᠬᠦ ᠦᠶ᠎ᠡ	91.68	19.28	2.70	30.04	37.79	10.19	0.43	0.29
ᠡᠬᠢᠯᠡᠨ ᠴᠡᠴᠡᠭᠯᠡᠬᠦ ᠦᠶ᠎ᠡ	91.59	10.27	2.45	35.69	44.81	6.78	0.45	0.15
ᠴᠡᠴᠡᠭᠯᠡᠬᠦ ᠦᠶ᠎ᠡ	91.09	11.05	2.17	39.08	42.00	5.70	0.38	0.21
ᠳᠠᠭᠤᠰᠤᠨ ᠴᠡᠴᠡᠭᠯᠡᠬᠦ ᠦᠶ᠎ᠡ	92.46	13.38	2.41	33.98	38.77	11.46	0.93	0.28

（二）披碱草（*E. dahuricus*）

1. 植物学与生物学特性

多年生植物。根系密集于表土层。茎疏丛，直立。叶平展，穗状花序直立。颖披针形，颖果长椭圆形、褐色，千粒重2.8～4.5 g。披碱草在年降水量250～300 mm、无灌溉条件的地方生长良好，抗旱、抗寒、耐盐碱、耐贫瘠。

2. 利用价值

披碱草叶量相对较少，营养枝条较多，饲用价值中等偏上，干物质中粗蛋白含量11.05%，粗脂肪2.17%。分蘖期披碱草各种家畜均喜采食，抽穗期至始花期刈割调制的青干草家畜也喜食。

3. 栽培技术要点

＊ 播种时间：根据气候和土壤水分状况确定适宜的播种期。以春播为宜，在4月至5月进行，在春旱严重地区6月进行。

＊ 播种量：22.5～30 kg/hm^2。

＊ 播种方式：条播或撒播。条播行距为15～25 cm，播后需要覆土耙耱、镇压。

＊ 管理与收获：苗期除杂，拔节至孕穗期及时灌溉1次，灌水量900～1 200 m^3/hm^2，追施尿素75～150 kg/hm^2。

＊ 注意事项：播种当年禁牧，第二年可放牧，但必须严格控制载畜量。

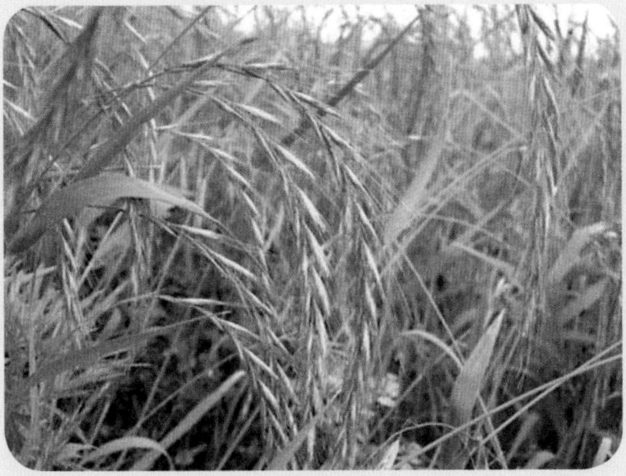

(ᠳᠥᠷᠪᠡ) ᠰᠠᠷ᠎ᠠ ᠪᠣᠳᠠᠭ (*E. dahuricus*)

1. ᠲᠠᠷᠢᠮᠠᠯ ᠤᠨ ᠲᠤᠰᠬᠠᠢ ᠰᠢᠨᠵᠢ ᠪᠠ ᠲᠠᠷᠢᠮᠠᠯ ᠤᠨ ᠪᠠᠶᠢᠳᠠᠯ ᠤᠨ ᠲᠤᠬᠠᠢ

ᠬᠠᠮᠤᠭ ᠬᠦᠢᠲᠡᠨ ᠳᠦ ᠲᠡᠰᠪᠡᠷᠢ ᠰᠠᠶᠢᠲᠠᠢ ᠪᠠᠶᠢᠳᠠᠯ ᠤᠨ ᠣᠷᠴᠢᠨ ᠲᠣᠭᠣᠷᠢᠨ ᠳᠤ ᠪᠠᠶᠢᠭᠠ ᠪᠣᠯᠣᠨ ᠤᠷᠭᠤᠮᠠᠯ ᠤᠨ ᠭᠠᠭᠴᠠ ᠬᠦᠢᠲᠡᠨ ᠳᠦ ᠲᠡᠰᠪᠡᠷᠢ᠂ ᠲᠠᠷᠢᠮᠠᠯ ᠤᠨ ᠬᠤᠪᠢ ᠬᠡᠮᠵᠢᠶ᠎ᠡ ᠨᠢ ᠬᠠᠷᠢᠴᠠᠩᠭᠤᠢ ᠣᠯᠠᠨ᠂ ᠭᠠᠷᠤᠯᠲᠠ ᠶᠡᠬᠡ᠂ ᠵᠢᠯ ᠦᠨ ᠬᠤᠷ᠎ᠠ ᠶᠢᠨ ᠬᠡᠮᠵᠢᠶ᠎ᠡ 300 mm᠂ ᠬᠠᠯᠠᠭᠤᠨ ᠤ ᠬᠡᠮᠵᠢᠶ᠎ᠡ ᠨᠢ ᠳᠤᠮᠳᠠ ᠲᠡᠭᠰᠢ ᠪᠣᠯᠣᠨ ᠲᠠᠷᠢᠮᠠᠯ ᠤᠨ ᠭᠠᠵᠠᠷ ᠲᠤ ᠰᠠᠶᠢᠨ ᠤᠷᠭᠤᠨ᠎ᠠ ᠃ ᠮᠢᠩᠭᠠᠨ ᠦᠷ᠎ᠡ ᠶᠢᠨ ᠵᠢᠩᠭᠢᠨ 2.8 ~ 4.5 g ᠪᠣᠯᠤᠨ᠎ᠠ ᠃ ᠰᠠᠷ᠎ᠠ ᠪᠣᠳᠠᠭ ᠢ ᠨᠢ 250 ~ ᠲᠡᠭᠰᠢ ᠭᠠᠵᠠᠷ ᠲᠤ᠂ ᠬᠠᠭᠤᠷᠠᠢ ᠬᠦᠢᠲᠡᠨ᠂ ᠬᠤᠷ᠎ᠠ ᠮᠠᠭᠤ᠂ ᠰᠢᠷᠣᠢ ᠶᠢᠨ ᠦᠷᠭᠡᠵᠢᠯ ᠳᠦ ᠲᠣᠬᠢᠷᠠᠮᠵᠢᠲᠠᠢ ᠶᠠᠪᠤᠳᠠᠯ ᠲᠠᠢ ᠪᠣᠯᠣᠨ ᠬᠦᠢᠲᠡᠨ ᠳᠦ ᠲᠡᠰᠪᠡᠷᠢ ᠰᠠᠶᠢᠲᠠᠢ ᠮᠥᠷᠲᠡᠭᠡᠨ ᠲᠡᠰᠪᠡᠷᠢ ᠰᠠᠶᠢᠲᠠᠢ ᠠᠮᠢᠳᠤᠷᠠᠨ᠎ᠠ ᠃

2. ᠰᠠᠷ᠎ᠠ ᠪᠣᠳᠠᠭ ᠤᠨ ᠬᠡᠷᠡᠭᠯᠡᠭᠡ

ᠰᠠᠷ᠎ᠠ ᠪᠣᠳᠠᠭ ᠤᠨ ᠲᠠᠷᠢᠮᠠᠯ ᠤᠨ ᠬᠦᠢᠲᠡᠨ ᠢ ᠲᠡᠰᠪᠡᠷᠢ ᠰᠠᠶᠢᠲᠠᠢ᠂ ᠮᠠᠯ ᠤᠨ ᠬᠤᠭᠤᠯᠠ ᠪᠣᠯᠭᠠᠬᠤ ᠰᠠᠶᠢᠨ ᠴᠢᠨᠠᠷ ᠲᠠᠢ᠂ ᠨᠢᠭᠡ ᠵᠢᠯ ᠳᠦ ᠬᠣᠶᠠᠷ ᠤᠳᠠᠭ᠎ᠠ ᠬᠠᠳᠤᠵᠤ ᠪᠣᠯᠬᠤ ᠪᠣᠯᠣᠨ ᠡᠨᠡ ᠨᠢ ᠮᠠᠯ ᠤᠨ ᠬᠤᠭᠤᠯᠠ ᠪᠣᠯᠭᠠᠨ ᠬᠡᠷᠡᠭᠯᠡᠬᠦ ᠳᠦ ᠲᠣᠬᠢᠷᠠᠮᠵᠢᠲᠠᠢ ᠪᠣᠯᠪᠠ ᠃ ᠬᠠᠭᠤᠷᠠᠢ ᠪᠣᠳᠠᠰ ᠲᠤ ᠶᠢᠨ ᠳᠠᠭᠠᠯᠳᠠᠭᠤᠯᠤᠯ ᠤᠨ ᠬᠡᠮᠵᠢᠶ᠎ᠡ ᠨᠢ 11.05% ᠂ ᠪᠣᠷᠣᠭᠤᠯᠢᠭ ᠲᠣᠣᠰᠤ ᠨᠢ 2.17% ᠪᠣᠯᠤᠨ᠎ᠠ ᠃ ᠪᠣᠭᠣᠨᠢ ᠲᠠᠷᠢᠮᠠᠯ ᠤᠨ ᠬᠣᠣᠰᠤ ᠪᠠᠨ ᠲᠡᠵᠢᠭᠡᠯ ᠦᠨ ᠪᠣᠯᠭᠠᠨ ᠬᠡᠷᠡᠭᠯᠡᠬᠦ ᠳᠦ ᠲᠣᠬᠢᠷᠠᠮᠵᠢᠲᠠᠢ ᠪᠣᠯᠭᠠᠨ᠎ᠠ ᠃

3. ᠲᠠᠷᠢᠬᠤ ᠲᠡᠬᠨᠢᠭ ᠦᠨ ᠰᠢᠯᠭᠠᠭᠤᠷᠢ

* ᠲᠠᠷᠢᠬᠤ ᠴᠠᠭ : ᠬᠠᠪᠤᠷ ᠲᠠᠷᠢᠬᠤ ᠪᠠ ᠵᠤᠨ ᠤ ᠲᠠᠷᠢᠯᠭ᠎ᠠ ᠪᠣᠯᠤᠨ ᠲᠠᠷᠢᠬᠤ ᠪᠣᠯᠤᠨ᠎ᠠ ᠃ ᠬᠠᠪᠤᠷ ᠲᠠᠷᠢᠬᠤ ᠳᠤ 4 ᠰᠠᠷ᠎ᠠ ᠳᠤ 5 ᠰᠠᠷ᠎ᠠ ᠶᠢᠨ ᠳᠤᠮᠳᠠᠳᠤ ᠡᠴᠡ ᠬᠣᠶᠢᠰᠢ 6 ᠰᠠᠷ᠎ᠠ ᠳᠤ ᠲᠠᠷᠢᠯᠠᠩ ᠵᠢ ᠪᠣᠯᠭᠠᠨ᠎ᠠ ᠃

* ᠲᠠᠷᠢᠬᠤ ᠬᠡᠮᠵᠢᠶ᠎ᠡ : 22.5 ~ 30 kg/hm^2 ᠃

* ᠲᠠᠷᠢᠬᠤ ᠠᠷᠭ᠎ᠠ : ᠮᠥᠷ ᠲᠠᠷᠢᠬᠤ ᠪᠠ ᠴᠠᠴᠤᠵᠤ ᠲᠠᠷᠢᠬᠤ ᠪᠣᠯᠤᠨ ᠮᠥᠷ ᠦᠨ ᠵᠠᠢ 15 ~ 25 cm᠂ ᠲᠠᠷᠢᠯᠠᠩ ᠤᠨ ᠭᠦᠨ ᠨᠢ ᠬᠣᠶᠠᠷ ᠰᠠᠶᠢᠨ ᠪᠣᠯᠭᠠᠨ᠎ᠠ ᠃

* ᠮᠠᠯᠵᠢᠬᠤ ᠪᠠ ᠬᠠᠮᠠᠭᠠᠯᠠᠬᠤ : ᠰᠤᠭᠤᠯᠭ᠎ᠠ ᠬᠤᠪᠢᠰᠬᠠᠯ ᠤᠨ ᠡᠬᠢᠨ ᠳᠦ ᠵᠢᠯ ᠳᠦ 1 ᠤᠳᠠᠭ᠎ᠠ ᠬᠠᠳᠤᠵᠤ᠂ ᠪᠣᠷᠣᠭᠤ ᠪᠣᠯᠭᠠᠨ᠎ᠠ ᠃

ᠤᠰᠤᠯᠠᠬᠤ᠂ ᠤᠰᠤᠯᠠᠬᠤ ᠬᠡᠮᠵᠢᠶ᠎ᠡ ᠨᠢ 900 ~ 1 200m^3/hm^2 ᠪᠣᠯᠭᠠᠬᠤ᠂ ᠪᠣᠷᠤᠭᠤ ᠪᠣᠭᠣᠨᠢ 75 ~ 150 kg/hm^2 ᠬᠡᠷᠡᠭᠯᠡᠬᠦ ᠪᠣᠯᠭᠠᠨ᠎ᠠ ᠃

* ᠬᠤᠷᠢᠶᠠᠬᠤ ᠴᠠᠭ : ᠲᠠᠷᠢᠯᠠᠩ ᠤᠨ ᠦᠷ᠎ᠡ ᠲᠤᠯᠭᠠᠬᠤ ᠴᠠᠭ ᠲᠤ ᠬᠤᠷᠢᠶᠠᠵᠤ᠂ ᠬᠠᠳᠠᠭᠠᠯᠠᠬᠤ ᠪᠣᠯᠭᠠᠨ᠎ᠠ ᠃

（三）肥披碱草（*E. excelsus*）

1. 植物学与生物学特性

多年生丛生植物。秆粗壮，叶鞘无毛，叶片扁平，穗状花序直立，颖狭披针形，千粒重5.75 g。肥披碱草适于年降水300 ～ 400 mm地区生长，耐寒、耐盐碱、抗旱中等。

2. 利用价值

肥披碱草返青早，分蘖拔节持续时间长，叶量较丰富，干物质中粗蛋白含量10.27%，粗脂肪2.45%。生长前期草质较好；开花成熟后，纤维含量剧增，茎叶变硬，适口性降低。因此，应在抽穗期前利用，开花以前刈割调制的青干草各种家畜均喜食。

3. 栽培技术要点

* 播种时间：春、夏、秋三季均可播种。
* 播种量：30 ～ 45 kg/hm^2。
* 播种方式：条播，行距为30 cm，覆土3 ～ 4 cm为宜。
* 管理与收获：播种当年注意除杂。

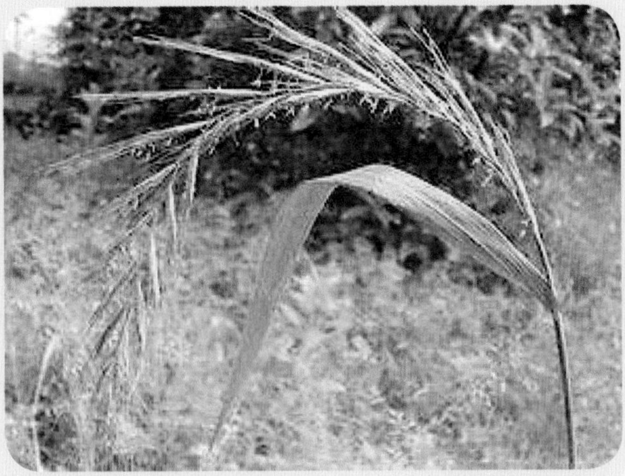

(ᠰᠢᠪᠠᠭᠤ) ᠪᠦᠳᠦᠭᠦᠨ ᠰᠣᠶᠤᠭ᠎ᠠ ᠬᠢᠶᠠᠭ (*E. excelsus*)

1. ᠬᠡᠯᠪᠡᠷᠢ ᠶᠢᠨ ᠣᠨᠴᠠᠯᠢᠭ ᠪᠠ ᠲᠠᠷᠢᠮᠠᠯ ᠤᠷᠭᠤᠮᠠᠯ ᠤᠨ ᠣᠨᠴᠠᠯᠢᠭ ᠢ ᠲᠣᠪᠴᠢᠯᠠᠨ ᠲᠠᠨᠢᠯᠴᠠᠭᠤᠯᠬᠤ

ᠣᠯᠠᠨ ᠨᠠᠰᠤᠲᠤ ᠦᠪᠡᠰᠦᠨ ᠤᠷᠭᠤᠮᠠᠯ ᠪᠣᠯᠤᠨ᠎ᠠ᠃ ᠢᠰᠢ ᠨᠢ ᠪᠣᠭᠤᠨᠢ᠂ ᠪᠣᠭᠣᠨ ᠤᠰᠤᠨ ᠲᠠᠢ ᠪᠦᠭᠡᠳ ᠬᠤᠷᠠᠭ᠎ᠠ ᠲᠡᠰᠪᠦᠷᠢ᠂ ᠬᠦᠢᠲᠡᠨ ᠳᠦ ᠲᠡᠰᠪᠦᠷᠢ᠂ ᠭᠠᠩ ᠳᠦ ᠲᠡᠰᠪᠦᠷᠢ᠂ ᠬᠤᠷᠠ ᠪᠠᠭ᠎ᠠ ᠣᠷᠣᠨ ᠳᠤ ᠪᠠᠰᠠ ᠤᠷᠭᠤᠨ᠎ᠠ᠂ ᠲᠠᠷᠢᠬᠤ ᠣᠨ ᠤ ᠬᠠᠯᠠᠷ ᠤᠨ ᠰᠤᠳᠤᠯᠭ᠎ᠠ ᠳᠤ ᠨᠡᠢᠴᠡᠮᠲᠡᠢ᠃ ᠮᠢᠩᠭ᠎ᠠ ᠦᠷ᠎ᠡ ᠶᠢᠨ ᠵᠢᠩᠬᠢᠨ ᠨᠢ 5.75 g ᠪᠣᠯᠤᠨ᠎ᠠ᠃ ᠪᠦᠳᠦᠭᠦᠨ ᠰᠣᠶᠤᠭ᠎ᠠ ᠬᠢᠶᠠᠭ ᠢ ᠬᠠᠭᠤᠷᠠᠢ ᠶᠢᠨ ᠬᠤᠷᠠ ᠶᠢᠨ ᠬᠡᠮᠵᠢᠶ᠎ᠡ ᠨᠢ 300 ~ 400 mm ᠣᠷᠣᠨ ᠳᠤ ᠲᠠᠷᠢᠵᠤ ᠪᠣᠯᠤᠨ᠎ᠠ᠃

2. ᠲᠣᠬᠢᠷᠠᠮᠵᠢᠲᠠᠢ ᠣᠷᠣᠨ ᠪᠠ ᠭᠠᠵᠠᠷ ᠤᠨ ᠬᠦᠷᠦᠰᠦ

ᠬᠤᠷᠠ ᠶᠢᠨ ᠬᠡᠮᠵᠢᠶ᠎ᠡ 300 ~ 400 mm ᠤᠨ ᠬᠠᠭᠤᠷᠠᠢ ᠣᠷᠣᠨ ᠳᠤ ᠲᠣᠬᠢᠷᠠᠮᠵᠢᠲᠠᠢ᠂ ᠬᠦᠢᠲᠡᠨ ᠳᠦ ᠲᠡᠰᠪᠦᠷᠢ᠂ ᠬᠠᠭᠤᠷᠠᠢ ᠳᠤ ᠲᠡᠰᠪᠦᠷᠢ᠂ ᠭᠠᠵᠠᠷ ᠤᠨ ᠬᠦᠷᠦᠰᠦ ᠳᠤ ᠣᠨᠴᠠ ᠱᠠᠭᠠᠷᠳᠠᠯᠭ᠎ᠠ ᠦᠭᠡᠢ᠃

3. ᠲᠠᠷᠢᠬᠤ ᠠᠷᠭ᠎ᠠ ᠪᠠᠷ ᠬᠠᠩᠭᠠᠬᠤ

ᠪᠣᠯᠤᠨ᠎ᠠ᠃ ᠬᠠᠷᠢᠴᠠᠩᠭᠤᠢ ᠪᠠᠭ᠎ᠠ ᠵᠢᠩᠬᠢᠨ ᠲᠠᠢ᠂ ᠡᠬᠢᠨ ᠦ ᠦᠶ᠎ᠡ ᠶᠢᠨ ᠪᠠᠶᠠᠯᠢᠭ᠂ ᠤᠷᠠᠭ ᠲᠤ ᠨᠡᠶᠢᠴᠡᠮᠲᠡᠢ ᠪᠠ ᠲᠡᠵᠢᠭᠡᠯ ᠦᠨ ᠴᠢᠨᠠᠷ ᠰᠠᠶᠢᠨ᠃ ᠬᠣᠯᠢᠰᠤᠨ ᠤᠭᠢᠶᠠᠷ ᠦᠨ ᠭᠣᠯ ᠳᠤ ᠦᠷᠡᠵᠢᠯ ᠤᠨ ᠭᠤᠷᠢᠯ ᠢ 10.27 %᠂ ᠪᠣᠳᠣᠭᠠᠮᠵᠢ ᠳᠠᠭᠤᠳ ᠢ 2.45 % ᠠᠭᠤᠯᠤᠨ᠎ᠠ᠃ ᠲᠠᠷᠢᠮᠠᠯ ᠤᠨ ᠬᠣᠪᠢ ᠨᠢ ᠪᠠᠶᠠᠯᠢᠭ᠂ ᠬᠠᠳᠤᠯᠠᠵᠤ ᠬᠠᠳᠠᠭᠠᠯᠠᠬᠤ ᠳᠤ ᠳᠥᠬᠥᠮ᠂ ᠬᠥᠭᠡ ᠪᠣᠯᠭᠠᠬᠤ ᠳᠤ ᠲᠣᠬᠢᠷᠠᠮᠵᠢᠲᠠᠢ ᠪᠣᠯᠤᠨ᠎ᠠ᠃

* ᠲᠠᠷᠢᠯᠭ᠎ᠠ ᠶᠢᠨ ᠬᠤᠭᠤᠴᠠᠭ᠎ᠠ: ᠬᠠᠪᠤᠷ ᠤᠨ ᠡᠴᠦᠰ ᠡᠴᠡ ᠵᠤᠨ ᠤ ᠡᠬᠢᠨ ᠬᠦᠷᠲᠡᠯ᠎ᠡ ᠲᠠᠷᠢᠵᠤ ᠪᠣᠯᠤᠨ᠎ᠠ᠃
* ᠲᠠᠷᠢᠬᠤ ᠠᠷᠭ᠎ᠠ: ᠮᠥᠷ ᠲᠠᠷᠢᠯᠭ᠎ᠠ᠂ ᠮᠥᠷ ᠬᠤᠭᠤᠷᠤᠨᠳᠤ ᠶᠢᠨ ᠵᠠᠢ 30cm᠂ ᠪᠣᠯᠠᠬᠤ ᠭᠦᠨ ᠢ 3 ~ 4cm ᠪᠠᠶᠢᠯᠭᠠᠨ᠎ᠠ᠃
* ᠲᠠᠷᠢᠬᠤ ᠬᠡᠮᠵᠢᠶ᠎ᠡ: 30 ~ 45 kg/hm² ᠃
* ᠲᠠᠷᠢᠬᠤ ᠬᠡᠯᠪᠡᠷᠢ: ᠳᠠᠩ᠂ ᠬᠣᠯᠢᠮᠠᠭ᠂ ᠬᠡᠰᠡᠭ ᠲᠠᠷᠢᠬᠤ ᠵᠡᠷᠭᠡ ᠪᠣᠯᠤᠨ᠎ᠠ᠃

（四）垂穗披碱草（*E. nutans*）

1. 植物学与生物学特性

多年生植物。秆直立，叶片扁平，穗状花序较紧密，颖长圆形，千粒重3.4 ～ 4.9 g。垂穗披碱草喜生长在平原、高原平滩，以及山地阳坡、沟谷、半阴坡等地方，耐寒、耐盐碱。

2. 利用价值

垂穗披碱草草质较柔软，干物质中粗蛋白含量19.28%，粗脂肪2.7%。粗蛋白含量高、适口性好、消化率高，易于调制干草。成熟后茎秆变硬，饲用价值降低。从返青至开花前，马、牛、羊最喜食；开花后至种子成熟期，家畜只食叶子及上部柔软的部分。开花前刈割调制的青干草是冬、春季马、牛、羊等保膘牧草。

3. 栽培技术要点

* 播种时间：根据气候和土壤水分状况确定适宜的播种期。以春播为宜，在4月至5月进行，在春旱严重地区6月进行。

* 播种量：22.5 ～ 30 kg/hm^2。

* 播种方式：采用条播或撒播。条播行距为15 ～ 25 cm，播后需要覆土耙耱、镇压。

* 管理与收获：拔节至孕穗期及时灌溉一次，灌水量900 ～ 1 200 m^3/hm^2，追施尿素75 ～ 150 kg/hm^2。刈牧兼用，也可调制干草。

* 注意事项：播种当年禁牧。

(ᠲᠠᠪᠤᠳᠤᠭᠠᠷ) ᠳᠤᠨᠬᠤᠶᠢᠭ ᠬᠢᠶᠡᠭ ᠦᠪᠡᠰᠦ (*E. nutans*)

1. ᠲᠠᠷᠢᠶᠠᠯᠠᠩ ᠤᠨ ᠲᠠᠷᠢᠮᠠᠯ ᠪᠣᠯᠤᠨ ᠮᠠᠯᠵᠢᠯ ᠪᠠᠶᠢᠭᠠᠯ ᠤᠨ ᠲᠠᠷᠢᠮᠠᠯ ᠤᠨ ᠲᠠᠷᠢᠯᠲᠠ ᠶᠢᠨ ᠵᠢᠷᠤᠮ

ᠣᠯᠠᠨ ᠨᠠᠰᠤᠲᠤ ᠦᠪᠡᠰᠦᠯᠢᠭ ᠤᠷᠭᠤᠮᠠᠯ ᠃ ᠦᠨᠳᠦᠷ ᠨᠢ ᠠᠳᠠᠭ ᠲᠤ ᠴᠦ ᠨᠢᠭᠡ ᠠᠳᠠᠭ ᠤᠨ ᠬᠡᠰᠡᠭ ᠨᠢ ᠳᠤᠨᠬᠤᠶᠢᠭ ᠪᠣᠯᠤᠨᠠ ᠃ ᠦᠷᠡ ᠨᠢ ᠤᠷᠲᠤ ᠵᠤᠢᠰᠠᠨ ᠬᠡᠯᠪᠡᠷᠢ ᠲᠠᠢ ᠂ ᠮᠢᠩᠭᠠᠨ ᠦᠷᠡ ᠶᠢᠨ ᠵᠢᠩ ᠨᠢ 3.4 ~ 4.9 g ᠪᠣᠯᠤᠨᠠ ᠃ ᠬᠦᠢᠲᠡᠨ ᠳᠤ ᠲᠡᠰᠪᠦᠷᠢ ᠲᠠᠢ ᠂ ᠭᠠᠩ ᠳᠤ ᠲᠡᠰᠪᠦᠷᠢ ᠲᠠᠢ ᠂ ᠰᠢᠷᠣᠢ ᠶᠢᠨ ᠰᠣᠩᠭᠣᠯᠲᠠ ᠥᠷᠭᠡᠨ ᠃

2. ᠪᠠᠶᠢᠭᠠᠯᠢ ᠶᠢᠨ ᠣᠷᠴᠢᠨ ᠤ ᠱᠠᠭᠠᠷᠳᠠᠯᠭ᠎ᠠ

ᠬᠦᠢᠲᠡᠨ ᠳᠤ ᠲᠡᠰᠪᠦᠷᠢ ᠲᠠᠢ ᠂ ᠭᠠᠩ ᠳᠤ ᠲᠡᠰᠪᠦᠷᠢ ᠲᠠᠢ ᠂ ᠰᠢᠷᠣᠢ ᠶᠢᠨ ᠰᠣᠩᠭᠣᠯᠲᠠ ᠥᠷᠭᠡᠨ ᠃

3. ᠲᠠᠷᠢᠯᠭ᠎ᠠ ᠮᠠᠯᠵᠢᠯ ᠤᠨ ᠠᠷᠭ᠎ᠠ ᠬᠡᠮᠵᠢᠶ᠎ᠡ

ᠲᠠᠷᠢᠬᠤ ᠬᠤᠭᠤᠴᠠᠭ᠎ᠠ ᠄ ᠬᠠᠪᠤᠷ ᠂ ᠵᠤᠨ ᠂ ᠨᠠᠮᠤᠷ ᠤᠨ ᠲᠠᠷᠢᠵᠤ ᠪᠣᠯᠤᠨᠠ ᠃ ᠲᠠᠷᠢᠯᠭ᠎ᠠ ᠶᠢᠨ ᠣᠨ ᠳᠤ ᠰᠢᠷᠢᠭᠦᠨ ᠤᠳᠠᠭᠠᠨ ᠬᠤᠷ᠎ᠠ ᠲᠠᠢ ᠂ ᠬᠠᠪᠤᠷ ᠤᠨ ᠲᠠᠷᠢᠯᠭ᠎ᠠ ᠳᠤ ᠲᠣᠬᠢᠷᠠᠮᠵᠢᠲᠠᠢ ᠃

5 ᠰᠠᠷ᠎ᠠ ᠶᠢᠨ ᠳᠤᠮᠳᠠ ᠡᠴᠡ 6 ᠰᠠᠷ᠎ᠠ ᠪᠠ ᠲᠠᠷᠢᠵᠤ ᠪᠣᠯᠤᠨᠠ ᠃

* ᠲᠠᠷᠢᠬᠤ ᠠᠷᠭ᠎ᠠ ᠄ ᠮᠥᠷ ᠲᠠᠷᠢᠯᠭ᠎ᠠ ᠪᠠᠷ ᠲᠠᠷᠢᠬᠤ ᠶᠢ ᠰᠠᠶᠢᠰᠢᠶᠠᠨ᠎ᠠ ᠃ ᠮᠥᠷ ᠤᠨ ᠵᠠᠢ ᠨᠢ 4 ᠰᠠᠷ᠎ᠠ ᠲᠠᠢ

* ᠲᠠᠷᠢᠬᠤ ᠬᠡᠮᠵᠢᠶ᠎ᠡ: 22.5 ~ 30 kg/hm² ᠃

* ᠲᠠᠷᠢᠬᠤ ᠭᠦᠨ ᠄ ᠲᠠᠷᠢᠯᠭ᠎ᠠ ᠶᠢᠨ ᠭᠦᠨ ᠨᠢ 15 ~ 25cm ᠪᠣᠯᠤᠨᠠ ᠂ ᠲᠠᠷᠢᠯᠭ᠎ᠠ ᠶᠢᠨ ᠳᠠᠷᠠᠭ᠎ᠠ ᠬᠠᠯᠠᠭᠠ

* ᠤᠰᠤᠯᠠᠯᠲᠠ ᠪᠠ ᠪᠣᠷᠤᠳᠤᠯᠭ᠎ᠠ ᠄ ᠬᠤᠪᠢᠷᠠᠯ ᠤᠨ ᠤᠰᠤᠯᠠᠯᠲᠠ ᠳᠤ 1 ᠤᠳᠠᠭ᠎ᠠ ᠤᠰᠤᠯᠠᠬᠤ ᠂ ᠤᠰᠤᠯᠠᠬᠤ ᠬᠡᠮᠵᠢᠶ᠎ᠡ ᠨᠢ 900 ~ 1 200 m³/hm²

ᠪᠠᠢᠬᠤ ᠶᠢ ᠰᠠᠶᠢᠰᠢᠶᠠᠨ᠎ᠠ ᠃

* ᠪᠣᠷᠤᠳᠤᠯᠭ᠎ᠠ ᠄ ᠲᠠᠷᠢᠯᠭ᠎ᠠ ᠶᠢᠨ ᠦᠶ᠎ᠡ ᠳᠦ ᠪᠣᠷᠤᠳᠤᠯᠭ᠎ᠠ ᠬᠤᠷᠢᠶᠠᠬᠤ ᠪᠣᠯᠤᠨᠠ

ᠪᠣᠷᠤᠳᠤᠯᠭ᠎ᠠ ᠂ ᠬᠤᠷᠢᠶᠠᠬᠤ 75 ~ 150 kg/hm² ᠣᠷᠤᠭᠤᠯᠤᠨᠠ ᠃ ᠪᠣᠷᠤᠳᠤᠯᠭ᠎ᠠ ᠪᠠᠷ ᠲᠠᠷᠢᠯᠭ᠎ᠠ ᠶᠢ ᠬᠠᠮᠠᠭᠠᠯᠠᠨ᠎ᠠ ᠂ ᠦᠷ᠎ᠡ ᠲᠠᠷᠢᠶ᠎ᠠ ᠶᠢ ᠰᠠᠶᠢᠵᠢᠷᠠᠭᠤᠯᠤᠨ᠎ᠠ ᠃

九、多年生黑麦草（*Lolium perenne*）

1. 植物学与生物学特性

多年生植物。须根发达。茎直立，光滑中空，色浅绿。叶片深绿、有光泽，穗状花序，颖果梭形。种子千粒重1.5 ～ 2.0 g。多年生黑麦草在年降水量500 ～ 1 500 mm的地方都可种植，性喜温、不耐高温、不耐寒。

2. 利用价值

多年生黑麦草早期收获的鲜草干物质含量约14%，抽穗期干物质中粗蛋白含量10.98%，木质素少，质地柔嫩，适口性好，消化率高，为畜禽、鱼类优良青饲料。与苜蓿、三叶草、紫云英、苕子等豆科牧草混播对放牧、青饲、青贮、调制干草，以及提高产量与土壤肥力均有利。

3. 栽培技术要点

＊ 播种时间：春、秋皆可播种，以早秋播种为宜。

＊ 播种量：15 ～ 22.5 kg/hm^2。

＊ 播种方式：可采用条播或撒播。条播行距15 ～ 20 cm，播种深度2 cm。

＊ 管理与收获：采取人工和化学方法除杂，灌溉保证水分充足，播种前和成苗后施用适量的氮、磷、钾肥。可制干草、青贮饲料。

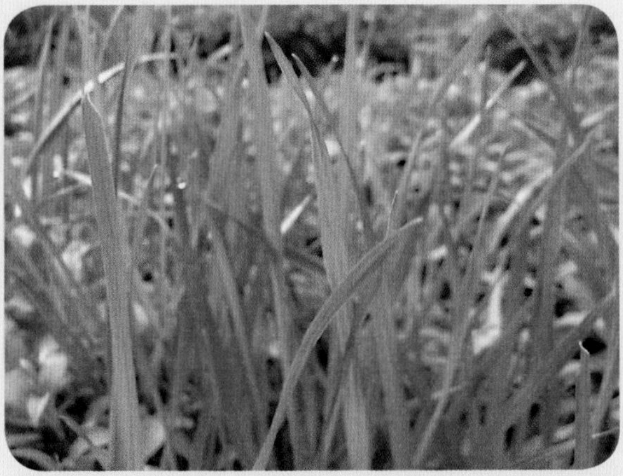

ᠵᠢᠷᠭᠤ · ᠣᠯᠠᠨ ᠨᠠᠰᠤᠲᠤ ᠬᠠᠷ᠎ᠠ ᠪᠤᠭᠤᠳᠠᠢ ᠡᠪᠡᠰᠦ (*Lolium perenne*)

1. ᠬᠡᠯᠪᠡᠷᠢ ᠶᠢᠨ ᠣᠨᠴᠠᠯᠢᠭ ᠪᠣᠯᠤᠨ ᠠᠵᠤ ᠠᠬᠤᠢ ᠶᠢᠨ ᠣᠨᠴᠠᠯᠢᠭ ᠤ ᠬᠡᠷᠡᠭᠯᠡᠬᠦ ᠠᠷᠭ᠎ᠠ

ᠣᠯᠠᠨ ᠨᠠᠰᠤᠲᠤ ᠡᠪᠡᠰᠦ ᠤᠨ ᠤᠭᠰᠠᠭ᠎ᠠ ᠶᠢᠨ ᠤᠷᠭᠤᠮᠠᠯ ᠪᠣᠯᠤᠨ᠎ᠠ ᠃ ᠨᠢᠭᠡ ᠨᠠᠰᠤᠲᠤ ᠤᠷᠭᠤᠮᠠᠯ ᠤᠨ ᠬᠠᠮᠲᠤ ᠪᠤᠢ ᠃ ᠦᠨᠳᠦᠷ ᠨᠢ ᠰᠤᠷᠠᠭ ᠶᠢᠨ ᠡᠨᠳᠡᠬᠢ ᠦᠨᠳᠦᠷ ᠨᠢ ᠪᠣᠯᠤᠨ᠎ᠠ ᠃ ᠦᠨᠳᠦᠰᠦ ᠨᠢ ᠬᠦᠭᠵᠢᠯ ᠲᠡᠢ ᠪᠠᠢᠨ᠎ᠠ ᠃ ᠮᠢᠩᠭ᠎ᠠ ᠦᠷ᠎ᠡ ᠶᠢᠨ ᠪᠠᠷᠢᠮᠲᠠ ᠨᠢ 1.5 ~ 2.0 g ᠶᠢ ᠪᠡᠯ ᠴᠢᠨᠠᠷ ᠲᠠᠢ ᠪᠣᠯᠤᠨ᠎ᠠ ᠃ ᠤᠰᠤᠨ ᠬᠠᠩᠭᠠᠮᠵᠢ ᠶᠢᠨ ᠬᠡᠮᠵᠢᠶ᠎ᠡ 500 ~ 1 500 mm ᠤᠨ ᠭᠠᠵᠠᠷ ᠲᠤ ᠲᠠᠷᠢᠵᠤ ᠪᠣᠯᠤᠨ᠎ᠠ ᠃ ᠰᠠᠢᠨ ᠬᠦᠷᠦᠰᠦ ᠲᠦ ᠲᠣᠬᠢᠷᠠᠮᠵᠢᠲᠠᠢ ᠃ ᠬᠦᠢᠲᠡᠨ ᠳᠤ ᠪᠣᠯᠤᠨ᠎ᠠ ᠃

2. ᠠᠵᠤ ᠠᠬᠤᠢ ᠶᠢᠨ ᠣᠨᠴᠠᠯᠢᠭ

ᠠᠷᠠᠯᠵᠢᠶ᠎ᠠ ᠶᠢᠨ ᠡᠪᠡᠰᠦ ᠳᠦ ᠬᠡᠷᠡᠭᠯᠡᠨ᠎ᠡ ᠃

ᠣᠯᠠᠨ ᠨᠠᠰᠤᠲᠤ ᠬᠠᠷ᠎ᠠ ᠪᠤᠭᠤᠳᠠᠢ ᠡᠪᠡᠰᠦ ᠨᠢ ᠴᠡᠴᠡᠭᠯᠡᠬᠦ ᠦᠶ᠎ᠡ ᠳᠦ ᠨᠣᠭᠣᠭᠠᠨ ᠬᠤᠷᠢᠶᠠᠩᠭᠤᠢ ᠶᠢᠨ ᠬᠤᠭᠤᠷᠠᠢ ᠪᠣᠳᠠᠰ ᠤᠨ ᠳᠣᠲᠣᠷᠠᠬᠢ ᠦᠨᠳᠦᠰᠦᠨ ᠤᠭᠠᠷᠠᠭ ᠨᠢ 14% · ᠲᠣᠰᠣᠨ ᠲᠡᠭᠦᠰ ᠦᠨ
ᠬᠡᠮᠵᠢᠶ᠎ᠡ ᠨᠢ 10.98% · ᠬᠤᠭᠤᠷᠠᠢ ᠪᠣᠳᠠᠰ ᠤᠨ ᠳᠣᠲᠣᠷᠠᠬᠢ ᠶᠢᠨ ᠠᠮᠲᠠ ᠴᠢᠨᠠᠷ ᠰᠠᠢᠨ ᠃ ᠮᠠᠯ ᠤᠨ ᠳᠤᠷᠤᠲᠠᠢ ᠃ ᠲᠠᠷᠢᠯᠠᠩ ᠤᠨ ᠠᠳᠤᠭᠤᠰᠤ ᠶᠢᠨ ᠢᠳᠡᠰᠢ ᠪᠣᠯᠤᠨ᠎ᠠ ᠃ ᠪᠠᠶᠠᠰᠬᠤ ᠬᠣᠨᠢ ᠃ ᠦᠬᠡᠷ ᠃ ᠭᠠᠬᠠᠢ ᠨᠢ ᠳᠤᠷᠤᠲᠠᠢ ᠃ ᠪᠢᠯᠡᠭᠡ ᠡᠪᠡᠰᠦ ᠃ ᠨᠣᠭᠣᠭᠠᠨ ᠪᠣᠷᠤ ᠃ ᠬᠠᠳᠠᠭᠠᠯᠠᠬᠤ ᠡᠪᠡᠰᠦ ᠪᠣᠯᠭᠠᠨ ᠬᠡᠷᠡᠭᠯᠡᠨ᠎ᠡ ᠃

3. ᠲᠠᠷᠢᠬᠤ ᠠᠷᠭ᠎ᠠ ᠲᠡᠬᠨᠢᠭ

* ᠲᠠᠷᠢᠬᠤ ᠴᠠᠭ : ᠬᠠᠪᠤᠷ · ᠵᠤᠨ ᠲᠠᠷᠢᠵᠤ ᠪᠣᠯᠤᠨ᠎ᠠ · ᠨᠠᠮᠤᠷ ᠲᠠᠷᠢᠬᠤ ᠨᠢ ᠰᠠᠢᠨ ᠪᠣᠯᠤᠨ᠎ᠠ ᠃

* ᠲᠠᠷᠢᠬᠤ ᠬᠡᠮᠵᠢᠶ᠎ᠡ : 15 ~ 22.5 kg/hm² ᠃

* ᠲᠠᠷᠢᠬᠤ ᠠᠷᠭ᠎ᠠ : ᠮᠥᠷ ᠲᠠᠷᠢᠯᠭ᠎ᠠ ᠪᠣᠯᠤᠨ ᠴᠠᠴᠤᠨ ᠲᠠᠷᠢᠯᠭ᠎ᠠ · ᠮᠥᠷ ᠬᠣᠭᠣᠷᠣᠨᠳᠤ ᠶᠢᠨ ᠵᠠᠢ 15 ~ 20 cm · ᠲᠠᠷᠢᠬᠤ ᠭᠦᠨ 2 cm ᠪᠠᠢᠬᠤ ᠶᠢ

ᠰᠢᠶᠠᠳᠠᠨ᠎ᠠ ᠃

* ᠬᠠᠳᠠᠭᠠᠯᠠᠬᠤ ᠶᠢᠨ ᠠᠷᠭ᠎ᠠ : ᠴᠡᠴᠡᠭᠯᠡᠬᠦ ᠡᠬᠢᠨ ᠦ ᠦᠶ᠎ᠡ ᠳᠦ ᠬᠠᠳᠤᠵᠤ ᠬᠠᠳᠠᠭᠠᠯᠠᠬᠤ ᠨᠢ ᠵᠣᠬᠢᠰᠲᠠᠢ · ᠬᠠᠳᠤᠯᠭ᠎ᠠ ᠶᠢᠨ ᠨᠣᠭᠣᠭᠠᠨ ᠬᠠᠳᠤᠬᠤ

ᠲᠠᠷᠢᠯᠠᠩ ᠳᠤ ᠬᠡᠷᠡᠭᠯᠡᠨ᠎ᠡ · ᠪᠠᠶᠠᠰᠬᠤ · ᠦᠬᠡᠷ ᠢᠳᠡᠭᠡᠯᠡᠬᠦ ᠪᠣᠯᠤᠨ᠎ᠠ ᠃ ᠲᠠᠷᠢᠯᠠᠩ ᠤᠨ ᠨᠣᠭᠣᠭᠠᠨ ᠲᠡᠵᠢᠭᠡᠯ ᠪᠣᠯᠭᠠᠨ ᠬᠡᠷᠡᠭᠯᠡᠨ᠎ᠡ ᠃

十、鹅观草属（*Roegneria*）

（一）弯穗鹅观草（*R. semicostata*）

1. 植物学与生物学特性

多年生植物。茎丛生、直立。叶鞘光滑，叶片扁平、粗糙。穗状花序。颖果扁平，千粒重1.9 g。野生弯穗鹅观草多生长于山坡、荒地、沟边、路旁、林下草地，喜湿润、耐盐碱。

2. 利用价值

孕穗前茎叶鲜嫩柔软，叶量多，草质较优，适口性好，各种家畜均喜食。从抽穗到成熟的30 ～ 90天内，茎秆迅速老化，饲用价值急剧下降，此时，可粉碎制成干草粉与其他饲草料搭配利用。

3. 栽培技术要点

＊ 播种时间：干旱和半干旱地区，在保证一定生育期的前提下抢墒播种。以4月上旬播种为宜。

＊ 播种量：15 ～ 22.5 kg/hm^2。

＊ 播种方式：条播，行距30 ～ 40 cm。

＊ 管理与收获：苗期及时除杂，分蘖至拔节期间及时中耕除草1 ～ 2次，抽穗至开花期进行刈割。刈割后追肥。

＊ 注意事项：播种当年不宜采种。

ᠳᠥᠷᠪᠡ · ᠬᠢᠶᠠᠭ ᠤᠨ ᠲᠥᠷᠥᠯ (*Roegneria*)

(ᠨᠢᠭᠡ) ᠬᠠᠭᠠᠰ ᠰᠣᠳᠠᠯᠢᠲᠤ ᠬᠢᠶᠠᠭ (*R. semicostata*)

ᠪᠡᠶ᠎ᠡ ᠲᠡᠢ · ᠮᠢᠩᠭ᠎ᠠ ᠦᠷ᠎ᠡ ᠶᠢᠨ ᠵᠢᠩ ᠨᠢ 1.9 g ᠪᠣᠯᠤᠨ᠎ᠠ :: ᠰᠠᠯᠠᠭᠠ ᠲᠠᠢ · ᠦᠨᠳᠦᠷ ᠥᠨᠳᠥᠷ · ᠥᠪᠡᠰᠦ ᠨᠣᠭᠤᠭᠠᠨ ᠤ ᠬᠡᠯᠪᠡᠷᠢ · ᠭᠣᠣᠯ ᠤᠨ ᠰᠢᠷᠪᠢᠰᠦ ·

* ᠪᠣᠯᠪᠠᠰᠤᠷᠠᠯ ᠤᠨ ᠭᠠᠷᠤᠭᠠ : 15 ~ 22.5 kg/hm² ::

* ᠪᠣᠯᠪᠠᠰᠤᠷᠠᠯ ᠤᠨ ᠥᠨᠳᠥᠷ : ᠲᠠᠷᠢᠮᠠᠯ ᠬᠤᠷᠢᠶᠠᠬᠤ · ᠣᠯᠠᠨ ᠤ ᠥᠨᠳᠥᠷ ᠨᠢ 30 ~ 40 cm ᠪᠣᠯᠬᠤ ᠦᠶ᠎ᠡ ᠳᠦ ::

（二）纤毛鹅观草（*R. ciliaris*）

1. 植物学与生物学特性

多年生草本植物。秆单生或成疏丛、直立，叶鞘无毛，穗状花序直立或多少下垂，千粒重约4.1 g。纤毛鹅观草喜生于温暖、湿润的山坡草地、疏林下和田埂、路边的草丛中，有时还能形成以纤毛鹅观草为优势种的群落。

2. 利用价值

纤毛鹅观草抽穗前茎叶鲜嫩柔软，叶量多，草质较优，适口性好，各种家畜均喜食。抽穗后茎秆迅速老化，饲用价值急剧下降，此时可粉碎制成干草粉与其他饲草料搭配利用。

3. 栽培技术要点

* 播种时间：春、秋均可播种。
* 播种量：22.5 ～ 30 kg/hm^2。
* 播种方式：条播，行距15 ～ 30 cm。
* 管理与收获：苗期及时除杂。可调制成干草粉。

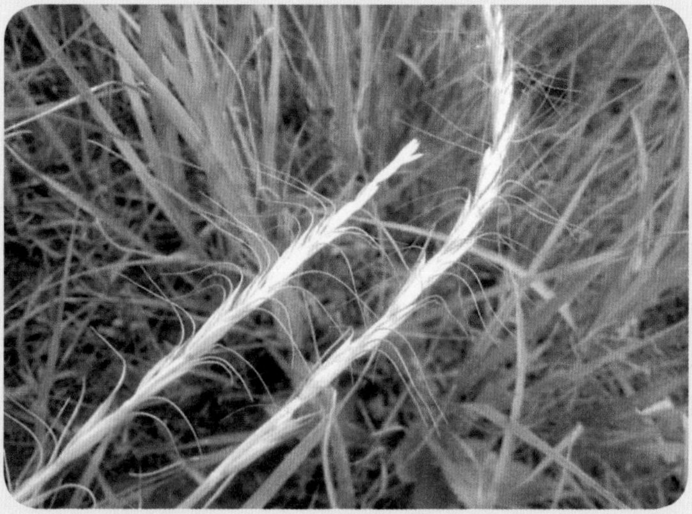

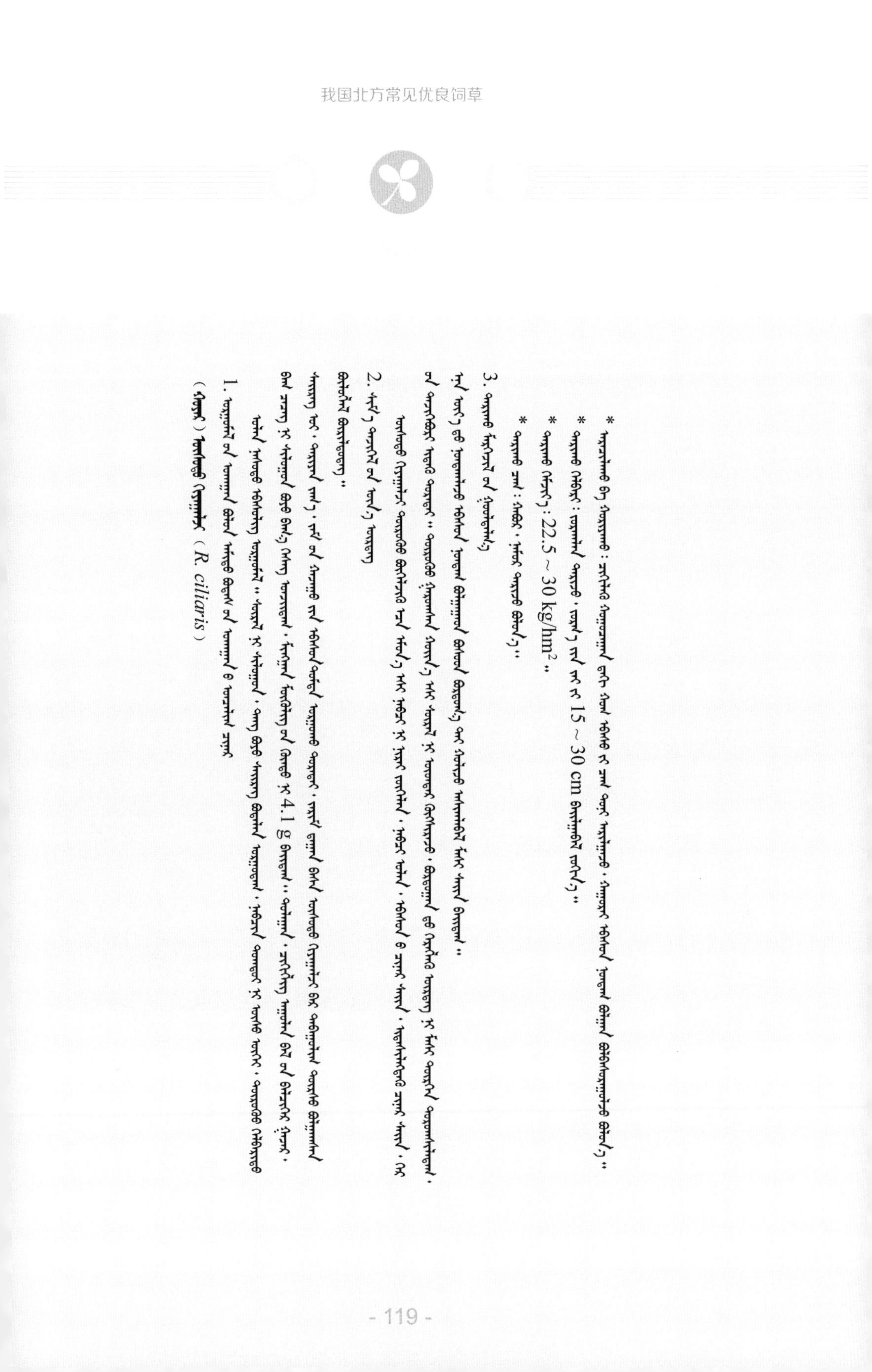

([illegible]) [illegible] (*R. ciliaris*)

1. [illegible] 4.1 g [illegible]

[illegible]

2. [illegible]

[illegible]

3. [illegible]

[illegible]

* [illegible]

* [illegible]: 22.5 ~ 30 kg/hm^2 ᠃

* [illegible] 15 ~ 30 cm [illegible]

* [illegible]

十一、中间偃麦草（*Elytrigia intermedia*）

1. 植物学与生物学特性

多年生植物。具横走根茎，秆平滑、无毛，穗状花序直立，花药黄色，种子千粒重5.2 g。中间偃麦草在年降雨量355 mm的地区可以良好生长，耐寒、耐旱、耐盐、耐践踏。

2. 利用价值

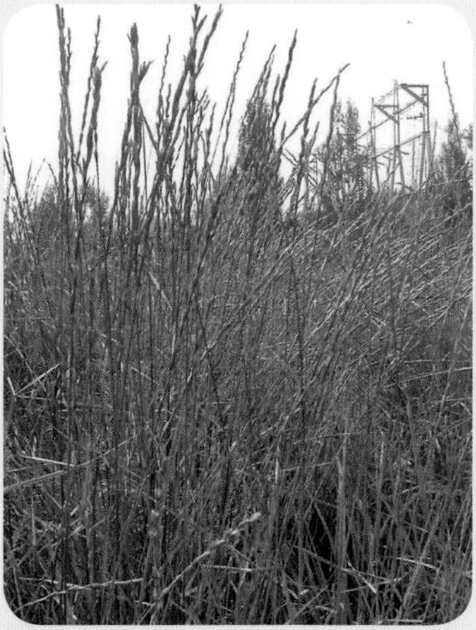

中间偃麦草叶量丰富，原样、风干样和干物质中的粗蛋白含量分别为3.7%、12.2%和13.4%。产草量较高，草质优良，适口性好，牛、马、羊均喜食。

3. 栽培技术要点

* 播种时间：寒冷地区可春播，也可在夏季趁雨抢播。

* 播种量：15 ～ 22.5 kg/hm^2。

* 播种方式：条播，行距30 ～ 40 cm，播深3 ～ 4 cm，播后镇压。

* 管理与收获：苗期生长缓慢，需及时清除杂草。刈牧兼用，也可调制干草。

* 注意事项：切忌重牧或频牧。

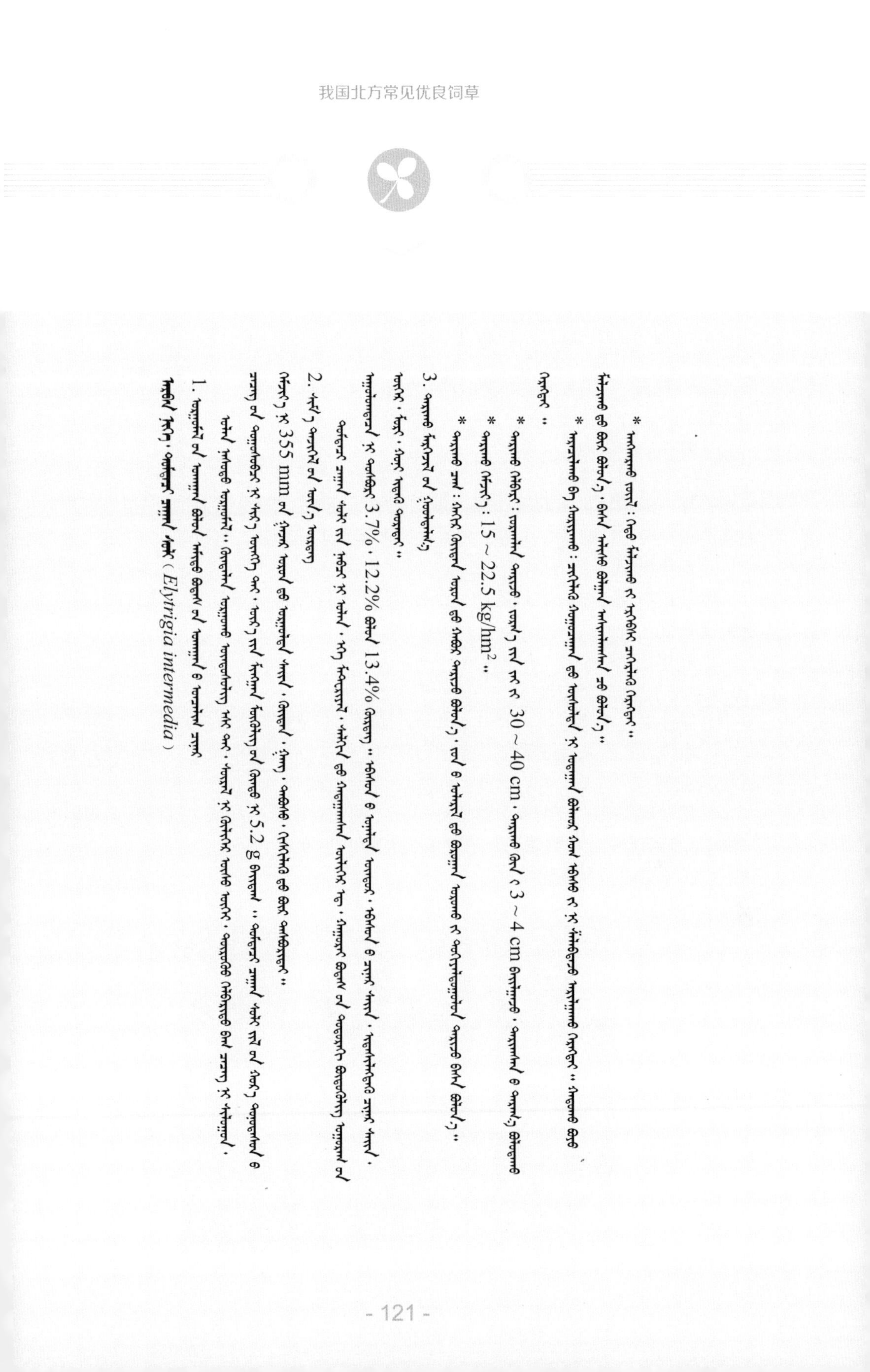

[illegible] (*Elytrigia intermedia*)

1. [illegible]

[illegible]

[illegible] 5.2 g [illegible]

[illegible] 355 mm [illegible]

2. [illegible]

[illegible] 3.7%，12.2% [illegible] 13.4% [illegible]

[illegible]

[illegible]

3. [illegible]

* [illegible]

* [illegible]：15 ~ 22.5 kg/hm^2 ::

* [illegible] 30 ~ 40 cm，[illegible] 3 ~ 4 cm [illegible]

[illegible] ::

* [illegible]

* [illegible]

十二、鸭茅（*Dactylis glomerata*）

1. 植物学与生物学特性

多年生植物。须根系。茎直立或基部膝曲，单生或少数丛生。叶片扁平，边缘或背部中脉均粗糙。圆锥花序开展。种子为颖果，千粒重1.0 ～ 1.3 g。鸭茅喜温暖湿润性气候，耐寒性中等，耐旱性比多年生黑麦草强，耐瘠薄。

2. 利用价值

鸭茅春季发芽早，生长繁茂，至晚秋尚青绿。含丰富的脂肪、蛋白质，是一种优良的牧草。但适于抽穗前收割，花后质量降低。

3. 栽培技术要点

* 播种时间：北方地区8月中下旬实行早秋播。

* 播种量：单独条播为15.0 kg/hm^2，撒播为17.5 ～ 20.0 kg/hm^2。

* 播种方式：条播或撒播。条播行距30 ～ 35 cm，播种深度1 ～ 2 cm，覆土1 ～ 2 cm。

* 管理与收获：苗期及时清除杂草，分蘖期、拔节期及每次刈割后追施尿素150 ～ 225 kg/hm^2。刈牧兼用，主要用于放牧和青饲。

* 注意事项：适宜轮牧。

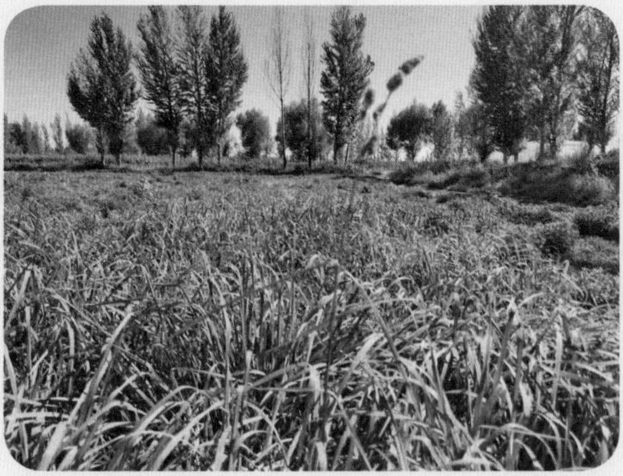

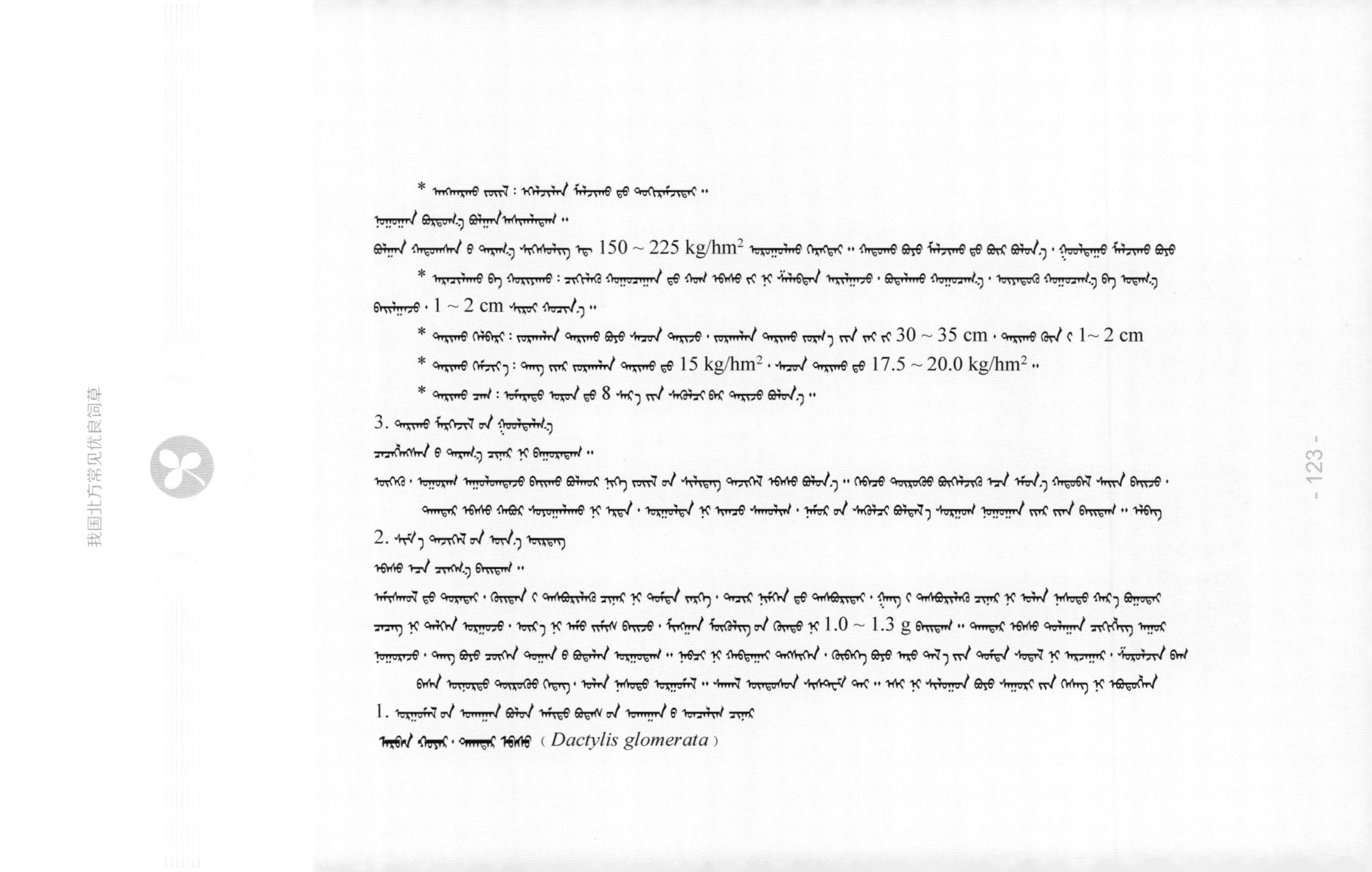

* [illegible] ::

[illegible] ::

[illegible] 150 ~ 225 kg/hm^2 [illegible]

* [illegible]

[illegible] · 1 ~ 2 cm [illegible] ::

* [illegible] 30 ~ 35 cm · [illegible] 1 ~ 2 cm

* [illegible] 15 kg/hm^2 · [illegible] 17.5 ~ 20.0 kg/hm^2 ::

* [illegible] 8 [illegible] ::

3. [illegible]

[illegible] ::

[illegible]

[illegible]

2. [illegible]

[illegible] ::

[illegible] 1.0 ~ 1.3 g [illegible]

[illegible]

1. [illegible]

[illegible] （*Dactylis glomerata*）

十三、大麦属（*Hordeum*）

（一）布顿大麦草（*H. bogdanii*）

1. 植物学与生物学特性

多年生草本植物。具根茎。秆丛生。叶鞘幼嫩者具柔毛，叶舌膜质。穗状花序。布顿大麦草适应性强，喜欢中等湿润土壤，耐旱、耐寒、耐瘠。

2. 利用价值

布顿大麦草枝叶繁茂，叶片不易脱落，再生营养枝多，叶量大，叶层高，易调制青干草。青干草中粗蛋白质含量6.23%，粗脂肪2.13%。开花前利用价值最高，适口性好，茎叶柔软，牛、马、羊最喜食；成熟后，各种家畜也喜食。布顿大麦草能促进幼畜发育，提高母畜受胎率，是家畜增膘、提高成活率的良好饲草。

3. 栽培技术要点

＊ 播种时间：北方地区春播较适宜，在有灌溉条件和春旱严重的地区最晚延迟到夏季播种。

＊ 播种量：15.0 kg/hm^2。

＊ 播种方式：条播，行距45 cm，播种深度2 cm。

＊ 管理与收获：苗期人工除杂，分蘖、拔节、抽穗时期各灌水一次，配合追施化肥。

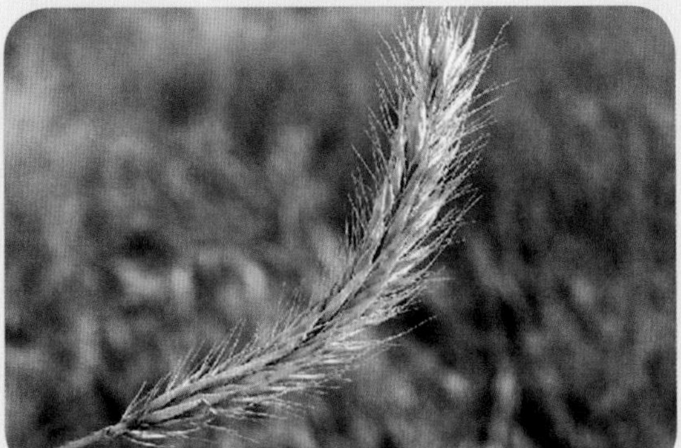

ᠠᠷᠪᠠᠢ ᠲᠥᠷᠥᠯ᠂ ᠠᠷᠪᠠᠢ ᠶᠢᠨ ᠣᠪᠣᠭ （*Hordeum*）

（ᠨᠢᠭᠡ）ᠪᠣᠭᠳᠠᠨ ᠠᠷᠪᠠᠢ （*H. bogdanii*）

1. ᠤᠷᠭᠤᠮᠠᠯ ᠤᠨ ᠬᠡᠯᠪᠡᠷᠢ ᠪᠦᠲᠦᠴᠡ ᠶᠢᠨ ᠣᠨᠴᠠᠯᠢᠭ ᠪᠠ ᠤᠷᠭᠤᠮᠠᠯ ᠤᠨ ᠣᠨᠴᠠᠯᠢᠭ

ᠣᠯᠠᠨ ᠨᠠᠰᠤᠲᠤ ᠦᠪᠡᠰᠦᠨ ᠤᠷᠭᠤᠮᠠᠯ ᠪᠣᠯᠤᠨ᠎ᠠ ᠃ ᠦᠨᠳᠦᠷ ᠨᠢ ᠬᠠᠮᠤᠭ ᠦᠨᠳᠦᠷ ᠲᠠᠢ ᠃ ᠠᠯᠢᠪᠠ ᠨᠢ ᠰᠠᠶᠢᠨ ᠃ ᠨᠠᠰᠤᠨ ᠬᠣᠯᠤᠰᠤ ᠨᠢ ᠪᠣᠭᠣᠨᠢ ᠪᠠᠢᠨ᠎ᠠ ᠂ ᠪᠣᠭᠳᠠᠨ ᠠᠷᠪᠠᠢ ᠶᠢᠨ ᠦᠷᠡ ᠨᠢ ᠦᠷ᠎ᠡ ᠲᠠᠢ ᠪᠠᠢᠨ᠎ᠠ ᠂ ᠰᠠᠭᠠᠯᠠᠳᠠᠭ ᠃ ᠪᠣᠭᠳᠠᠨ ᠠᠷᠪᠠᠢ ᠶᠢᠨ ᠨᠠᠰᠤ ᠪᠣᠯᠪᠠᠰᠤᠷᠠᠬᠤ ᠦᠶ᠎ᠡ ᠶᠢᠨ ᠨᠢᠭᠤᠴᠠ ᠪᠠᠢᠳᠠᠯ ᠂ ᠪᠣᠭᠳᠠᠨ ᠨᠢ ᠡᠯᠡᠬᠡᠨ ᠣᠷᠣᠨ ᠳᠤ ᠦᠨᠳᠦᠰᠦᠯᠡᠨ᠎ᠡ ᠂ ᠰᠠᠢᠬᠠᠨ ᠮᠠᠯ ᠤᠨ ᠲᠡᠵᠢᠭᠡᠯ ᠪᠣᠯᠤᠨ᠎ᠠ ᠃

2. ᠡᠺᠣᠯᠣᠭᠢ ᠶᠢᠨ ᠣᠨᠴᠠᠯᠢᠭ ᠪᠠ ᠲᠠᠷᠬᠠᠯᠲᠠ

ᠭᠠᠩ ᠂ ᠬᠦᠢᠲᠡᠨ ᠂ ᠪᠣᠷᠣᠭᠠᠨ ᠂ ᠬᠤᠪᠢ ᠪᠠ ᠰᠣᠷᠣᠬᠤ ᠃

ᠪᠣᠭᠳᠠᠨ ᠠᠷᠪᠠᠢ ᠶᠢᠨ ᠲᠡᠵᠢᠭᠡᠯ ᠦᠨ ᠴᠢᠨᠠᠷ ᠰᠠᠢᠨ ᠂ ᠠᠯᠢᠪᠠ ᠮᠠᠯ ᠳᠤ ᠢᠳᠡᠭᠳᠡᠨ᠎ᠡ ᠃ ᠨᠠᠰᠤ ᠪᠣᠯᠪᠠᠰᠤᠷᠠᠭᠰᠠᠨ ᠤ ᠳᠠᠷᠠᠭᠠᠬᠢ ᠬᠠᠭᠤᠷᠠᠢ ᠪᠣᠳᠠᠰ ᠳᠤ 2.13% ᠪᠣᠯᠤᠨ᠎ᠠ ᠃ ᠡᠭᠦᠳᠬᠦ ᠰᠢᠷᠬᠡᠭ ᠦᠨ ᠬᠡᠮᠵᠢᠶ᠎ᠡ 6.23% ᠂ ᠪᠣᠭᠳᠠᠨ ᠠᠷᠪᠠᠢ ᠨᠢ ᠢᠳᠡᠭᠰᠢᠯ ᠰᠠᠢᠲᠠᠢ ᠃

3. ᠲᠠᠷᠢᠯᠠᠯᠲᠠ ᠶᠢᠨ ᠠᠷᠭ᠎ᠠ ᠪᠠ ᠬᠡᠷᠡᠭᠯᠡᠭᠡ

ᠪᠣᠭᠳᠠᠨ ᠠᠷᠪᠠᠢ ᠶᠢᠨ ᠦᠷ᠎ᠡ ᠶᠢ ᠲᠠᠷᠢᠬᠤ ᠳᠤ ᠪᠡᠯᠡᠳᠬᠡᠬᠦ ᠬᠡᠷᠡᠭᠲᠡᠢ ᠃

* ᠲᠠᠷᠢᠬᠤ ᠴᠠᠭ ᠬᠤᠭᠤᠴᠠᠭ᠎ᠠ ᠃ ᠬᠠᠪᠤᠷ ᠤᠨ ᠲᠠᠷᠢᠯᠠᠯᠲᠠ ᠨᠢ ᠡᠩ ᠰᠠᠢᠨ ᠂ ᠵᠤᠨ ᠪᠠ ᠨᠠᠮᠤᠷ ᠲᠠᠷᠢᠵᠤ ᠪᠣᠯᠤᠨ᠎ᠠ ᠃

* ᠲᠠᠷᠢᠬᠤ ᠠᠷᠭ᠎ᠠ ᠄ ᠮᠥᠷ ᠲᠠᠷᠢᠯᠠᠯᠲᠠ ᠂ ᠮᠥᠷ ᠬᠣᠭᠣᠷᠣᠨᠳᠤ ᠶᠢᠨ ᠵᠠᠢ 45 cm ᠂ ᠲᠠᠷᠢᠬᠤ ᠭᠦᠨ 2 cm ᠪᠣᠯᠤᠨ᠎ᠠ ᠃

* ᠲᠠᠷᠢᠬᠤ ᠬᠡᠮᠵᠢᠶ᠎ᠡ ᠄ 15.0 kg/hm² ᠃

* ᠲᠠᠷᠢᠬᠤ ᠶᠠᠪᠤᠴᠠ ᠄ ᠲᠠᠷᠢᠬᠤ ᠡᠴᠡ ᠡᠮᠦᠨ᠎ᠡ ᠭᠠᠵᠠᠷ ᠬᠠᠭᠤᠯᠬᠤ ᠂ ᠪᠣᠳᠣᠬᠤ ᠂ ᠬᠤᠪᠢᠶᠠᠬᠤ ᠂ ᠲᠣᠭᠤᠰᠢᠬᠤ ᠂ ᠬᠠᠷᠢᠭᠤᠯᠬᠤ ᠪᠣᠯᠤᠨ᠎ᠠ ᠃

ᠪᠣᠭᠳᠠᠨ ᠠᠷᠪᠠᠢ ᠶᠢᠨ ᠤᠷᠭᠤᠮᠠᠯ ᠢ ᠡᠷᠲᠡ ᠬᠠᠳᠤᠵᠤ ᠬᠠᠳᠠᠭᠠᠯᠠᠬᠤ ᠬᠡᠷᠡᠭᠲᠡᠢ ᠃

（二）短芒大麦草（*H. brevisubulatum*）

1. 植物学与生物学特性

多年生植物。秆丛生、直立。叶鞘无毛，叶耳淡黄色、尖形，叶舌膜质、截平，叶片面粗糙、下面较平滑。穗状花序，灰绿色。颖为针状，千粒重2 ～ 3 g。短芒大麦草生态幅度广，适应性强，耐盐碱、耐贫瘠、耐践踏、抗寒、耐旱。

2. 利用价值

短芒大麦草产量高，适口性好，青草利用期长，叶量丰富，草质柔软，营养品质好。粗蛋白含量高，抽穗期粗蛋白含量高达22.98%。

3. 栽培技术要点

* 播种时间：5月上旬至7月下旬。
* 播种量：30 ～ 45 kg/hm^2。
* 播种方式：条播，行距30 ～ 45 cm，播种深度2 ～ 4 cm。
* 管理与收获：苗期和拔节期各除杂草1次。刈牧兼用，也可制成青贮饲料。

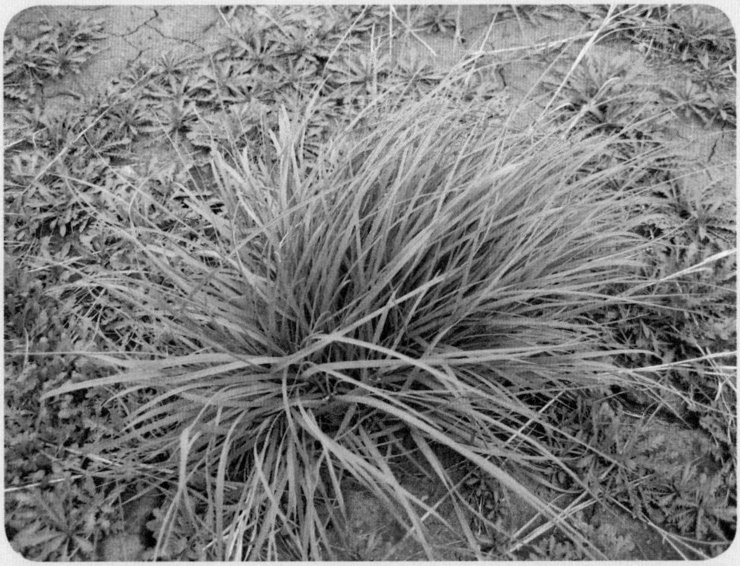

(ᠬᠣᠶᠠᠷ) ᠵᠡᠷᠯᠢᠭ ᠠᠷᠪᠠᠢ (*H. brevisubulatum*)

1. ᠲᠠᠷᠬᠠᠯᠲᠠ ᠶᠢᠨ ᠬᠡᠪᠴᠢᠶ᠎ᠡ ᠪᠠᠶᠢᠳᠠᠯ ᠮᠠᠯᠵᠢᠭᠤ ᠪᠣᠯᠤᠨ ᠤ ᠬᠡᠪᠴᠢᠶ᠎ᠡ ᠶᠢᠨ ᠲᠠᠷᠬᠠᠯᠲᠠ ᠲᠠᠢ ᠃ ᠲᠠᠷᠢᠯᠠᠭ᠎ᠠ ᠶᠢ ᠰᠢᠯᠢ ᠶᠢᠨ ᠬᠥᠷᠥᠰᠦ ᠳᠡᠭᠡᠷ᠎ᠡ ᠰᠠᠶᠢᠨ ᠤᠷᠭᠤᠨ᠎ᠠ ᠃ ᠬᠦᠢᠲᠡᠨ ᠳᠦ ᠲᠡᠰᠪᠦᠷᠢ ᠰᠠᠶᠢᠲᠠᠢ ᠃ ᠬᠠᠭᠤᠷᠠᠢ ᠳᠤ ᠲᠡᠰᠪᠦᠷᠢ ᠰᠠᠶᠢᠲᠠᠢ ᠪᠥᠭᠡᠳ ᠬᠥᠷᠥᠰᠦ ᠨᠢ ᠰᠢᠯᠲᠡᠭᠡ ᠪᠣᠯᠤᠨ ᠭᠠᠷᠰᠢᠯ ᠲᠠᠢ ᠭᠠᠵᠠᠷ ᠲᠤ ᠤᠷᠭᠤᠨ᠎ᠠ ᠃ ᠬᠥᠷᠥᠰᠦ ᠨᠢ ᠳᠦᠩ ᠤᠨ ᠪᠠ ᠰᠣᠯᠣᠩᠭᠠᠳ ᠤᠨ ᠵᠡᠷᠭᠡ ᠳᠦ ᠴᠢᠳᠠᠮᠵᠢ ᠲᠠᠢ ᠃ ᠤᠭ ᠬᠥᠷᠥᠰᠦ ᠶᠢᠨ ᠳᠠᠪᠤᠰᠤᠯᠢᠭ ᠤᠨ ᠬᠡᠮᠵᠢᠶ᠎ᠡ ᠨᠢ ᠪᠠᠭ᠎ᠠ ᠃ ᠦᠨᠳᠦᠰᠦ ᠨᠢ ᠤᠷᠲᠤ ᠪᠥᠭᠡᠳ ᠭᠦᠨ ᠳᠦ ᠨᠡᠪᠲᠡᠷᠡᠭᠰᠡᠨ ᠰᠢᠯᠪᠢ ᠨᠢ ᠣᠯᠠᠨ ᠪᠥᠭᠡᠳ ᠵᠠᠬᠠ ᠳᠤ ᠢ ᠬᠤᠪᠢᠶᠠᠷᠢᠯᠠᠨ᠎ᠠ ᠃ ᠰᠢᠯᠪᠢ ᠪᠥᠬᠦᠨ ᠨᠢ ᠬᠠᠭᠤᠷᠠᠢ ᠳᠤ ᠲᠡᠰᠪᠦᠷᠢ ᠰᠠᠶᠢᠲᠠᠢ ᠪᠣᠯᠤᠨ᠎ᠠ ᠃ ᠨᠢᠭᠡ ᠮᠢᠩᠭᠠᠨ ᠦᠷ᠎ᠡ ᠶᠢᠨ ᠵᠢᠩ ᠨᠢ 2.0 ~ 3.0 g ᠪᠣᠯᠤᠨ᠎ᠠ ᠃ ᠮᠠᠯᠵᠢᠭᠤ ᠪᠣᠯᠤᠨ ᠤ ᠮᠠᠯᠴᠢᠨ ᠤ ᠳᠡᠭᠡᠷᠡᠬᠢ ᠠᠮᠢᠲᠠᠨ ᠤ ᠳᠤᠷᠠᠲᠠᠢ ᠡᠳᠡᠭᠡᠯᠡᠬᠦ ᠣᠯᠠᠨ ᠲᠡᠵᠢᠭᠡᠯ ᠮᠥᠨ ᠃

2. ᠲᠡᠵᠢᠭᠡᠯ ᠦᠨ ᠴᠢᠨᠠᠷ ᠤᠨ ᠪᠠᠶᠢᠳᠠᠯ
ᠲᠡᠵᠢᠭᠡᠯ ᠦᠨ ᠴᠢᠨᠠᠷ ᠰᠠᠶᠢᠲᠠᠢ ᠪᠥᠭᠡᠳ ᠮᠠᠯ ᠤᠨ ᠢᠳᠡᠭᠡ ᠳᠤ ᠤᠷᠤᠭᠤᠯᠤᠨ᠎ᠠ ᠃ ᠨᠠᠭᠤᠭ᠎ᠠ ᠬᠠᠳᠠᠯᠠᠩ ᠪᠤᠶᠤ ᠨᠠᠭᠤᠭ᠎ᠠ ᠬᠠᠳᠠᠯᠠᠩ ᠤᠨ ᠳᠡᠭᠡᠷᠡᠬᠢ ᠲᠦᠯᠬᠢᠭᠦᠷ ᠰᠡᠷᠡᠯᠲᠡ ᠪᠦᠬᠦᠢ ᠃ ᠪᠣᠭᠣᠷᠢᠭᠤᠳ ᠮᠠᠯ ᠤᠨ ᠳᠤᠷᠠᠲᠠᠢ ᠃ ᠡᠪᠡᠰᠦ ᠨᠣᠭᠣᠭᠠᠨ ᠤ ᠰᠢᠮ᠎ᠡ ᠲᠡᠵᠢᠭᠡᠯ ᠪᠣᠯᠭᠠᠨ ᠠᠰᠢᠭᠯᠠᠵᠤ ᠪᠣᠯᠤᠨ᠎ᠠ ᠃

3. ᠲᠡᠵᠢᠭᠡᠯ ᠦᠨ ᠪᠦᠷᠢᠯᠳᠦᠬᠦᠨ
ᠡᠬᠡ ᠤᠷᠭᠤᠮᠠᠯ ᠤᠨ ᠠᠭᠤᠯᠭ᠎ᠠ ᠨᠢ 22.98% ᠪᠣᠯᠤᠨ᠎ᠠ ᠃

* ᠲᠠᠷᠢᠯᠠᠭ᠎ᠠ ᠶᠢᠨ ᠬᠤᠭᠤᠴᠠᠭ᠎ᠠ : 5 ᠰᠠᠷ᠎ᠠ ᠶᠢᠨ ᠳᠤᠮᠳᠠ ᠡᠴᠡ 7 ᠰᠠᠷ᠎ᠠ ᠶᠢᠨ ᠳᠤᠮᠳᠠ ᠬᠦᠷᠲᠡᠯ᠎ᠡ ᠲᠠᠷᠢᠵᠤ ᠪᠣᠯᠤᠨ᠎ᠠ ᠃

* ᠲᠠᠷᠢᠬᠤ ᠬᠡᠮᠵᠢᠶ᠎ᠡ : 30 ~ 45 kg/hm^2 ᠃

* ᠲᠠᠷᠢᠬᠤ ᠠᠷᠭ᠎ᠠ : ᠴᠤᠪᠤᠭ᠎ᠠ ᠲᠠᠷᠢᠯᠭ᠎ᠠ ᠂ ᠮᠥᠷ ᠦᠨ ᠵᠠᠢ 30 ~ 45 cm ᠂ ᠲᠠᠷᠢᠬᠤ ᠭᠦᠨ ᠨᠢ 2 ~ 4 cm ᠪᠣᠯᠤᠨ᠎ᠠ ᠃

* ᠬᠠᠳᠤᠯᠠᠬᠤ ᠪᠠ ᠬᠠᠳᠠᠭᠠᠯᠠᠬᠤ : ᠬᠠᠳᠤᠯᠠᠬᠤ ᠪᠠ ᠬᠠᠳᠠᠭᠠᠯᠠᠭᠰᠠᠨ ᠡᠪᠡᠰᠦ ᠨᠢ ᠭᠠᠯ ᠤᠨ ᠲᠤᠯᠠ ᠳᠤ ᠪᠠᠭ᠎ᠠ ᠵᠡᠷᠭᠡ ᠬᠠᠳᠠᠭᠠᠯᠠᠵᠤ ᠪᠣᠯᠤᠨ᠎ᠠ ᠃ ᠬᠠᠳᠤᠯᠠᠬᠤ ᠪᠣᠯᠪᠠᠰᠤ ᠬᠠᠳᠠᠭᠠᠯᠠᠵᠤ ᠪᠣᠯᠬᠤ ᠶᠢᠨ ᠭᠠᠳᠠᠨ᠎ᠠ ᠂ ᠰᠢᠮ᠎ᠡ ᠲᠡᠵᠢᠭᠡᠯ ᠪᠣᠯᠭᠠᠨ ᠠᠰᠢᠭᠯᠠᠵᠤ ᠪᠣᠯᠤᠨ᠎ᠠ ᠃

十四、新麦草（*Psathyrostachys juncea*）

1. 植物学与生物学特性

多年生植物。具短而粗的根状茎。秆直立，叶鞘无毛，叶片柔软，穗状花序顶生。种子千粒重2.5 g。新麦草适宜的土壤为沙壤、砾壤和砾砂壤，耐寒、耐干旱、耐盐碱、耐践踏。

2. 利用价值

茎叶柔软，适口性好，粗蛋白含量高，利用价值高，各种草食家畜都喜采食。具返青早、青绿期长的特点，并在秋季保持了较高的利用价值。

3. 栽培技术要点

＊播种时间：中国北方春、夏、秋三季均可播种，但要加强田间管理。在适宜种植春小麦的寒温带地区可以早春播种，也可以在夏天雨季播种。

＊播种量：7.5 ～ 15 kg/hm^2。

＊播种方式：条播，行距20 ～ 30 cm，播深3 ～ 5 cm。

＊管理与收获：早期适当灌溉，追施氮肥。刈牧兼用，主要为放牧利用。

＊注意事项：刈割时应考虑利用价值和再生能力。

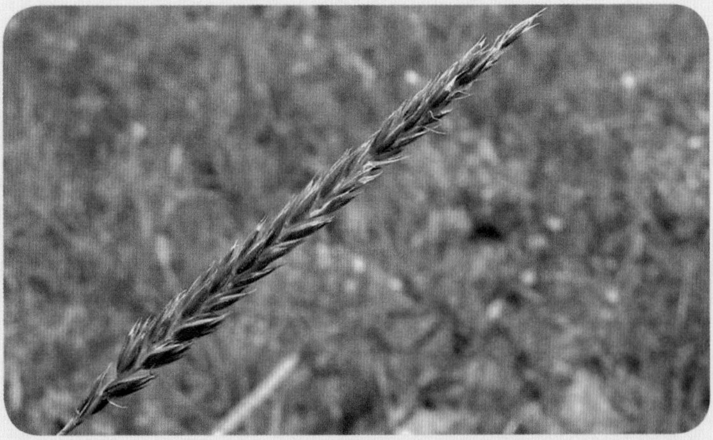

ᠰᠢᠨᠡ ᠤᠯᠠᠯᠵᠢ᠂ ᠬᠠᠯᠢᠭᠤᠨ ᠤᠯᠠᠯᠵᠢ (*Psathyrostachys juncea*)

1. ᠲᠠᠷᠢᠶᠠᠯᠠᠩ ᠤᠨ ᠲᠠᠯᠠᠪᠠᠢ ᠰᠣᠩᠭᠣᠬᠤ ᠪᠣᠯᠣᠨ ᠲᠠᠯᠠᠪᠠᠢ ᠶᠢ ᠪᠡᠯᠡᠳᠬᠡᠬᠦ ᠠᠷᠭ᠎ᠠ

ᠲᠠᠭᠠᠮ ᠰᠠᠢᠨ ᠤᠰᠤᠯᠠᠬᠤ ᠨᠥᠬᠥᠴᠡᠯ ᠲᠠᠢ ᠲᠠᠷᠢᠶᠠᠯᠠᠩ ᠢ ᠰᠣᠩᠭᠣᠨ᠎ᠠ᠃ ᠲᠠᠷᠢᠬᠤ ᠡᠴᠡ ᠡᠮᠦᠨ᠎ᠡ ᠭᠠᠵᠠᠷ ᠢ ᠭᠦᠨ ᠬᠠᠭᠠᠯᠵᠤ᠂ ᠲᠡᠭᠰᠢᠯᠡᠨ᠂ ᠨᠢᠶᠠᠴᠠᠭᠤᠯᠵᠤ᠂ ᠰᠢᠷᠣᠢ ᠶᠢ ᠨᠢ ᠨᠠᠷᠢᠯᠢᠭ ᠪᠣᠯᠭᠠᠨ᠎ᠠ᠃ ᠲᠠᠷᠢᠬᠤ ᠡᠴᠡ ᠡᠮᠦᠨ᠎ᠡ ᠦᠷ᠎ᠡ ᠶᠢ ᠨᠢ ᠰᠢᠯᠢᠨ ᠰᠣᠩᠭᠣᠬᠤ᠂ ᠮᠢᠩᠭᠠᠨ ᠦᠷ᠎ᠡ ᠶᠢᠨ ᠵᠢᠩ ᠨᠢ 2.5 g᠃ ᠦᠷ᠎ᠡ ᠲᠠᠷᠢᠬᠤ ᠡᠴᠡ ᠡᠮᠦᠨ᠎ᠡ᠂ ᠰᠠᠭᠤᠷᠢ

ᠪᠣᠳᠣᠰ ᠬᠣᠷᠣᠭᠣ ᠡᠮᠨᠡᠯᠡᠬᠦ ᠬᠡᠷᠡᠭᠲᠡᠢ᠃ ᠲᠠᠷᠢᠬᠤ ᠬᠤᠭᠤᠴᠠᠭ᠎ᠠ ᠳᠤ ᠮᠥᠷ ᠯᠡᠨ ᠲᠠᠷᠢᠬᠤ᠂ ᠴᠠᠴᠤᠨ ᠲᠠᠷᠢᠬᠤ᠂ ᠨᠢᠭᠤᠯᠠᠨ ᠲᠠᠷᠢᠬᠤ ᠲᠠᠢ ᠬᠠᠮᠲᠤ ᠲᠠᠷᠢᠬᠤ᠂ ᠲᠠᠷᠢᠬᠤ ᠠᠷᠭ᠎ᠠ

ᠬᠢᠵᠦ ᠪᠣᠯᠤᠨ᠎ᠠ᠃ ᠲᠠᠷᠢᠬᠤ ᠡᠴᠡ ᠡᠮᠦᠨ᠎ᠡ ᠡᠪᠡᠰᠦ ᠶᠢ ᠤᠰᠠᠳᠬᠠᠬᠤ᠂ ᠬᠣᠷᠣᠭᠣ ᠶᠢ ᠡᠮᠨᠡᠯᠡᠬᠦ ᠲᠠᠢ᠂ ᠬᠤᠷᠠ ᠤᠨ ᠤᠰᠤ ᠪᠠᠷ ᠤᠰᠤᠯᠠᠬᠤ ᠬᠡᠷᠡᠭᠲᠡᠢ᠃

2. ᠦᠷ᠎ᠡ ᠲᠠᠷᠢᠬᠤ ᠶᠢᠨ ᠡᠮᠦᠨ᠎ᠡ ᠪᠡᠯᠡᠳᠬᠡᠯ

ᠦᠷ᠎ᠡ ᠶᠢ ᠰᠢᠯᠢᠨ ᠰᠣᠩᠭᠣᠬᠤ ᠪᠠ ᠬᠠᠯᠢᠰᠤ ᠶᠢ ᠠᠷᠢᠯᠭᠠᠨ᠎ᠠ᠃ ᠦᠷ᠎ᠡ ᠶᠢ ᠲᠠᠷᠢᠬᠤ ᠡᠴᠡ ᠡᠮᠦᠨ᠎ᠡ ᠦᠷ᠎ᠡ ᠶᠢᠨ ᠰᠠᠭᠤᠷᠢ ᠶᠢ ᠪᠡᠯᠡᠳᠬᠡᠨ᠎ᠡ᠃

3. ᠲᠠᠷᠢᠬᠤ ᠬᠤᠭᠤᠴᠠᠭ᠎ᠠ ᠪᠠ ᠭᠦᠨ ᠲᠤᠷᠤᠯ

ᠲᠠᠷᠢᠬᠤ ᠨᠢ ᠬᠠᠪᠤᠷ᠂ ᠵᠤᠨ᠂ ᠨᠠᠮᠤᠷ ᠤᠨ ᠤᠯᠠᠷᠢᠯ ᠳᠤ ᠲᠠᠷᠢᠵᠤ ᠪᠣᠯᠤᠨ᠎ᠠ᠃ ᠬᠠᠪᠤᠷ ᠤᠨ ᠲᠠᠷᠢᠬᠤ ᠶᠢ ᠭᠠᠵᠠᠷ ᠤᠨ ᠬᠡᠮ ᠢ ᠬᠠᠷᠠᠭᠠᠯᠵᠤ ᠲᠠᠷᠢᠬᠤ ᠪᠣᠯᠤᠨ᠎ᠠ᠃

* ᠲᠠᠷᠢᠬᠤ ᠠᠷᠭ᠎ᠠ : ᠮᠥᠷᠯᠡᠨ ᠲᠠᠷᠢᠬᠤ ᠶᠢ ᠭᠣᠣᠯᠯᠠᠬᠤ᠂ ᠴᠠᠴᠤᠨ᠂ ᠨᠢᠭᠤᠯᠠᠨ ᠲᠠᠷᠢᠬᠤ ᠪᠣᠯᠤᠨ᠎ᠠ᠂ ᠬᠣᠯᠢᠮᠠᠭ ᠲᠠᠷᠢᠯᠭ᠎ᠠ ᠪᠠᠷ ᠴᠢ ᠲᠠᠷᠢᠵᠤ ᠪᠣᠯᠬᠤ᠃ ᠭᠣᠣᠯ ᠤᠨ ᠪᠡᠶ᠎ᠡ

ᠲᠠᠷᠢᠬᠤ ᠶᠢᠨ ᠲᠠᠯᠠᠪᠠᠢ ᠳᠤ ᠬᠣᠷᠣᠭᠣ ᠪᠠᠢᠬᠤ ᠶᠢᠨ ᠬᠤᠭᠤᠴᠠᠭ᠎ᠠ ᠳᠤ ᠲᠠᠷᠢᠬᠤ ᠪᠠᠷ ᠢᠶᠠᠨ ᠪᠡᠯᠡᠳᠬᠡᠯ ᠦᠨ ᠲᠠᠯᠠᠪᠠᠢ ᠶᠢᠨ ᠲᠠᠷᠢᠬᠤ ᠪᠣᠯᠤᠨ᠎ᠠ᠃

* ᠲᠠᠷᠢᠬᠤ ᠬᠡᠮᠵᠢᠶ᠎ᠡ : 7.5 ~ 15 kg/hm² ᠃

* ᠲᠠᠷᠢᠬᠤ ᠠᠷᠭ᠎ᠠ : ᠮᠥᠷᠯᠡᠨ ᠲᠠᠷᠢᠬᠤ᠂ ᠮᠥᠷ ᠤᠨ ᠵᠠᠢ ᠨᠢ 20 ~ 30 cm᠂ ᠲᠠᠷᠢᠬᠤ ᠭᠦᠨ ᠨᠢ 3 ~ 5 cm ᠪᠠᠢᠨ᠎ᠠ᠃

* ᠬᠤᠷᠢᠶᠠᠬᠤ ᠶᠢᠨ ᠬᠤᠭᠤᠴᠠᠭ᠎ᠠ : ᠦᠷ᠎ᠡ ᠶᠢᠨ ᠲᠠᠯᠠᠪᠠᠢ ᠶᠢᠨ ᠪᠣᠯᠪᠠᠰᠤᠷᠠᠭᠰᠠᠨ ᠶᠢᠨ ᠳᠠᠷᠠᠭ᠎ᠠ ᠬᠤᠷᠢᠶᠠᠬᠤ ᠬᠡᠷᠡᠭᠲᠡᠢ᠃ ᠬᠠᠳᠤᠬᠤ ᠪᠡᠷ ᠬᠠᠳᠤᠬᠤ ᠪᠣᠯᠤᠨ᠎ᠠ᠂

ᠬᠤᠷᠢᠶᠠᠬᠤ ᠳᠤ ᠬᠠᠳᠤᠯᠠᠭᠠᠳ ᠬᠠᠳᠠᠭᠠᠯᠠᠨ᠎ᠠ᠃

* ᠬᠠᠮᠠᠭᠠᠯᠠᠬᠤ ᠠᠷᠭ᠎ᠠ : ᠬᠣᠷᠣᠭᠣ ᠠᠯᠠᠬᠤ ᠪᠠ ᠦᠷ᠎ᠡ ᠲᠠᠷᠢᠬᠤ ᠶᠢᠨ ᠡᠮᠦᠨ᠎ᠡ ᠬᠣᠷᠣᠭᠣ ᠡᠮ ᠵᠢ ᠴᠠᠴᠤᠬᠤ ᠬᠡᠷᠡᠭᠲᠡᠢ᠃

十五、大看麦娘（*Alopecurus pratensis*）

1. 植物学与生物学特性

多年生植物。具短根茎。秆少数丛生，叶片上面平滑。圆锥花序圆柱状、灰绿色，花药黄色。颖果半椭圆形，千粒重0.76 ～ 0.83 g。大看麦娘对土壤和水分条件要求较高，适宜生长在湿润而寒冷地区，不耐炎热及干旱。

2. 利用价值

大看麦娘植株高大，叶量丰富，茎叶较柔嫩，饲用品质良好，利用年限较长。产量中等，适口性好，青草各种牲畜喜食。适于刈割调制干草，马、牛喜食，绵羊、山羊采食较差。

3. 栽培技术要点

＊ 播种时间：气候寒冷地区以春、夏播种为多；温暖地区以秋播为主。

＊ 播种量：15 ～ 30 kg/hm^2。

＊ 播种方式：条播，行距30 cm，覆土2 ～ 3 cm。

＊ 管理与收获：大看麦娘种子发芽率低，播前要求整地精细。苗期注意防除杂草，中耕或化学防治均可。种子成熟不齐，完熟后容易脱落，最好在花序上部种子将要脱落时收获为宜。

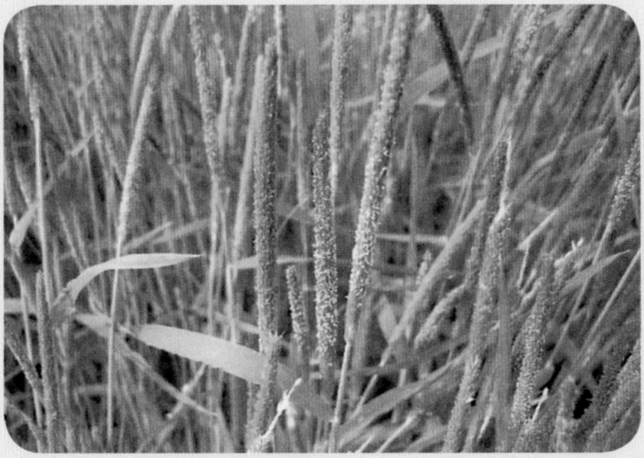

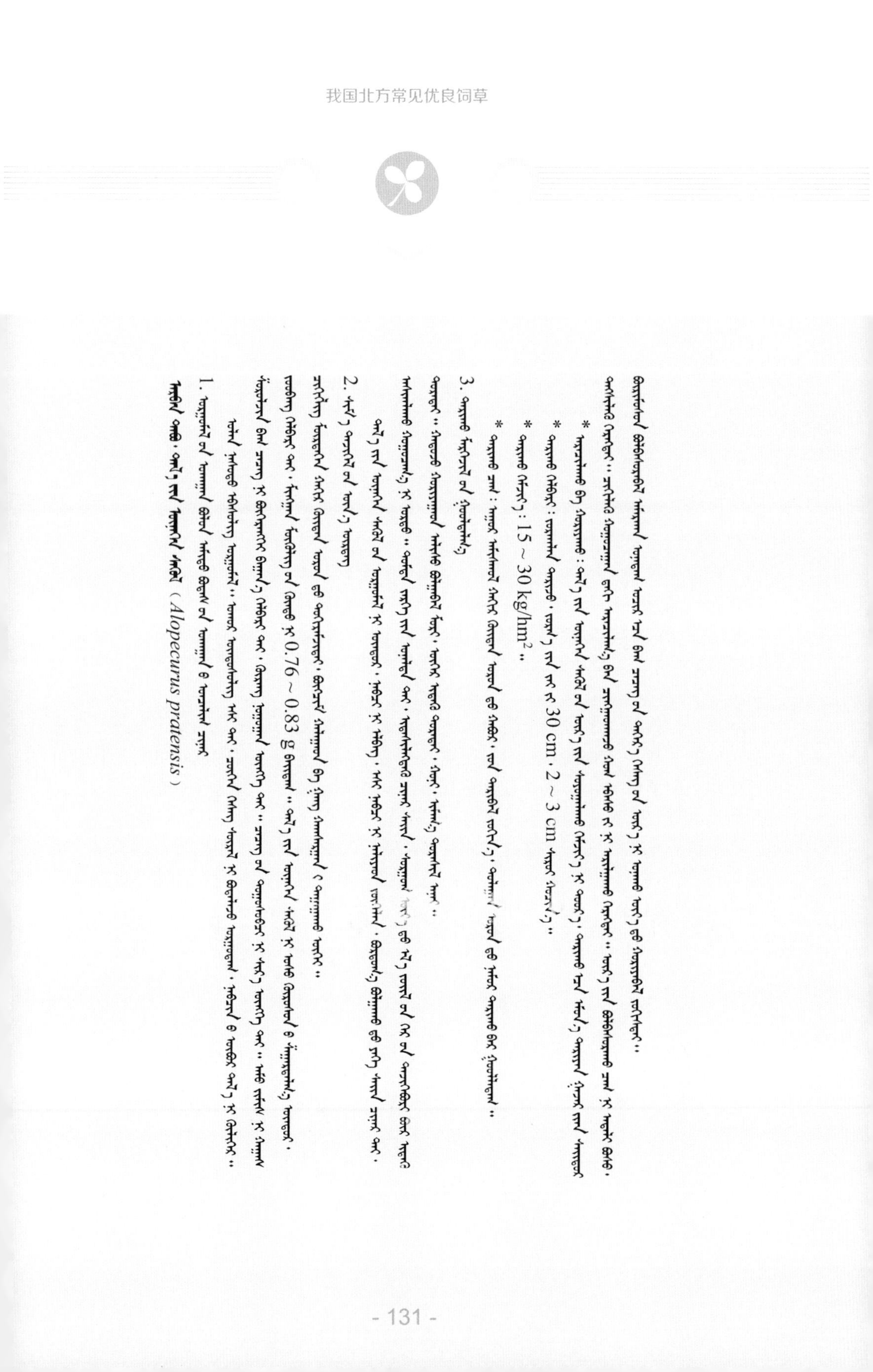

[illegible] (*Alopecurus pratensis*)

1. [illegible]

[illegible]

[illegible]

[illegible] 0.76 ~ 0.83 g [illegible]

[illegible]

2. [illegible]

[illegible]

[illegible]

3. [illegible]

* [illegible]

* [illegible]: 15 ~ 30 kg/hm^2 ::

* [illegible]: [illegible] 30 cm · 2 ~ 3 cm [illegible] ::

[illegible]

[illegible]

[illegible]

第三章　禾谷类饲草作物

我国禾谷类饲料作物资源丰富，分布最广。禾谷类饲料作物都是禾本科一年生草本植物。形态上都具有共同的特征，均为单子叶植物，植株高大，通常具有单一种根和很多须根，茎多圆柱形，通常中空有节（只有玉米、高粱的茎有髓），叶狭长，多互生，平行脉，有叶鞘，叶片与叶鞘相接处生有叶舌、叶耳（燕麦无叶耳）。花序通常多为穗状花序（如麦类、玉米雌花序为肉穗花序）和圆锥花序（如燕麦、高粱、粟及玉米雄花），花通常两性，没有花被，唯有玉米雌雄同株异花。果实通常是颖果。

禾谷类作物主要包括燕麦、大麦、黑麦、小黑麦、玉米、高粱、粟等，是家畜优良的精料、青饲和青贮料，也可粮草兼用。如玉米，有的栽培目的是收获籽粒食用，而茎叶饲用。粟类作物包括谷子、黍稷、䅟子、稗等，是粮、草、料兼用作物。莜麦、燕麦则是草料兼用。

禾谷类饲料作物籽实富含淀粉，多用作能量饲料，茎叶用作青饲料、青贮料或秸秆饲料等。作青饲料用时可青刈后直接饲喂，作青贮料时在抽穗开花期或乳（蜡）熟期青贮为佳，收获籽实后的秸秆只能作为粗饲料。

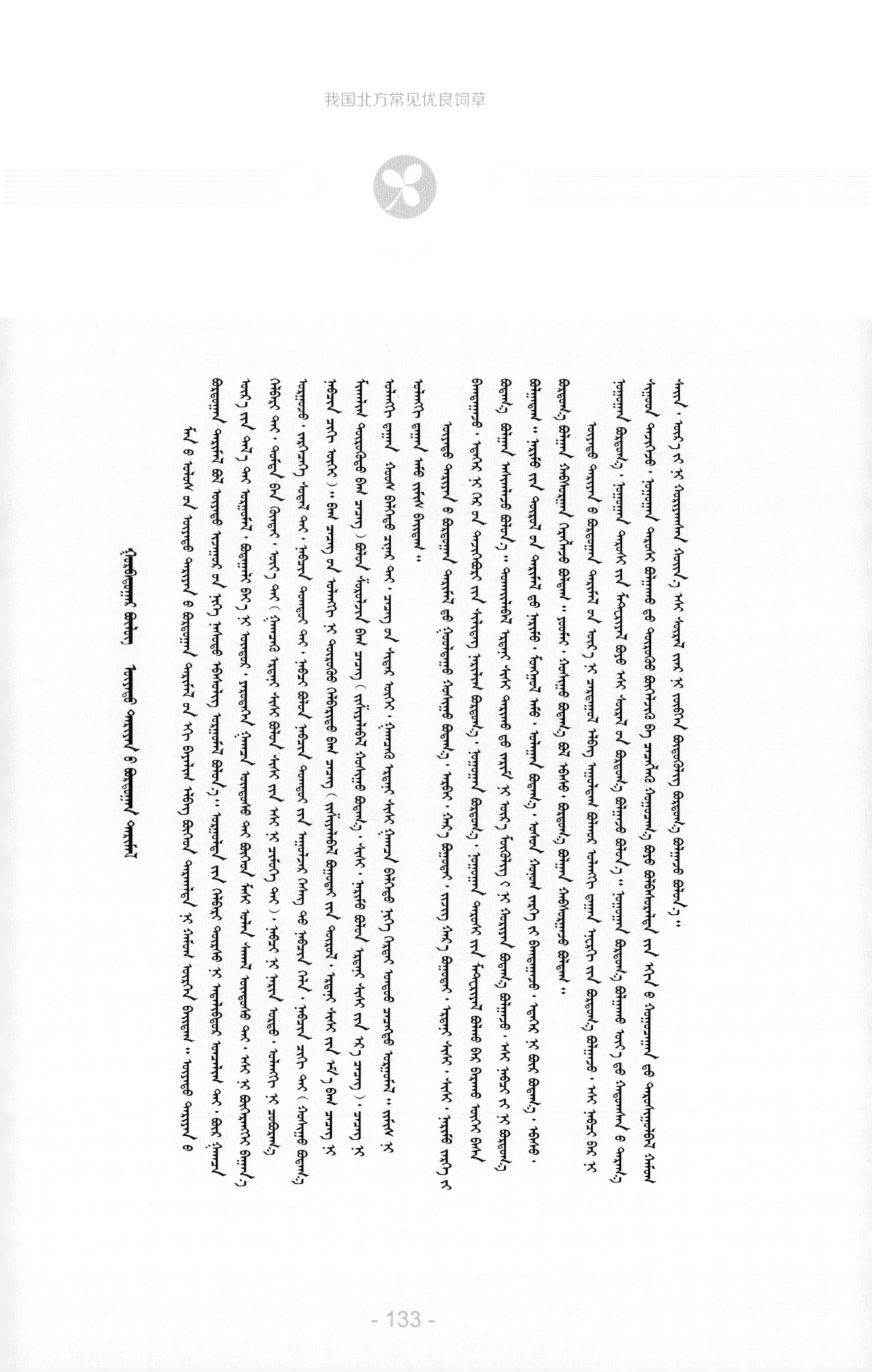

一、玉米（*Zea mays*）

1. 植物学与生物学特性

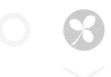

一年生植物。须根系，茎秆高大、粗壮，圆锥花序。种子颜色有白、黄、红、紫等色，大粒种子千粒重300 ～ 400 g，小粒种子千粒重50 ～ 100 g。玉米为喜温植物，适应性强。玉米对土壤要求不严，但以有机质多、排水通气好、肥沃的沙壤土上生长最好。

2. 利用价值

玉米的籽粒、茎营养丰富，是肉牛、奶牛、马、羊、猪、禽类和鱼类不可缺少的饲料。玉米整个植株都可饲用，利用率达85%以上。玉米产量高，粗蛋白质含量5% ～ 10%，纤维素少，适口性好，各种家畜都喜食。玉米的有机物质消化率较高。

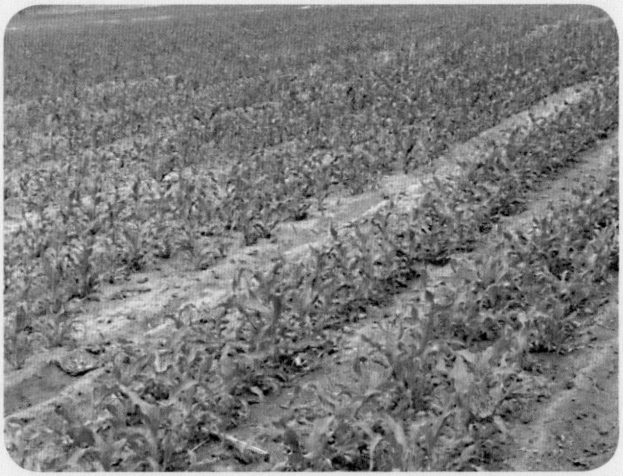

ᠰᠢᠯᠤᠰᠤ ᠲᠡᠵᠢᠭᠡᠯ ᠢ ᠡᠬᠢᠯᠡᠨ ᠲᠡᠵᠢᠭᠡᠬᠦ ᠳᠦ᠂ ᠪᠠᠭ᠎ᠠ ᠬᠡᠮᠵᠢᠶ᠎ᠡ ᠪᠡᠷ ᠡᠬᠢᠯᠡᠵᠦ᠂ ᠠᠯᠭᠤᠷ ᠨᠡᠮᠡᠭᠳᠡᠭᠦᠯᠬᠦ ᠪᠡᠷ ᠰᠤᠷᠭᠠᠭᠤᠯᠤᠨ᠎ᠠ᠂ ᠦᠬᠡᠷ ᠨᠢᠭᠡ ᠬᠣᠨᠤᠭ ᠲᠤ ᠨᠢᠭᠡ ᠲᠣᠯᠤᠭᠠᠢ ᠪᠡᠷ ᠲᠣᠭᠠᠴᠠᠭᠰᠠᠨ ᠪᠡᠶ᠎ᠡ ᠶᠢᠨ ᠵᠢᠩᠬᠦ ᠪᠡᠷ 50 ~ 100 g ᠪᠣᠯᠤᠨ᠎ᠠ :: ᠰᠢᠯᠤᠰᠤ ᠲᠡᠵᠢᠭᠡᠯ ᠢ ᠪᠤᠰᠤᠳ ᠲᠡᠵᠢᠭᠡᠯ ᠲᠡᠢ ᠬᠣᠯᠢᠵᠤ ᠲᠡᠵᠢᠭᠡᠪᠡᠯ ᠰᠠᠢᠨ ᠪᠣᠯᠤᠨ᠎ᠠ :: ᠰᠢᠯᠤᠰᠤ ᠲᠡᠵᠢᠭᠡᠯ ᠢ᠂ ᠬᠣᠨᠢ᠂ ᠢᠮᠠᠭ᠎ᠠ ᠳᠤ ᠪᠣᠯᠪᠠᠯ᠂ ᠨᠢᠭᠡ ᠮᠠᠯ ᠳᠤ ᠨᠢᠭᠡ ᠬᠣᠨᠤᠭ ᠲᠤ ᠲᠣᠭᠠᠴᠠᠭᠰᠠᠨ ᠪᠡᠶ᠎ᠡ ᠶᠢᠨ ᠵᠢᠩᠬᠦ ᠪᠡᠷ 300 ~ 400 g ᠪᠣᠯᠤᠨ᠎ᠠ᠂ ᠬᠣᠨᠢ ᠲᠡᠵᠢᠭᠡᠬᠦ ᠮᠠᠯ ᠤᠨ

ᠬᠣᠯᠢᠭ᠎ᠠ᠂ ᠡᠭᠦᠨ ᠡᠭᠦᠷ（*Zea mays*）

3. 栽培技术要点

＊ 播种时间：当土壤含水量20%左右、土壤5 cm处地温稳定通过10℃时可进行播种。一般最佳播种期为4月下旬至5月上旬，但根据土壤墒情、地温可适当调整。

＊ 播种量：30 ～ 40 kg/hm^2。

＊ 播种方式：点播，一般情况下播种深度以3 ～ 5 cm为宜，墒情较差时可适当增加播种深度。

＊ 管理与收获：施肥以有机肥为主，无机肥为辅。播种后及时灌溉出苗水，5 ～ 6叶期追苗肥，中耕除草；9 ～ 10叶期追穗肥，除草，培土，清沟。可青刈、青贮。

＊ 注意事项：病虫害防治优先选用生物菌剂，或低毒、低残留、低用量化学农药。

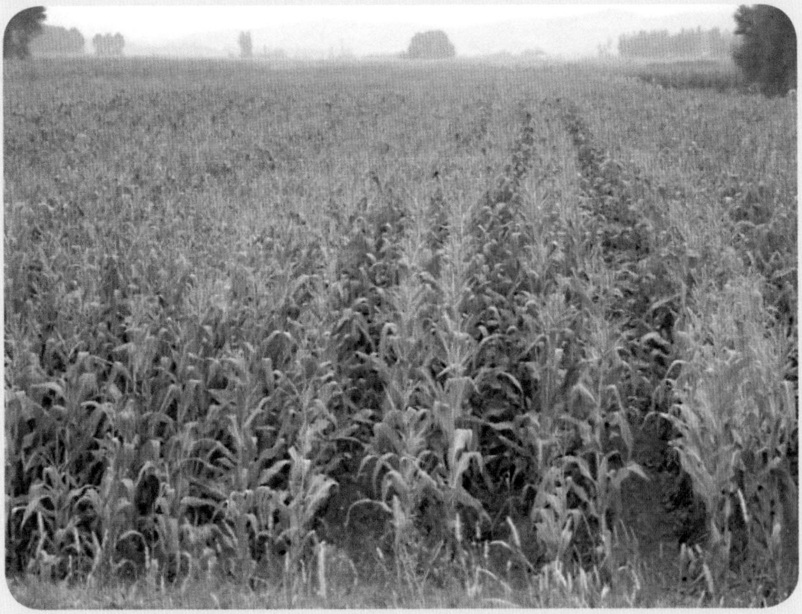

3. ᠲᠠᠷᠢᠬᠤ ᠠᠷᠭ᠎ᠠ ᠶᠢᠨ ᠲᠣᠭᠲᠠᠭᠠᠯ

* ᠲᠠᠷᠢᠬᠤ ᠴᠠᠭ: ᠬᠥᠷᠥᠰᠦᠨ ᠦ ᠴᠢᠭ ᠦᠨ ᠬᠡᠮᠵᠢᠶ᠎ᠡ 20% ᠬᠦᠷᠴᠡᠢ ᠪᠠᠢᠬᠤ᠂ ᠬᠥᠷᠥᠰᠦᠨ ᠦ ᠭᠦᠨ ᠳᠡᠭᠡᠨ ᠦ 5cm ᠭᠦᠨ ᠳᠦ ᠬᠥᠷᠥᠰᠦᠨ ᠦ ᠳᠤᠯᠠᠭᠠᠨ ᠤ ᠬᠡᠮ ᠲᠣᠭᠲᠠᠪᠤᠷᠢᠵᠢᠭᠰᠠᠨ 10°C ᠳᠤ ᠬᠦᠷᠦᠭᠰᠡᠨ ᠦ ᠳᠠᠷᠠᠭ᠎ᠠ ᠲᠠᠷᠢᠬᠤ ᠪᠣᠯᠤᠨ᠎ᠠ᠃ ᠬᠠᠪᠤᠷ ᠤᠨ ᠲᠠᠷᠢᠯᠭ᠎ᠠ ᠶᠢ 4 ᠰᠠᠷ᠎ᠠ ᠶᠢᠨ ᠳᠣᠣᠷ᠎ᠠ ᠠᠷᠪᠠᠨ ᠡᠴᠡ 5 ᠰᠠᠷ᠎ᠠ ᠶᠢᠨ ᠳᠡᠭᠡᠷ᠎ᠡ ᠠᠷᠪᠠᠨ ᠳᠤ ᠬᠢᠪᠡᠯ ᠰᠠᠢᠨ᠂ ᠵᠤᠨ ᠤ ᠲᠠᠷᠢᠯᠭ᠎ᠠ ᠶᠢ ᠬᠤᠷ᠎ᠠ ᠵᠦᠢᠯ ᠦᠨ ᠪᠠᠢᠳᠠᠯ ᠢ ᠬᠠᠷᠠᠭᠠᠯᠵᠠᠨ ᠲᠠᠷᠢᠬᠤ ᠴᠠᠭ ᠢ ᠲᠣᠭᠲᠠᠭᠠᠬᠤ ᠪᠣᠯᠤᠨ᠎ᠠ᠃

* ᠲᠠᠷᠢᠬᠤ ᠬᠡᠮᠵᠢᠶ᠎ᠡ: 30 ~ 40 kg/hm²᠃

* ᠲᠠᠷᠢᠬᠤ ᠭᠦᠨ: ᠬᠥᠩᠭᠡᠨ ᠲᠠᠷᠢᠬᠤ᠂ 3 ~ 5 cm ᠭᠦᠨ ᠲᠠᠷᠢᠭᠠᠳ᠂ ᠲᠠᠷᠢᠭᠰᠠᠨ ᠤ ᠬᠣᠶᠢᠨ᠎ᠠ ᠭᠦᠨ ᠲᠠᠷᠢᠯᠭ᠎ᠠ ᠳᠠᠷᠤᠬᠤ ᠬᠡᠷᠡᠭᠲᠡᠢ ᠪᠣᠯᠤᠨ᠎ᠠ᠃

* ᠲᠠᠷᠢᠬᠤ ᠠᠷᠭ᠎ᠠ: ᠮᠥᠷ ᠲᠠᠷᠢᠯᠭ᠎ᠠ ᠪᠠ ᠴᠠᠴᠤᠯᠠᠨ ᠲᠠᠷᠢᠯᠭ᠎ᠠ ᠬᠢᠵᠦ ᠪᠣᠯᠬᠤ᠂ ᠮᠥᠷ ᠲᠠᠷᠢᠯᠭ᠎ᠠ ᠶᠢ ᠣᠯᠠᠨ ᠬᠡᠷᠡᠭᠯᠡᠳᠡᠭ ᠪᠣᠯᠤᠨ᠎ᠠ᠃ ᠲᠠᠷᠢᠯᠭ᠎ᠠ ᠶᠢᠨ ᠮᠥᠷ ᠤᠨ ᠵᠠᠢ 9 ~ 10 ᠲᠠᠷᠢᠯᠭ᠎ᠠ ᠶᠢᠨ ᠮᠥᠷ ᠤᠨ ᠵᠠᠢ ᠶᠢ ᠲᠣᠭᠲᠠᠭᠠᠬᠤ᠂ ᠮᠥᠷ ᠤᠨ ᠵᠠᠢ ᠨᠢ ᠵᠢᠷᠤᠮ᠂ ᠬᠡᠪ ᠦᠨ ᠵᠢᠭᠰᠠᠭᠠᠯ ᠤᠨ ᠪᠠᠢᠳᠠᠯ ᠢᠶᠠᠷ ᠲᠣᠭᠲᠠᠭᠠᠨ᠎ᠠ᠃ ᠬᠣᠯᠢᠮᠠᠭ ᠲᠠᠷᠢᠯᠭ᠎ᠠ ᠶᠢᠨ ᠮᠥᠷ ᠤᠨ ᠵᠠᠢ ᠨᠢ ᠡᠶᠢᠯᠡᠴᠡ ᠪᠠᠭ᠎ᠠ ᠪᠢᠰᠢ 5 ~ 6 ᠲᠠᠷᠢᠯᠭ᠎ᠠ ᠶᠢᠨ ᠮᠥᠷ ᠤᠨ ᠵᠠᠢ ᠶᠢ ᠲᠣᠭᠲᠠᠭᠠᠬᠤ ᠬᠡᠷᠡᠭᠲᠡᠢ ᠪᠠᠢᠳᠠᠭ ᠪᠣᠯᠤᠨ᠎ᠠ᠃

* ᠲᠠᠷᠢᠬᠤ ᠶᠢᠨ ᠡᠮᠦᠨ᠎ᠡ: ᠦᠷ᠎ᠡ ᠶᠢ ᠨᠠᠷᠠᠨ ᠳᠤ ᠬᠠᠲᠠᠭᠠᠬᠤ᠂ ᠬᠠᠯᠢᠰᠤ ᠶᠢ ᠨᠢ ᠵᠢᠯᠦᠭᠡᠯᠡᠬᠦ᠂ ᠦᠷ᠎ᠡ ᠶᠢ ᠰᠣᠩᠭᠣᠨ ᠰᠢᠯᠢᠬᠦ ᠡᠰᠡᠬᠦ ᠳᠦ ᠬᠣᠷᠣ ᠦᠭᠡᠢ ᠪᠤᠯᠭᠠᠬᠤ ᠪᠣᠯᠤᠨ᠎ᠠ᠃

ᠰᠢᠨ ᠡᠴᠡ ᠪᠡᠷ ᠬᠠᠮᠠᠭᠠᠯᠠᠬᠤ ᠪᠣᠯᠤᠨ᠎ᠠ᠃

二、燕麦（*Avena sativa*）

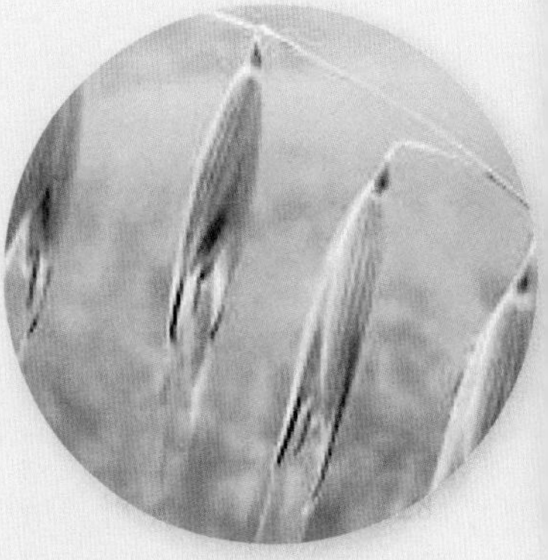

1. 植物学与生物学特性

一年生植物。须根系，根系发达。茎直立，光滑。叶片宽而平展，圆锥花序。颖果纺锤形，千粒重20 ~ 40 g。燕麦最适宜生长在气候凉爽、雨量充沛的地区，抗旱、耐冷、耐瘠薄。

2. 利用价值

燕麦籽粒中含有丰富的脂肪、蛋白质和矿物质，抗氧化成分含量和质量都很高。燕麦的茎秆和叶片水分含量大且比较柔软，粗纤维含量少，脂肪、蛋白质、可消化纤维的含量远远大于其他谷物的秸秆，是牲畜喜爱的饲草。

3. 栽培技术要点

* 播种时间：以5月下旬至6月中旬为宜。
* 播种量：150 ~ 225 kg/hm^2。
* 播种方式：条播，行距15 ~ 30 cm，播种深度5 ~ 6 cm。
* 管理与收获：出苗封垄前，土壤出现板结应及时中耕。分蘖期2，4-D丁酯乳油除杂，拔节期追施尿素、磷酸钾。成熟可青刈、青贮、晒制干草。
* 注意事项：遭遇大雨天气或地块中出现积水要及时排水。

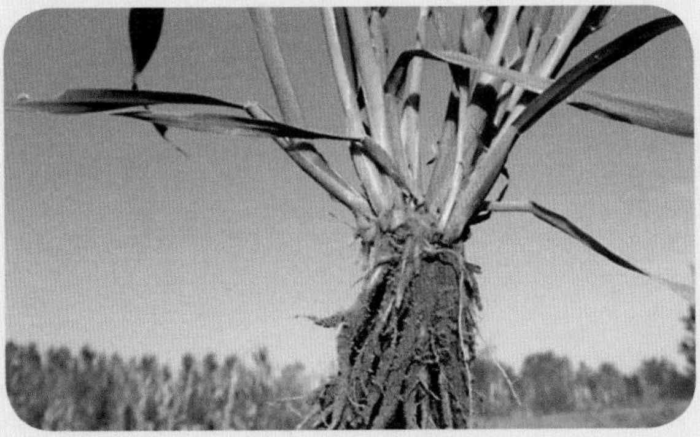

ᠰᠤᠯᠠ᠂ ᠰᠠᠯᠠᠭᠠᠲᠤ ᠪᠤᠳᠠᠭ᠎ᠠ (*Avena sativa*)

1. ᠲᠠᠷᠬᠠᠯᠲᠠ ᠶᠢᠨ ᠲᠠᠷᠢᠶᠠᠨ ᠪᠣᠯᠤᠨ ᠰᠣᠶᠣᠯ ᠤᠨ ᠲᠠᠷᠢᠶᠠᠨ ᠤ ᠲᠠᠷᠬᠠᠯᠲᠠ

ᠪᠦᠬᠦ ᠳᠡᠯᠡᠬᠡᠢ ᠰᠠᠯᠠᠭᠠᠲᠤ ᠭᠠᠵᠠᠷ᠂ ᠬᠣᠶᠠᠷ ᠲᠤᠰᠬᠠᠢ ᠲᠠᠷᠢᠶᠠᠯᠠᠩ ᠤᠨ ᠦᠨᠳᠦᠰᠦᠨ ᠤ ᠵᠢᠷᠤᠮ :: ᠭᠦᠨ ᠨᠢ ᠲᠠᠷᠢᠶᠠᠯᠠᠩ ᠤᠨ ᠲᠠᠯᠠᠪᠠᠢ ᠢ ᠳᠡᠭᠡᠷᠡᠬᠢ ᠶᠢᠨ ᠰᠠᠯᠠᠭᠠᠲᠤ ᠪᠤᠳᠠᠭ᠎ᠠ ᠶᠢᠨ ᠬᠡᠮᠵᠢᠶ᠎ᠡ ᠳᠠᠭᠠᠨ ᠮᠢᠩᠭ᠎ᠠ ᠦᠷ᠎ᠡ ᠶᠢᠨ ᠵᠢᠩ ᠢ 20 ~ 40 g ᠪᠣᠯᠳᠠᠭ :: ᠰᠠᠯᠠᠭᠠᠲᠤ ᠪᠤᠳᠠᠭ᠎ᠠ ᠶᠢᠨ ᠮᠠᠯ ᠤᠨ ᠲᠡᠵᠢᠭᠡᠯ ᠤᠨ ᠦᠷᠡᠵᠢᠭᠦᠯᠦᠨ᠎ᠡ :: ᠰᠠᠯᠠᠭᠠᠲᠤ ᠪᠤᠳᠠᠭ᠎ᠠ ᠶᠢᠨ ᠦᠷ᠎ᠡ ᠨᠢ ᠲᠡᠵᠢᠭᠡᠯ ᠦᠨ ᠰᠢᠯᠢᠳᠡᠭ ᠪᠣᠯᠭᠠᠨ᠎ᠠ

2. ᠰᠢᠨᠵᠢ ᠴᠢᠨᠠᠷ ᠤᠨ ᠣᠨᠴᠠᠯᠢᠭ

ᠰᠠᠯᠠᠭᠠᠲᠤ ᠪᠤᠳᠠᠭ᠎ᠠ ᠶᠢᠨ ᠬᠠᠷᠢᠴᠠᠩᠭᠤᠢ ᠪᠠᠭ᠎ᠠ ᠲᠡᠮᠳᠡᠭ ᠲᠡᠰᠪᠦᠷᠢ ᠲᠡᠰᠪᠦᠷᠢ ᠶᠢ ᠲᠡᠰᠬᠡᠷ᠎ᠡ᠂ ᠬᠦᠢᠲᠡᠨ ᠳᠦ ᠲᠡᠰᠪᠦᠷᠢ᠂ ᠭᠠᠩ ᠬᠤᠷᠠ ᠳᠤ ᠳᠤᠷᠠᠲᠠᠢ ᠪᠠᠢᠨ᠎ᠠ :: ᠰᠠᠯᠠᠭᠠᠲᠤ ᠪᠤᠳᠠᠭ᠎ᠠ ᠶᠢᠨ ᠮᠠᠯ ᠤᠨ ᠲᠡᠵᠢᠭᠡᠯ᠂ ᠲᠦᠯᠢᠰᠦ᠂ ᠬᠠᠳᠠᠭᠠᠯᠠᠬᠤ᠂ ᠡᠳᠡᠭᠡᠷᠡᠭᠦᠯᠬᠦ ᠵᠡᠷᠭᠡ ᠶᠢᠨ ᠬᠡᠷᠡᠭᠯᠡᠬᠦ ᠮᠦᠷᠲᠡᠭᠡ ᠶᠢᠨ ᠪᠠᠷᠤᠭ᠎ᠠ ᠵᠢᠷᠤᠮ ᠢ ᠬᠣᠣᠰᠯᠠᠨ ᠬᠡᠷᠡᠭᠯᠡᠬᠦ ᠮᠦᠷᠲᠡᠭᠡ ᠶᠢᠨ ᠪᠦᠲᠦᠭᠡᠭᠳᠡᠬᠦᠨ ᠪᠠᠢᠭᠤᠯᠬᠤ ᠪᠣᠯᠤᠨ᠎ᠠ ::

3. ᠲᠠᠷᠢᠬᠤ ᠲᠡᠬᠨᠢᠭ ᠦᠨ ᠱᠠᠭᠠᠷᠳᠯᠠᠭ᠎ᠠ

* ᠲᠠᠷᠢᠬᠤ ᠴᠠᠭ : 5 ᠰᠠᠷ᠎ᠠ ᠶᠢᠨ ᠳᠤᠮᠳᠠ ᠡᠴᠡ 6 ᠰᠠᠷ᠎ᠠ ᠶᠢᠨ ᠡᠬᠢᠨ ᠦ ᠬᠠᠭᠠᠰ ᠲᠠᠷᠢᠬᠤ ᠪᠣᠯᠤᠨ᠎ᠠ ::

* ᠲᠠᠷᠢᠬᠤ ᠬᠡᠮᠵᠢᠶ᠎ᠡ : 150 ~ 225 kg/hm^2 ::

* ᠲᠠᠷᠢᠬᠤ ᠠᠷᠭ᠎ᠠ : ᠮᠥᠷᠳᠡᠭᠡᠨ ᠲᠠᠷᠢᠬᠤ᠂ ᠮᠥᠷ ᠤᠨ ᠵᠠᠢ ᠨᠢ 15 ~ 30 cm᠂ ᠲᠠᠷᠢᠬᠤ ᠭᠦᠨ ᠨᠢ 5 ~ 6 cm ᠪᠣᠯᠭᠠᠨ᠎ᠠ ::

* ᠮᠠᠯᠲᠠᠭᠠᠯᠠᠬᠤ ᠪᠠ ᠬᠣᠷᠤᠭᠤᠯᠬᠤ : ᠨᠠᠮᠤᠷ ᠬᠠᠪᠤᠷ ᠤᠨ ᠲᠠᠷᠢᠶᠠᠨ ᠤ ᠲᠠᠯᠠᠪᠠᠢ ᠳᠤ ᠬᠣᠭ ᠨᠣᠭᠣᠭ᠎ᠠ ᠶᠢ ᠣᠷᠤᠭᠤᠯᠬᠤ ᠲᠡᠭᠡᠮᠡᠯ ᠬᠡᠷᠡᠭᠲᠡᠢ :: ᠬᠣᠷᠤᠭᠤᠯᠬᠤ ᠡᠮ ᠦᠨ 2,4-D ᠪᠣᠯᠤᠨ ᠰᠣᠨᠭᠣᠯᠲᠠ ᠶᠢᠨ ᠳᠣᠲᠣᠷ᠎ᠠ ᠬᠡᠷᠡᠭᠯᠡᠵᠦ ᠪᠣᠯᠬᠤ ᠪᠠ ᠰᠠᠢᠨ ᠨᠢᠭᠡ ᠰᠢᠷᠬᠡᠭ ᠲᠦ ᠮᠡᠳᠡᠭᠡᠯᠡᠬᠦ ᠬᠡᠷᠡᠭᠲᠡᠢ ::

* ᠬᠠᠳᠠᠬᠤ ᠴᠠᠭ : ᠨᠢᠭᠡ ᠪᠤᠳᠠᠭ᠎ᠠ ᠪᠠᠷ ᠲᠠᠷᠢᠶᠠᠨ ᠲᠡᠵᠢᠭᠡᠯ ᠪᠣᠯᠭᠠᠬᠤ ᠳᠤ ᠲᠠᠷᠢᠬᠤ ᠬᠡᠷᠡᠭᠲᠡᠢ :: ᠪᠣᠯᠪᠠᠰᠤᠷᠠᠭᠰᠠᠨ ᠲᠠᠷᠢᠶᠠᠨ ᠲᠠᠨ ᠰᠠᠷᠠᠯᠵᠢᠭᠤᠯᠬᠤ ᠪᠣᠯᠤᠨ ᠨᠠᠮᠤᠷ ᠬᠣᠷᠢᠶᠠᠬᠤ ᠪᠣᠯᠤᠨ᠎ᠠ ::

三、高粱（*Sorghum bicolor*）

1. 植物学与生物学特性

一年生植物。须根系，茎直立，叶片线形至线状披针形，圆锥花序。种子成圆形或倒卵形，有红褐色、淡黄、白色等，千粒重20～30 g。高粱为喜温作物，耐热、抗旱、耐涝、较耐贫瘠和耐盐碱。

2. 利用价值

饲用价值高，草料兼用，适口性好。存在的问题是含有氢氰酸，过量采食容易中毒。

3. 栽培技术要点

＊ 播种时间：春播，一般在4月中下旬适墒播种。夏播，应在麦收后抢茬适墒早播。

＊ 播种量：5.25～6 kg/hm^2。

＊ 播种方式：精量机播，等行距（50～60 cm）或宽窄行（宽行距70～80 cm，窄行距30～40 cm）种植。播深2～3 cm，一次性完成播种、施肥、覆土、镇压作业。

＊ 管理与收获：播后苗前喷除草剂。在拔节期结合中耕进行追肥，追施尿素150～225 kg/hm^2，追施深度6～8 cm。

＊ 注意事项：在孕穗至灌浆期如遇干旱应及时灌水，田间积水时应及时排水。

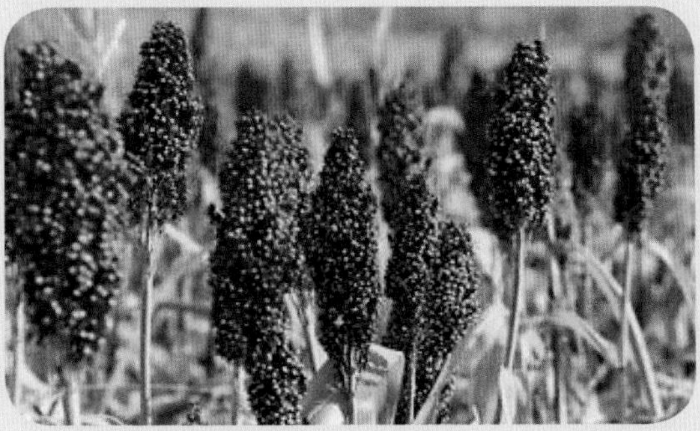

ᠰᠣᠷᠭᠣ᠂ ᠰᠢᠯᠢᠮ (*Sorghum bicolor*)

ᠬᠠᠷᠢ ᠬᠠᠯᠠᠭᠤᠨ ᠳᠤᠷᠠᠲᠠᠢ᠂ ᠬᠠᠭᠤᠷᠠᠢ ᠬᠠᠯᠠᠭᠤᠨ ᠢ ᠳᠠᠭᠠᠭᠠᠳ ᠴᠢᠳᠠᠨ᠎ᠠ᠂ ᠬᠠᠭᠤᠷᠠᠢ ᠳᠤ ᠲᠡᠰᠪᠦᠷᠢ ᠰᠠᠢᠲᠠᠢ᠂ ᠰᠢᠷᠣᠢ ᠳᠤ ᠲᠠᠭᠠᠷᠠᠬᠤ ᠴᠢᠨᠠᠷ ᠰᠠᠢᠲᠠᠢ ᠪᠠᠢᠳᠠᠭ᠂ ᠪᠦᠬᠦ ᠲᠥᠷᠥᠯ ᠦᠨ ᠬᠥᠷᠥᠰᠦ ᠳᠦ ᠲᠠᠷᠢᠵᠤ ᠪᠣᠯᠬᠤ ᠠᠪᠤᠴᠤ᠂ ᠲᠠᠷᠢᠯᠠᠩ ᠤᠨ ᠭᠠᠵᠠᠷ ᠤᠨ ᠬᠦᠷᠢᠶᠡᠨ ᠳᠦ ᠰᠠᠢᠨ ᠬᠥᠷᠥᠰᠦ ᠲᠡᠢ ᠭᠠᠵᠠᠷ ᠢ ᠰᠣᠩᠭᠣᠵᠤ ᠲᠠᠷᠢᠪᠠᠯ ᠰᠠᠢᠨ ᠃ ᠦᠷ᠎ᠡ ᠶᠢᠨ ᠤᠷᠭᠤᠯᠳᠠ ᠳᠤ ᠲᠣᠬᠢᠷᠠᠬᠤ ᠲᠣᠭᠣᠷᠢᠯ ᠳᠤ ᠮᠢᠩᠭ᠎ᠠ ᠦᠷ᠎ᠡ ᠶᠢᠨ ᠪᠦᠲᠦᠭᠡ ᠨᠢ 20 ~ 30 g ᠪᠣᠯᠤᠨ᠎ᠠ ᠃ ᠬᠠᠷᠢ ᠬᠤᠷ᠎ᠠ ᠶᠢ ᠲᠡᠰᠪᠦᠷᠢᠯᠡᠬᠦ ᠴᠢᠨᠠᠷ ᠲᠠᠢ᠂ ᠬᠠᠭᠤᠷᠠᠢ ᠳᠤ ᠲᠡᠰᠪᠦᠷᠢ ᠰᠠᠢᠲᠠᠢ ᠪᠣᠯᠤᠨ ᠲᠠᠷᠢᠯᠠᠩ ᠤᠨ ᠠᠮᠢᠳᠤᠷᠠᠯ ᠃

* ᠲᠠᠷᠢᠬᠤ ᠬᠡᠮᠵᠢᠶ᠎ᠡ: 5.25 ~ 6 kg/hm² ᠃

* ᠲᠠᠷᠢᠬᠤ ᠠᠷᠭ᠎ᠠ: ᠮᠥᠷ ᠬᠣᠭᠣᠷᠣᠨᠳᠣ ᠵᠠᠢ ᠨᠢ (50 ~ 60 cm) ᠪᠣᠯᠬᠤ ᠪᠠ ᠬᠣᠣᠰ ᠮᠥᠷ ᠢᠶᠡᠷ ᠲᠠᠷᠢᠪᠠᠯ (ᠬᠣᠣᠰ ᠮᠥᠷ ᠤᠨ ᠵᠠᠢ 70 ~ 80 cm，ᠬᠣᠣᠰ ᠮᠥᠷ ᠤᠨ ᠵᠠᠢ 30 ~ 40 cm) ᠪᠣᠯᠤᠨ᠎ᠠ ᠃ ᠲᠠᠷᠢᠬᠤ ᠭᠦᠨ ᠨᠢ 2 ~ 3 cm ᠪᠠᠢᠬᠤ ᠪᠣᠯᠤᠨ᠎ᠠ᠂ ᠲᠠᠷᠢᠭᠠᠳ᠂ ᠳᠠᠷᠤᠭᠤᠯᠤᠨ ᠬᠤᠷᠢᠶᠠᠯᠲᠠ ᠶᠢ ᠡᠴᠡᠰ ᠦᠨ ᠬᠤᠷᠢᠶᠠᠵᠤ ᠪᠣᠯᠬᠤ ᠪᠠᠢᠳᠠᠯ ᠲᠠᠢ ᠪᠣᠯᠭᠠᠨ᠎ᠠ ᠃

* ᠲᠠᠷᠢᠯᠠᠩ ᠤᠨ ᠮᠠᠨᠠᠭᠠᠯᠠᠯᠲᠠ: ᠨᠠᠯᠢᠶᠠᠷ ᠤᠨ ᠪᠣᠳᠣᠭ ᠢ ᠲᠠᠷᠢᠬᠤ ᠶᠢᠨ ᠡᠮᠦᠨ᠎ᠡ ᠵᠢᠭᠠᠬᠤ ᠬᠡᠷᠡᠭᠲᠡᠢ ᠠᠷᠢᠯᠭᠠᠬᠤ ᠪᠣᠯᠤᠨ᠎ᠠ ᠃ ᠨᠠᠯᠢᠶᠠᠷ ᠤᠨ ᠮᠠᠨᠠᠭᠠᠯᠠᠯᠲᠠ ᠶᠢᠨ ᠨᠠᠰᠤᠨ 6 ~ 8 cm ᠪᠣᠯᠬᠤ ᠬᠣᠭᠣᠷᠣᠨᠳᠣ ᠨᠢ 150 ~ 225 kg/hm² ᠦᠷᠭᠦᠵᠢᠯᠦᠯᠬᠦ ᠪᠣᠯᠤᠨ᠎ᠠ ᠃

四、黑麦（*Secale cereale*）

1. 植物学与生物学特性

一年或越年生植物。须根发达。茎直立、粗壮，分蘖力强。叶扁平，细小。穗状花序顶生，紧密。颖果细长，呈卵形，红褐色或暗褐色，千粒重6～8 g。黑麦喜冷凉气候，耐寒、抗旱，不耐高温、不耐涝、不耐盐碱。

2. 利用价值

黑麦草质柔嫩，适口性好。幼嫩的黑麦草粗蛋白含量高达20%以上，粗纤维含量较低，富含多种矿物质和微量元素，是牛、羊、兔、猪、鹅、鱼等喜食牧草。

3. 栽培技术要点

* 播种时间：高海拔、寒冷地区采用春播，播期4月中旬至5月上旬。

* 播种量：120～188 kg/hm^2。

* 播种方式：条播，行距30～35 cm，播种深度3～5 cm，播后镇压。

* 管理与收获：黑麦分蘖末期除杂，72%的2，4-D丁酯乳油600～800 mL加水350～450 kg稀释后均匀喷洒或喷雾。80%以上种子成熟后收获。

* 注意事项：黑麦生长期易感蚜虫，应注意防治。

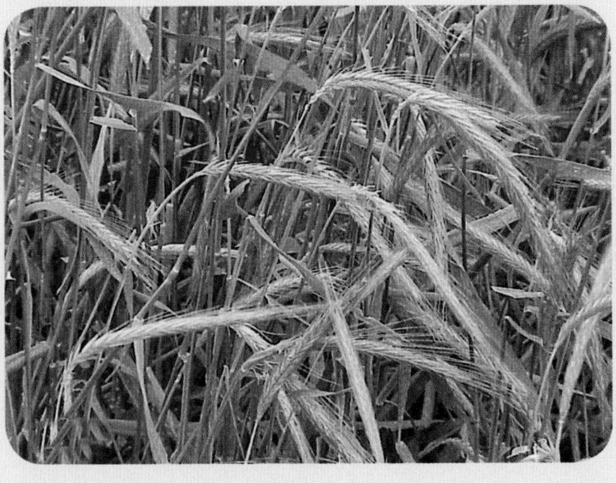

ᠡᠪᠡᠰᠦ · ᠬᠠᠷ᠎ᠠ ᠲᠠᠷᠢᠶ᠎ᠠ （*Secale cereale*）

ᠴᠢᠬᠤᠯᠠ ᠃ ᠦᠷ᠎ᠡ ᠶᠢ ᠰᠣᠩᠭᠣᠬᠤ ᠳᠤ ᠳᠦᠭᠦᠷᠴᠡ ᠂ ᠲᠣᠮᠣ ᠦᠷ᠎ᠡ ᠶᠢ ᠰᠣᠩᠭᠣᠵᠤ ᠂ ᠮᲢᠩᠭᠠᠨ ᠦᠷ᠎ᠡ ᠶᠢᠨ ᠵᠢᠩ 6 ~ 8 g ᠪᠣᠯᠭᠠᠨ᠎ᠠ ᠃ ᠬᠠᠷ᠎ᠠ ᠲᠠᠷᠢᠶ᠎ᠠ ᠶᠢᠨ ᠦᠷ᠎ᠡ ᠶᠢ ᠲᠠᠷᠢᠬᠤ ᠡᠴᠡ ᠡᠮᠦᠨ᠎ᠡ ᠂ ᠦᠷ᠎ᠡ ᠶᠢ ᠨᠠᠷᠠᠨ ᠳᠤ

* ᠲᠠᠷᠢᠬᠤ ᠬᠡᠮᠵᠢᠶ᠎ᠡ : 120 ~ 188 kg/hm^2 ᠃

* ᠲᠠᠷᠢᠬᠤ ᠠᠷᠭ᠎ᠠ : ᠮᠥᠷ ᠲᠠᠷᠢᠬᠤ ᠂ ᠮᠥᠷ ᠦᠨ ᠬᠣᠭᠣᠷᠣᠨᠳᠤ ᠶᠢᠨ ᠵᠠᠢ 30 ~ 35 cm ᠂ ᠲᠠᠷᠢᠬᠤ ᠭᠦᠨ ᠢ 3 ~ 5 cm ᠪᠣᠯᠭᠠᠬᠤ ᠂ ᠲᠠᠷᠢᠭᠰᠠᠨ ᠤ ᠳᠠᠷᠠᠭ᠎ᠠ ᠳᠠᠷᠤᠨ᠎ᠠ ᠃

* ᠬᠣᠬᠢᠷᠠᠭᠤᠯᠤᠭᠴᠢ ᠪᠣᠳᠠᠰ ᠢ ᠠᠷᠢᠯᠭᠠᠬᠤ : ᠬᠠᠷ᠎ᠠ ᠲᠠᠷᠢᠶ᠎ᠠ ᠶᠢ ᠪᠣᠯᠪᠠᠰᠤᠷᠠᠬᠤ ᠦᠶ᠎ᠡ ᠶᠢᠨ ᠬᠣᠭᠣᠷᠣᠨᠳᠤ ᠡᠮ ᠴᠠᠴᠤᠵᠤ ᠠᠷᠢᠯᠭᠠᠨ᠎ᠠ ᠃ 72% ᠤᠨ 2,4-D ᠪᠤᠲᠢᠯ ᠡᠰᠲᠧᠷ

ᠤᠨ ᠨᠣᠭᠣᠭᠠᠨ ᠡᠮ 600 ~ 800mL ᠪᠤᠶᠤ 350 ~ 450 kg ᠤᠰᠤᠨ ᠳᠤ ᠨᠡᠢᠯᠡᠭᠦᠯᠦᠨ ᠴᠠᠴᠤᠵᠤ ᠠᠷᠢᠯᠭᠠᠨ᠎ᠠ ᠃ 80% ᠤᠨ ᠳᠢᠶᠣᠷᠣᠨ ᠤᠰᠤ

五、小黑麦（*Triticale hexaploide*）

1. 植物学与生物学特性

一年生植物。须根系，根系发达。茎秆直立，叶片扁平、宽厚。穗状花穗顶生，纺锤形。有长芒，种子长椭圆形，千粒重34 ～ 38 g。小黑麦抗寒、耐旱、抗病力强、耐阴湿。

2. 利用价值

小黑麦营养品质好，尤其是青干草和秸秆的粗蛋白质含量较高。籽粒中赖氨酸含量高，可作为提取赖氨酸的原料。小黑麦除可青贮饲喂奶牛外，还可加工成优质草粉。

3. 栽培技术要点

* 播种时间：5月中旬至6月上旬。

* 播种量：150 kg/hm^2。

* 播种方式：以条播为主，行距18 ～ 20 cm，播深3 ～ 4 cm，播后及时镇压。一般采用小麦播种机播种。

* 管理与收获：青饲可在植株拔节后期或株高达30 cm左右时刈割，每年可刈割2次。青贮、调制干草时，在乳熟期一次性刈割。

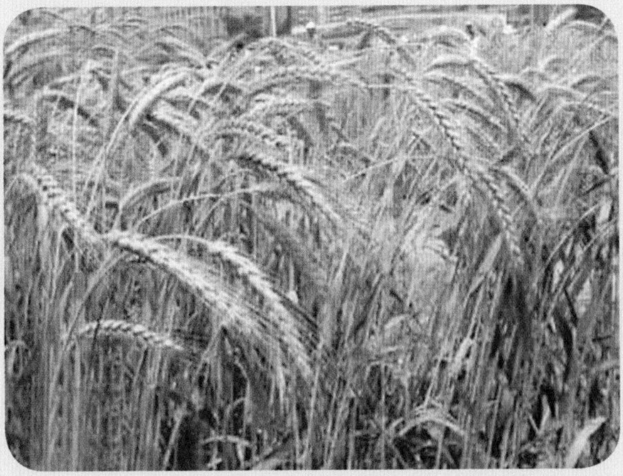

* ᠬᠠᠳᠤᠯᠭ᠎ᠠ ᠶ᠋ᠢᠨ ᠴᠠᠭ : ᠪᠣᠯᠪᠠᠰᠤᠷᠠᠯ ᠦᠨ ᠡᠬᠢᠨ ᠦ ᠦᠶ᠎ᠡ ᠳᠦ ᠬᠠᠳᠤᠵᠤ ᠪᠣᠯᠬᠤ ᠪᠡᠷ ᠦᠯᠡᠳᠡᠭᠡᠬᠦ ᠢᠩᠭᠠᠪᠠᠯ ᠦᠨᠳᠦᠷ 30 cm ᠬᠦᠷᠬᠦ ᠶ᠋ᠢᠨ ᠦᠶ᠎ᠡ᠂ ᠦᠨ

* ᠬᠠᠳᠤᠯᠬᠤ ᠠᠷᠭ᠎ᠠ : ᠣᠯᠠᠨᠲᠠ ᠬᠠᠳᠤᠯᠬᠤ᠂ ᠣᠷᠣᠭ ᠤ᠋ᠨ ᠨᠢ 18 ~ 20 cm᠂ ᠬᠠᠳᠤᠯᠬᠤ ᠦᠯᠡᠳᠡᠭᠡᠯ 3 ~ 4 cm ᠪᠠᠢᠯᠭᠠᠬᠤ᠂ ᠬᠠᠳᠤᠯᠭ᠎ᠠ ᠶ᠋ᠢᠨ ᠳᠠᠷᠠᠭ᠎ᠠ

* ᠬᠠᠳᠤᠯᠬᠤ ᠬᠡᠮᠵᠢᠶ᠎ᠡ : 150 kg/hm^2᠃

~ 38 g ᠪᠣᠯᠤᠨ᠎ᠠ᠃ ᠬᠡᠯᠪᠡᠷᠢ᠂ ᠦᠩᠭᠡ᠂ ᠰᠢᠷᠭᠤᠯ ᠪᠠ ᠬᠡᠯᠪᠡᠷᠢ᠂ ᠲᠠᠷᠢᠯᠠᠭ᠎ᠠ ᠳᠤ ᠮᠠᠰᠢ ᠬᠡᠷᠡᠭᠯᠡᠭᠳᠡᠨ᠎ᠡ᠃

ᠬᠤᠪᠢ᠂ ᠠᠷᠪᠠᠢ ᠪᠤᠭᠤᠳᠠᠢ ᠶ᠋ᠢᠨ ᠡᠷᠲᠡᠨ (*Triticale hexaploide*)

六、大麦（*Hordeum vulgare*）

1. 植物学与生物学特性

一年生植物。秆粗壮、直立，叶片扁平，穗状花序，颖线状披针形，千粒重 20 ～ 48 g。大麦喜冷凉气候，适应性强，较耐低温、干旱。

2. 利用价值

大麦全株干草具有较高的蛋白质含量和较低的粗纤维含量，产草量高，质量好，生育期短，是良好的饲料作物。籽粒是良好的精饲料。大麦的再生能力强，及时刈割还可再生，因此是一种很好的青刈作物。

3. 栽培技术要点

＊ 播种时间：最佳播种期在 9 ～ 11 月。

＊ 播种量：135 ～ 180 kg/hm^2。

＊ 播种方式：条播，行距 15 ～ 30 cm，播深 3 ～ 5 cm。

＊ 管理与收获：在出苗、分蘖、拔节、抽穗、灌浆期间视墒情，适时灌水。防病治虫害时不使用剧毒和高残留农药。清除田间、田边杂草。蜡熟末期，适时收获。

＊ 注意事项：灌水时应速灌速排，忌淹水过久、过深。

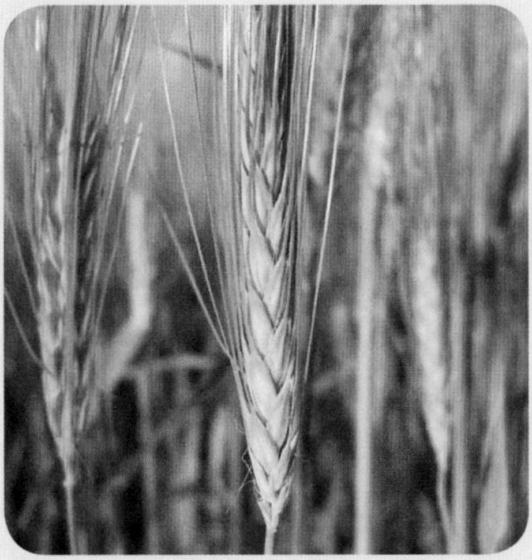

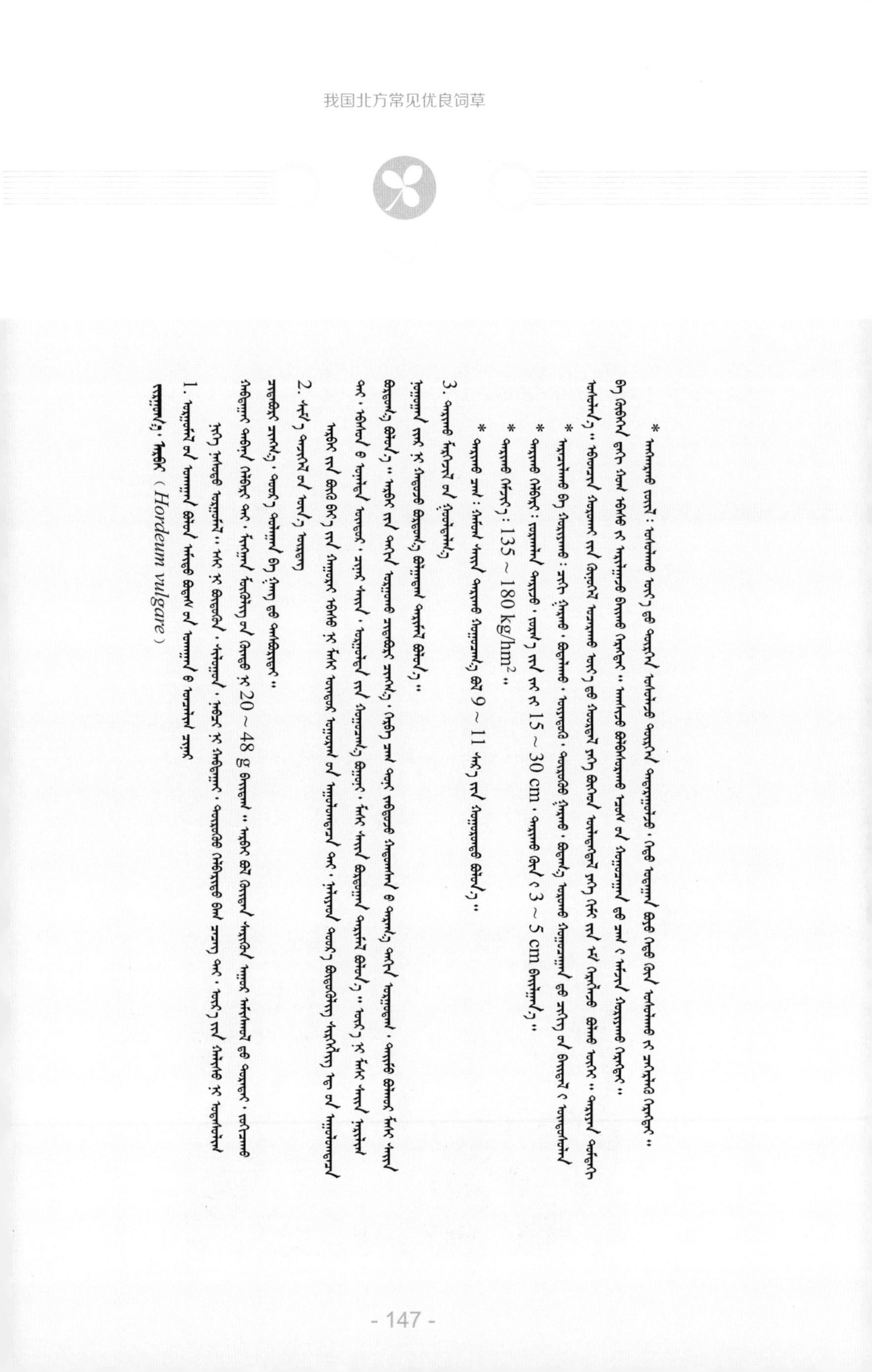

[illegible] (*Hordeum vulgare*)

1. [illegible]

[illegible]

[illegible] 20 ~ 48 g [illegible] ᠃ [illegible]

[illegible] ᠃

2. [illegible]

[illegible]

[illegible] ᠃ [illegible] ᠃ [illegible]

[illegible] ᠃

3. [illegible]

* [illegible]: [illegible] 9 ~ 11 [illegible] ᠃

* [illegible]: 135 ~ 180 kg/hm^2 ᠃

* [illegible]: [illegible] 15 ~ 30 cm᠂ [illegible] 3 ~ 5 cm [illegible] ᠃

* [illegible]: [illegible]

[illegible] ᠃ [illegible] ᠃ [illegible]

[illegible] ᠃ [illegible] ᠃

* [illegible]: [illegible] ᠃

七、谷子（*Setaria italica*）

1. 植物学与生物学特性

一年生植物。秆粗壮，狭长披针形叶片，穗状圆锥花序，谷穗一般成熟后金黄色。籽实卵圆形，粒小，多为黄色，千粒重2.2～4.0 g。

谷子的适应性广，对土壤要求不严，一般耕地都能种植，耐旱、耐瘠，又耐水肥。

2. 利用价值

谷粒的利用价值很高，含丰富的蛋白质、脂肪和维生素，是幼畜、幼禽的极好精饲料。秸秆质地柔软，营养丰富，是饲喂大型家畜的优良粗饲料。

3. 栽培技术要点

* 播种时间：春播，4月下旬至5月中旬。夏播，耕翻灭茬整地后播种。

* 播种量：7.5～11.25 kg/hm^2。

* 播种方式：采用耧播或播种机播种，播后及时镇压。

* 管理与收获：第一次中耕在5～6叶期进行，第二次中耕在8～9叶期进行。一般要求追肥3次，撒施尿素。在蜡熟末期采用机械或人工收割的方式进行收获。

* 注意事项：积温较低地区适当早播，积温较高地区适当晚播。

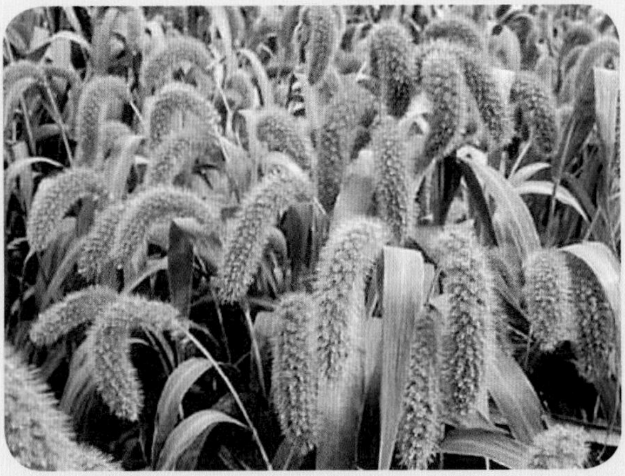

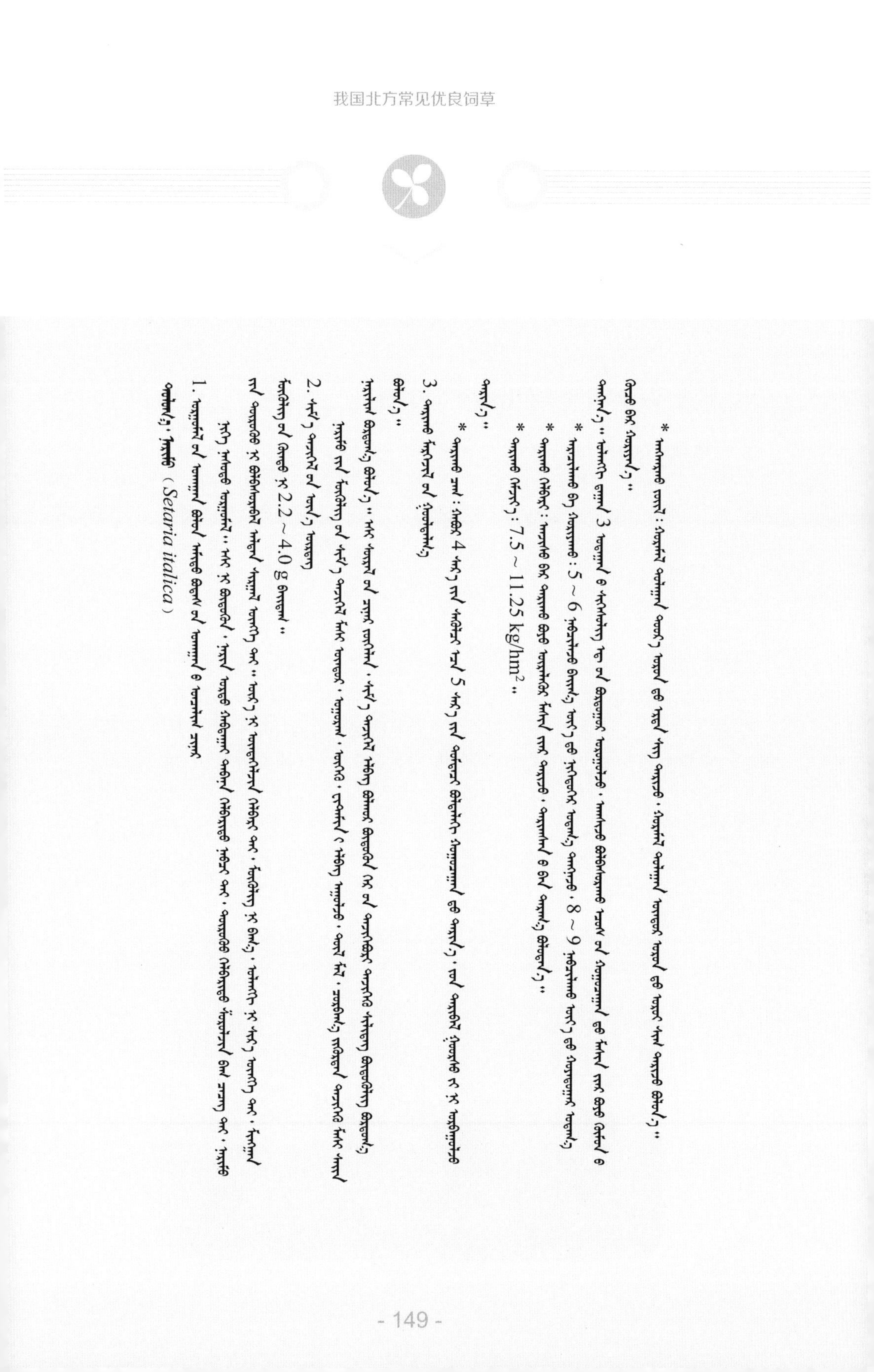

[illegible] (*Setaria italica*)

1. [illegible]

[illegible]

[illegible] 2.2 ~ 4.0 g [illegible]

2. [illegible]

[illegible]

[illegible]

3. [illegible]

* [illegible] 4 [illegible] 5 [illegible]

[illegible]

* [illegible]: $7.5 \sim 11.25\ kg/hm^2$ [illegible]

* [illegible]

* [illegible]: 5 ~ 6 [illegible] 8 ~ 9 [illegible]

[illegible] 3 [illegible]

[illegible]

* [illegible]

八、御谷（*Pennisetum americarum*）

1. 植物学与生物学特性

一年生植物。须根系，须根强壮。秆直立，叶鞘疏松而平滑，叶片扁平，圆锥花序。颖果近球形或梨形，千粒重5.1 g。御谷适应性较强，在降水400 mm地区可以生长，喜温热气候，不耐寒，易受霜害。耐干旱，耐贫瘠，抗倒伏。

2. 利用价值

御谷鲜草细嫩，青绿多汁，叶量大，营养丰富，消化率高。除粗蛋白含量偏低些外，其余养分均好于谷子。御谷秆甜，牲畜爱吃，适口性同谷草，是理想的饲草。可以青刈，也可青贮和调制干草，其种子是优质精饲料。

3. 栽培技术要点

栽培方法与田间管理与高粱或玉米近似。收种者播种宜稀，条播行距50～60 cm，株距30～40 cm。收刈鲜草者宜密，行距40～50 cm，株距20～30 cm。播深3～4 cm，播后覆土镇压。播种量，青饲用15～22.5 kg/hm^2，收种用4～8 kg/hm^2。

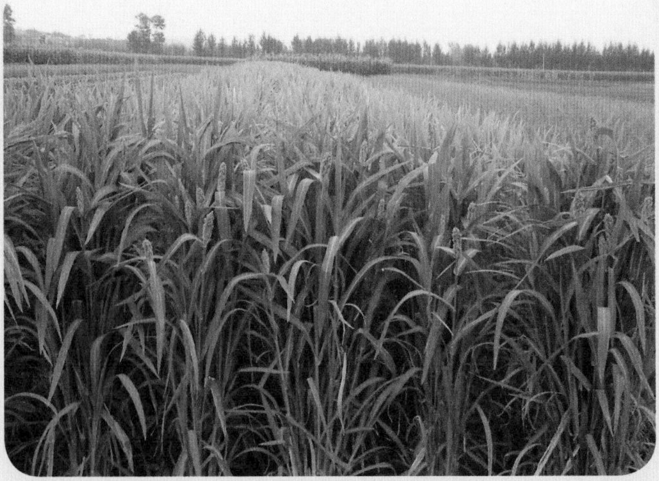

ᠰᠢᠷᠢᠭ · ᠠᠮᠸᠷᠢᠺᠠ ᠰᠢᠷᠢᠭ (*Pennisetum americarum*)

1. ᠤᠷᠭᠤᠮᠠᠯ ᠤᠨ ᠬᠡᠯᠪᠡᠷᠢ ᠪᠣᠯᠤᠨ ᠠᠮᠢᠳᠤ ᠪᠣᠳᠠᠰ ᠤᠨ ᠬᠡᠯᠪᠡᠷᠢ ᠶᠢᠨ ᠣᠨᠴᠠᠯᠢᠭ ᠴᠢᠨᠠᠷ

ᠨᠢᠭᠡ ᠨᠠᠰᠤᠲᠤ ᠤᠷᠭᠤᠮᠠᠯ :: ᠰᠢᠰᠢ ᠤᠷᠭᠤᠮᠠᠯ ᠰᠢᠷᠭᠤᠯᠵᠢ ᠲᠠᠢ ᠂ ᠰᠢᠰᠢ ᠤᠷᠭᠤᠮᠠᠯ ᠤᠨ ᠭᠣᠣᠯ ᠢ ᠪᠦᠬᠦᠯᠢᠭ ᠤᠯᠠᠭᠠᠨ ᠪᠣᠯᠭᠠᠭᠠᠳ ᠂ ᠰᠢᠷᠢᠭ ᠢ ᠲᠠᠷᠢᠬᠤ ᠳ᠋ᠤ ᠴᠢᠭᠢᠭ ᠲᠠᠢ ᠂ ᠬᠠᠯᠠᠭᠤᠨ ᠳ᠋ᠤ ᠳᠤᠷᠠᠲᠠᠢ ᠂ ᠬᠠᠭᠤᠷᠠᠢ ᠳ᠋ᠤ ᠲᠡᠰᠪᠦᠷᠢ ᠰᠠᠢᠲᠠᠢ ᠂ ᠬᠥᠷᠦᠰᠦ ᠪᠠ ᠰᠢᠷᠢᠭ ᠤᠨ ᠴᠢᠨᠠᠷ ᠢ ᠰᠢᠯᠭᠠᠵᠤ ᠂ ᠰᠢᠩᠭᠡᠨ ᠴᠢᠭᠢᠭ ᠤᠨ ᠬᠡᠮᠵᠢᠶ᠎ᠡ ᠨᠢ 5.1 g ᠪᠣᠯᠤᠨ᠎ᠠ :: ᠵᠢᠯ ᠦᠨ ᠬᠤᠷ᠎ᠠ ᠶᠢᠨ ᠬᠡᠮᠵᠢᠶ᠎ᠡ ᠨᠢ 400 mm ᠡᠴᠡ ᠳᠡᠭᠡᠭᠰᠢ ᠭᠠᠵᠠᠷ ᠲᠤ ᠲᠠᠷᠢᠵᠤ ᠪᠣᠯᠤᠨ᠎ᠠ ᠂ ᠬᠠᠭᠤᠷᠠᠢ ᠪᠣᠯᠤᠨ ᠂ ᠬᠥᠷᠦᠰᠦ ᠨᠢ ᠰᠢᠯᠭᠠᠵᠤ ᠦᠵᠡᠬᠦ ᠂ ᠰᠢᠨᠵᠢᠯᠡᠬᠦ ᠪᠡᠷ ᠳᠠᠰᠤᠯ ᠲᠠᠢ :: ᠬᠦᠢᠲᠡᠨ ᠳ᠋ᠤ ᠪᠠᠭ᠎ᠠ ᠲᠡᠰᠪᠦᠷᠢ ᠲᠡᠢ ᠂ ᠬᠠᠯᠠᠭᠤᠨ ᠳ᠋ᠤ ᠲᠡᠰᠪᠦᠷᠢ ᠲᠡᠢ ᠂ ᠬᠥᠷᠦᠰᠦ ᠰᠤᠩᠭ᠋ᠤᠯᠲᠠ ᠶᠢᠨ ᠪᠠᠢᠳᠠᠯ ᠳᠤ ᠮᠠᠰᠢ ᠬᠠᠷᠢᠭᠤᠴᠠᠯᠲᠠᠢ ᠪᠠᠢᠳᠠᠭ ::

2. ᠲᠠᠷᠢᠬᠤ ᠠᠷᠭ᠎ᠠ ᠶᠢᠨ ᠲᠤᠬᠠᠢ ᠲᠠᠢᠯᠪᠤᠷᠢ

ᠬᠥᠷᠦᠰᠦ ᠪᠡᠨ ᠰᠠᠢᠲᠤᠷ ᠠᠷᠢᠯᠭᠠᠵᠤ ᠂ ᠲᠠᠷᠢᠬᠤ ᠶᠢᠨ ᠡᠮᠦᠨ᠎ᠡ ᠰᠢᠷᠢᠭ ᠢ ᠨᠠᠷᠠᠨ ᠳ᠋ᠤ ᠬᠠᠲᠠᠭᠠᠵᠤ ᠂ ᠲᠠᠷᠢᠬᠤ ᠠᠷᠭ᠎ᠠ ᠨᠢ ᠮᠦᠷ ᠢᠶᠡᠷ ᠲᠠᠷᠢᠬᠤ ᠪᠣᠯᠤᠨ ᠰᠠᠴᠤᠨ ᠲᠠᠷᠢᠬᠤ ᠠᠷᠭ᠎ᠠ ᠪᠠᠢᠨ᠎ᠠ :: ᠮᠦᠷ ᠢᠶᠡᠷ ᠲᠠᠷᠢᠬᠤ ᠳᠤ ᠮᠦᠷ ᠬᠣᠭᠣᠷᠤᠨᠳᠤ ᠶᠢᠨ ᠵᠠᠢ ᠨᠢ 40 ~ 50 cm ᠂ ᠰᠢᠷᠢᠭ ᠤᠨ ᠤᠷᠭᠤᠮᠠᠯ ᠤᠨ ᠬᠣᠭᠣᠷᠤᠨᠳᠤ ᠶᠢᠨ ᠵᠠᠢ ᠨᠢ 20 ~ 30 cm ᠪᠣᠯᠤᠨ᠎ᠠ ::

3. ᠲᠠᠷᠢᠮᠠᠯ ᠢ ᠬᠠᠮᠠᠭᠠᠯᠠᠬᠤ ᠪᠠ ᠠᠰᠠᠷᠠᠬᠤ

ᠲᠠᠷᠢᠮᠠᠯ ᠤᠨ ᠲᠠᠯᠠᠪᠠᠢ ᠳ᠋ᠤ ᠠᠷᠢᠭᠤᠨ ᠬᠠᠮᠠᠭᠠᠯᠠᠨ᠎ᠠ ᠂ ᠦᠷ᠎ᠡ ᠲᠠᠷᠢᠬᠤ ᠬᠡᠮᠵᠢᠶ᠎ᠡ ᠨᠢ ᠨᠢᠭᠡ ᠭᠡᠳᠡᠭ ᠳ᠋ᠤ 15 ~ 22.5 kg/hm^2 ᠂ ᠮᠦᠷ ᠢᠶᠡᠷ ᠲᠠᠷᠢᠬᠤ ᠳᠤ 4 ~ 8 kg/hm^2 ᠪᠣᠯᠤᠨ᠎ᠠ ::

九、苏丹草（*Sorghum sudanense*）

1. 植物学与生物学特性

一年生植物。须根系发达，茎圆柱状，叶宽线形、亮绿色，圆锥花序。种子扁卵形，为颖片所包被，颜色自淡黄至棕褐、黑紫不等，千粒重10 ～ 13 g。

2. 利用价值

苏丹草是一种青饲料，由于其干物质含量较低，只能作为饲料中的配合饲料原料。苏丹草利用价值较高，蛋白质含量居一年生禾本科牧草之首。具有分蘖能力强、再生性好、适口性好等特性。适于青饲，也可青贮和调制干草。

3. 栽培技术要点

＊ 播种时间：春播、夏播均可。在土壤水分适宜或有灌溉条件的地区，尽可能早播种，春播4月中下旬，夏播5月下旬。

＊ 播种量：22.5 ～ 31.0 kg/hm^2。

＊ 播种方式：条播，行距30 cm，播种深度2 ～ 3 cm，播后适度镇压。

＊ 管理与收获：苗长到20 cm高时除杂草，苗期不宜灌溉，拔节期适时灌溉。主要为刈割利用，一般每年刈割2 ～ 3次。

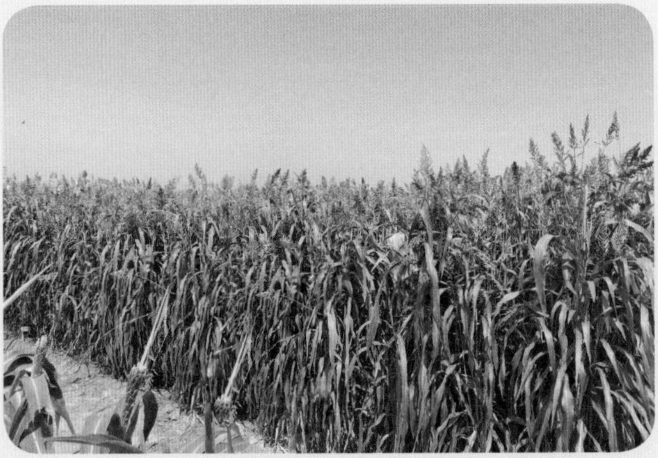

ᠰᠤᠳᠠᠨ · ᠰᠢᠯᠢᠭᠡᠨ ᠡᠪᠡᠰᠦ (*Sorghum sudanense*)

1. ᠪᠠᠢᠭᠠᠯ ᠤᠨ ᠣᠷᠴᠢᠨ ᠪᠣᠯᠤᠨ ᠲᠠᠷᠢᠮᠠᠯ ᠤᠨ ᠣᠷᠴᠢᠨ ᠳᠤ ᠲᠣᠬᠢᠷᠠᠬᠤ ᠴᠢᠨᠠᠷ

ᠬᠤᠷ᠎ᠠ ᠬᠠᠯᠠᠭᠤᠨ ᠳᠤᠯᠠᠭᠠᠨ ᠳᠤ ᠳᠤᠷᠠᠲᠠᠢ · ᠭᠠᠩ ᠳᠤ ᠲᠡᠰᠪᠦᠷᠢ ᠰᠠᠢᠲᠠᠢ ᠪᠠᠢᠨ᠎ᠠ ᠃ ᠬᠦᠢᠲᠡᠨ ᠳᠦ ᠲᠡᠰᠪᠦᠷᠢ ᠮᠠᠭᠤ ᠪᠣᠯᠤᠨ ᠠ · ᠬᠦᠷᠰᠦ ᠪᠣᠭᠣᠷᠠᠢ ᠤᠨ ᠣᠷᠴᠢᠨ ᠳᠤ ᠮᠠᠰᠢ ᠴᠢᠯᠦᠭᠡᠲᠡᠢ ᠲᠠᠷᠢᠵᠤ ᠪᠣᠯᠬᠤ ᠪᠠᠢᠨ᠎ᠠ · ᠲᠠᠷᠢᠬᠤ ᠳᠤ ᠲᠣᠬᠢᠷᠠᠮᠵᠢ ᠲᠠᠢ ᠪᠠᠢᠨ᠎ᠠ ᠃

2. ᠲᠠᠷᠢᠬᠤ ᠠᠷᠭ᠎ᠠ ᠪᠠ ᠲᠠᠷᠢᠬᠤ ᠬᠡᠮᠵᠢᠶ᠎ᠡ

ᠬᠠᠪᠤᠷ ᠤᠨ ᠲᠠᠷᠢᠯᠭ᠎ᠠ ᠳᠤ ᠬᠠᠪᠤᠷ ᠤᠨ ᠰᠢᠷᠤᠢ ᠶᠢᠨ ᠳᠤᠯᠠᠭᠠᠨ ᠪᠣᠯᠬᠤ ᠦᠶ᠎ᠡ ᠳᠦ · ᠲᠠᠷᠢᠬᠤ ᠬᠡᠮᠵᠢᠶ᠎ᠡ ᠨᠢ ᠭᠡᠲᠡᠷ ᠲᠤ 10 ~ 13 g ᠪᠠᠢᠨ᠎ᠠ ᠃

3. ᠲᠠᠷᠢᠬᠤ ᠠᠷᠭ᠎ᠠ ᠪᠠ ᠬᠦᠷᠢᠶᠡᠯᠡᠩ

ᠮᠦᠷ ᠢᠶᠡᠷ ᠲᠠᠷᠢᠬᠤ · ᠮᠦᠷ ᠦᠨ ᠵᠠᠢ ᠶᠢ ᠲᠣᠬᠢᠷᠠᠭᠤᠯᠬᠤ ᠪᠣᠯᠤᠨ᠎ᠠ ᠃

* ᠲᠠᠷᠢᠬᠤ ᠭᠦᠨ : ᠬᠠᠪᠤᠷ · ᠶᠡᠬᠡ ᠳᠤ ᠲᠠᠷᠢᠬᠤ ᠪᠣᠯᠤᠨ᠎ᠠ ᠃ ᠪᠣᠷᠤᠭᠤ ᠶᠢᠨ ᠳᠠᠷᠠᠭ᠎ᠠ ᠳᠤ ᠬᠠᠪᠤᠷ ᠤᠨ ᠲᠠᠷᠢᠮᠠᠯ ᠢ ᠲᠣᠬᠢᠷᠠᠭᠤᠯᠤᠨ ᠲᠠᠷᠢᠬᠤ ᠪᠠᠢᠨ᠎ᠠ ᠃

ᠬᠠᠪᠤᠷ 4 ᠰᠠᠷ᠎ᠠ ᠶᠢᠨ ᠳᠤᠮᠳᠠ · ᠡᠰᠡᠪᠡᠯ 5 ᠰᠠᠷ᠎ᠠ ᠶᠢᠨ ᠳᠤᠮᠳᠠ ᠳᠤ ᠲᠠᠷᠢᠬᠤ ᠪᠣᠯᠤᠨ᠎ᠠ ᠃

* ᠲᠠᠷᠢᠬᠤ ᠬᠡᠮᠵᠢᠶ᠎ᠡ : 22.5 ~ 31.0 kg/hm² ᠃

* ᠲᠠᠷᠢᠬᠤ ᠭᠦᠨ : ᠮᠦᠷ ᠦᠨ ᠵᠠᠢ ᠨᠢ 30 cm · ᠲᠠᠷᠢᠬᠤ ᠭᠦᠨ ᠨᠢ 2 ~ 3 cm ᠪᠣᠯᠭᠠᠬᠤ · ᠲᠠᠷᠢᠮᠠᠯ ᠤᠨ ᠳᠠᠷᠠᠭ᠎ᠠ ᠳᠤ ᠳᠠᠷᠤᠬᠤ ᠬᠡᠷᠡᠭᠲᠡᠢ ᠃

* ᠨᠡᠮᠡᠯᠲᠡ ᠬᠤᠷᠢᠶᠠᠯᠲᠠ : ᠤᠨᠳᠤᠷ ᠨᠢ 20 cm ᠬᠦᠷᠬᠦ ᠦᠶ᠎ᠡ ᠳᠦ ᠨᠢᠭᠡ ᠤᠳᠠᠭ᠎ᠠ ᠬᠠᠳᠤᠵᠤ · ᠬᠠᠳᠤᠯᠭ᠎ᠠ ᠶᠢᠨ ᠳᠠᠷᠠᠭ᠎ᠠ ᠳᠤ ᠤᠰᠤᠯᠠᠬᠤ ᠬᠡᠷᠡᠭᠲᠡᠢ

ᠤᠰᠤᠯᠠᠬᠤ ᠪᠣᠯᠤᠨ ᠪᠣᠷᠤᠭᠤ ᠨᠣᠭᠤᠭᠠᠯᠠᠬᠤ ᠃ ᠨᠢᠭᠡ ᠵᠢᠯ ᠳᠦ 2 ~ 3 ᠤᠳᠠᠭ᠎ᠠ ᠬᠠᠳᠤᠵᠤ ᠪᠣᠯᠤᠨ᠎ᠠ ᠃

第四章　豆类饲料作物

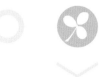

供饲用的豆科作物籽实是兼能量饲料及蛋白质饲料为一体的精饲料。豆类饲料作物有两种类型：一类是蛋白质—脂肪型，其中有大豆、黑大豆、秣食豆等；另一类是淀粉—蛋白质型，其中有蚕豆、豌豆、小豆、杂豆等。前者粗蛋白30%～50%，脂肪15%～18%；后者粗蛋白20%～25%，无氮浸出物50%～60%。前者取油后成饼、粕，是蛋白质饲料的主要来源；后者取淀粉或制酒后为糟渣，有些属蛋白质补充料，有些属能量饲料或粗饲料。豆类饲料中赖氨酸含量较高，占粗蛋白的比例为6%～8%，近似于动物性蛋白质；但含硫氨基酸较低，尤其是豌豆、蚕豆中的含量与玉米近似。籽实的胚中含有较多的维生素E及B族维生素。与禾本科籽实一样，其中所含磷多以植酸磷的形式存在，利用率低。因此，在设计配合饲料配方时，除应考虑其利用率外，还应考虑磷的质量与钙磷平衡问题。生豆类中含有胰蛋白酶抑制因子、脲酶、甲状腺肿素、皂素及血凝集素等抗营养因子，影响其适口性及消化性能，但经煮熟加热处理后即可使这些有毒有害物质或抗营养因子失去活性。豌豆、蚕豆适宜饲喂肥育家畜，有利于改善肉的品质。

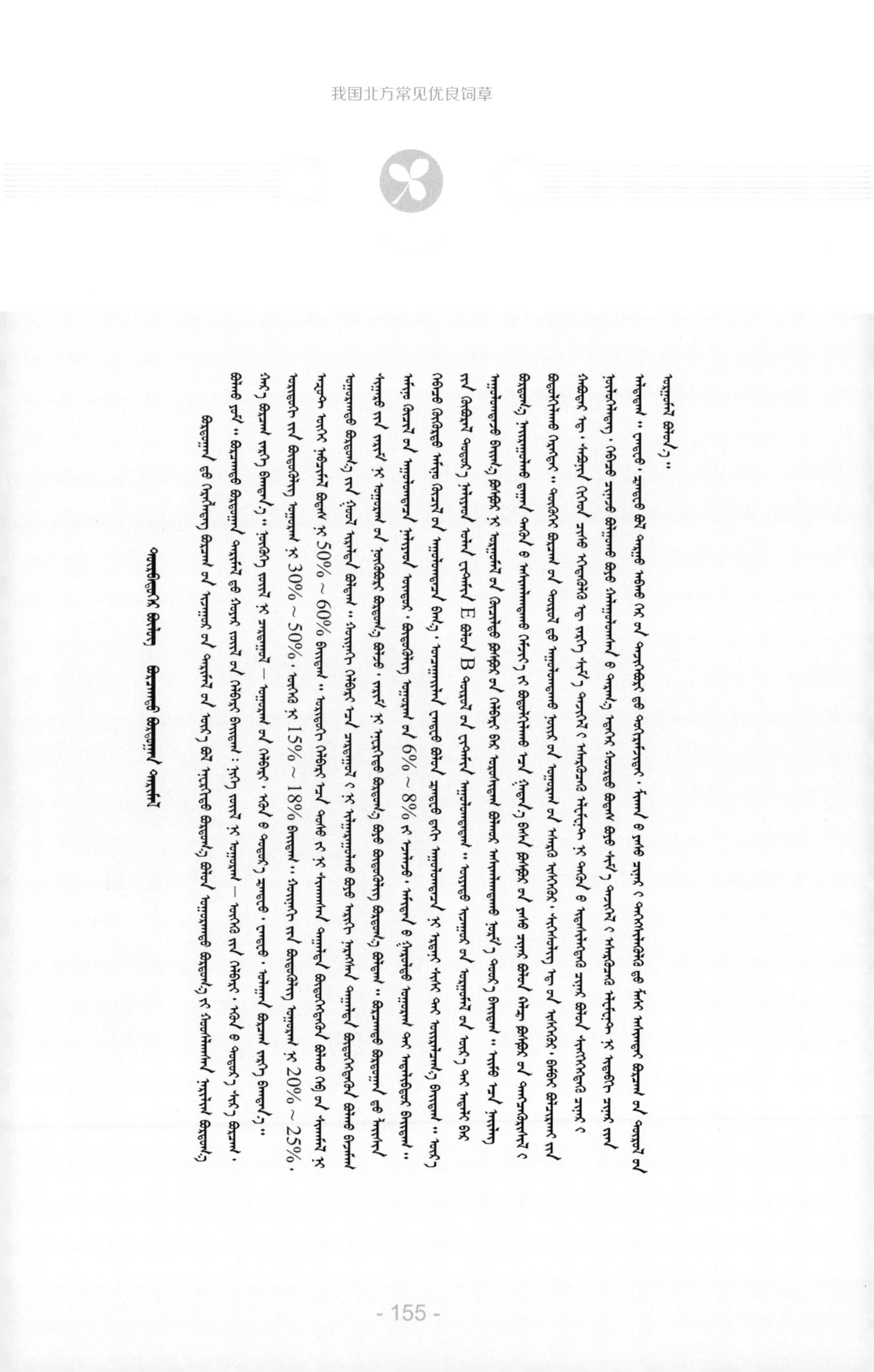

[illegible]

[illegible] E [illegible] B [illegible] 6%~8% [illegible] 50%~60% [illegible] 30%~50% [illegible] 15%~18% [illegible] 20%~25% [illegible]

[illegible]

一、饲用大豆（*Glycine max*）

1. 植物学与生物学特性

一年生植物。茎粗壮、直立，叶通常具3小叶，花萼披针形，花紫色、淡紫色或白色。荚果肥大，黄绿色。种子2～5颗，椭圆形、近球形，种皮光滑，有淡绿、黄、褐和黑色等，千粒重110～250 g。大豆性喜暖，低温下结荚延迟，温度过高则植株提前结束生长，种子发芽要求较多水分。

2. 利用价值

从大豆中提取人类食用油之后，所剩副产品就是大豆饼粕，是优质的蛋白质饲料。

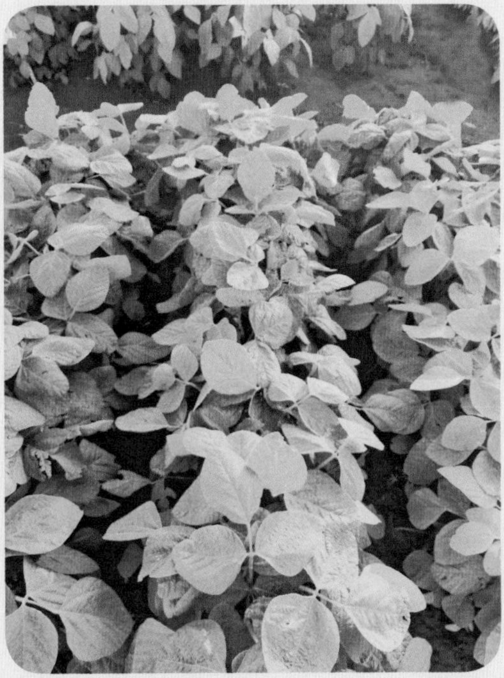

3. 栽培技术要点

* 播种时间：当土壤5 cm处地温稳定通过10℃时即可播种。

* 播种量：75～90 kg/hm^2。

* 播种方式：适宜深度3～4 cm，播种同时覆土镇压。

* 管理与收获：播后苗前土壤化学封闭处理杂草，或在大豆苗期、杂草2～4叶期使用乙草胺等除草。在鼓粒期刈割，经晾晒至水分为45%～55%时制成青贮。

* 注意事项：常见病害为灰斑病和根腐病，常见虫害为大豆食心虫，应注意防除。

ᠳ᠋ᠠᠳ᠋ᠦ᠋ · ᠰᠢᠷ᠎ᠠ ᠪᠤᠷᠴᠠᠭ (*Glycine max*)

1. ᠤᠭ ᠭᠠᠷᠤᠯ ᠤᠨ ᠭᠠᠵᠠᠷ ᠪᠣᠯᠤᠨ ᠲᠠᠷᠢᠯᠭ᠎ᠠ ᠶᠢᠨ ᠭᠠᠵᠠᠷ ᠤᠨ ᠲᠠᠷᠬᠠᠯᠲᠠ ᠶᠢᠨ ᠪᠠᠶᠢᠳᠠᠯ

ᠰᠢᠷ᠎ᠠ ᠪᠤᠷᠴᠠᠭ ᠨᠢ ᠪᠤᠷᠴᠠᠭᠲᠤ ᠶᠢᠨ ᠲᠦᠷᠦᠯ ᠦᠨ ᠨᠢᠭᠡ ᠨᠠᠰᠤᠲᠤ ᠡᠪᠡᠰᠦ ᠤᠮᠠᠭ᠎ᠠ ᠪᠣᠯᠤᠨ᠎ᠠ ᠃ ᠳᠤᠮᠳᠠᠳᠤ ᠤᠯᠤᠰ ᠲᠤ ᠲᠠᠷᠢᠯᠠᠭᠰᠠᠨ ᠲᠡᠦᠬᠡ ᠨᠢ 3 ᠮᠢᠩᠭᠠᠨ ᠭᠠᠷᠤᠢ ᠵᠢᠯ ᠦᠨ ᠲᠡᠦᠬᠡ ᠲᠡᠢ ᠃ ᠢᠳᠡᠰᠢ ᠶᠢᠨ ᠡᠬᠡ ᠤᠷᠤᠰ ᠢ ᠪᠦᠷᠢᠳᠬᠡᠨ᠎ᠡ ᠃ ᠤᠮᠠᠭ᠎ᠠ ᠨᠢ 2 ~ 5 ᠬᠡᠰᠡᠭ ᠦᠷ᠎ᠡ ᠲᠡᠢ ᠃ ᠦᠷ᠎ᠡ ᠶᠢᠨ ᠬᠡᠯᠪᠡᠷᠢ ᠨᠢ ᠪᠥᠮᠪᠦᠭᠡ ᠬᠡᠯᠪᠡᠷᠢ ᠲᠡᠢ ᠃ ᠰᠢᠷ᠎ᠠ ᠂ ᠨᠣᠭᠣᠭᠠᠨ ᠂ ᠬᠠᠷ᠎ᠠ ᠂ ᠪᠣᠷᠣ ᠵᠡᠷᠭᠡ ᠥᠩᠭᠡ ᠲᠡᠢ ᠃ ᠵᠠᠭᠤᠨ ᠦᠷ᠎ᠡ ᠶᠢᠨ ᠵᠢᠩ ᠨᠢ 110 ~ 250 g ᠪᠣᠯᠤᠨ᠎ᠠ ᠃ ᠰᠢᠷ᠎ᠠ ᠪᠤᠷᠴᠠᠭ ᠨᠢ ᠳᠤᠯᠠᠭᠠᠨ ᠳᠤ ᠳᠤᠷᠠᠲᠠᠢ ᠂ ᠳᠤᠯᠠᠭᠠᠨ ᠪᠠ ᠴᠢᠢᠭ ᠤᠨ ᠬᠡᠮᠵᠢᠶ᠎ᠡ ᠨᠢ ᠲᠣᠬᠢᠷᠠᠮᠵᠢᠲᠠᠢ ᠂ ᠬᠥᠷᠥᠰᠦ ᠬᠦᠨᠳᠦ ᠪᠣᠯᠤᠨ ᠣᠯᠠᠨ ᠵᠦᠢᠯ ᠦᠨ ᠬᠥᠷᠥᠰᠦ ᠨᠤᠲᠤᠭ ᠲᠤ ᠵᠣᠬᠢᠴᠠᠩᠭᠤᠢ ᠃

2. ᠲᠠᠷᠢᠬᠤ ᠠᠷᠭ᠎ᠠ ᠶᠢᠨ ᠭᠣᠣᠯ ᠬᠡᠮᠵᠢᠶ᠎ᠡ

ᠰᠢᠷ᠎ᠠ ᠪᠤᠷᠴᠠᠭ ᠤᠨ ᠬᠣᠯᠪᠣᠭ᠎ᠠ ᠲᠠᠢ ᠪᠠᠢᠭᠠᠯ ᠬᠣᠷᠣᠭᠠᠯᠠᠯ ᠢ ᠰᠠᠶᠢᠵᠢᠷᠠᠭᠤᠯᠬᠤ ᠶᠢᠨ ᠲᠥᠯᠥᠭᠡ ᠂ ᠰᠢᠷ᠎ᠠ ᠪᠤᠷᠴᠠᠭ ᠤᠨ ᠲᠠᠷᠢᠯᠠᠩ
ᠬᠠᠮᠢᠭ᠎ᠠ ᠬᠡᠷᠡᠭ ᠂ ᠡᠭᠡᠯᠡᠵᠢ ᠶᠢ ᠰᠠᠢᠲᠤᠷ ᠬᠢᠵᠦ ᠲᠠᠷᠢᠯᠠᠬᠤ ᠪᠣᠯᠤᠯᠴᠠᠭ᠎ᠠ ᠪᠣᠯᠤᠨ᠎ᠠ ᠃

3. ᠲᠠᠷᠢᠬᠤ ᠬᠡᠮᠵᠢᠶ᠎ᠡ ᠶᠢᠨ ᠵᠢᠭᠠᠯᠲᠠ

* ᠲᠠᠷᠢᠬᠤ ᠴᠠᠭ : ᠭᠠᠵᠠᠷ ᠤᠨ 5 cm ᠡᠴᠡ ᠳᠣᠣᠷᠠᠬᠢ ᠬᠥᠷᠥᠰᠦ ᠨᠢ ᠲᠣᠭᠲᠠᠮᠠᠯ ᠢ ᠬᠡᠮᠵᠢᠶ᠎ᠡ ᠳᠦ ᠲᠣᠭᠲᠠᠭᠰᠠᠨ 10°C ᠪᠣᠯᠣᠭᠰᠠᠨ ᠤ ᠳᠠᠷᠠᠭ᠎ᠠ ᠲᠠᠷᠢᠵᠤ ᠪᠣᠯᠤᠨ᠎ᠠ ᠃

* ᠲᠠᠷᠢᠬᠤ ᠬᠡᠮᠵᠢᠶ᠎ᠡ : 75 ~ 90 kg/hm² ᠃

* ᠲᠠᠷᠢᠬᠤ ᠭᠦᠨ : ᠳᠠᠷᠤᠭᠠᠯᠲᠠ ᠲᠠᠢ ᠲᠠᠷᠢᠬᠤ ᠪᠣᠯ 3 ~ 4 cm ᠪᠣᠯᠭᠠᠬᠤ ᠂ ᠲᠠᠷᠢᠬᠤ ᠶᠢᠨ ᠳᠠᠷᠠᠭ᠎ᠠ ᠳᠠᠷᠤᠬᠤ ᠬᠡᠷᠡᠭᠲᠡᠢ ᠃

* ᠲᠠᠷᠢᠯᠭ᠎ᠠ ᠶᠢᠨ ᠠᠷᠭ᠎ᠠ : ᠲᠠᠷᠢᠯᠠᠩ ᠤᠨ ᠲᠠᠯᠠᠪᠠᠢ ᠶᠢ ᠬᠠᠷᠭᠠᠯᠵᠠᠭᠤᠯᠤᠨ ᠬᠡᠷᠡᠭᠯᠡᠬᠦ ᠪᠣᠯ ᠪᠤᠰᠤᠳ ᠤᠮᠠᠭ᠎ᠠ ᠲᠠᠢ ᠬᠣᠯᠢᠮᠠᠭ ᠲᠠᠷᠢᠵᠤ ᠪᠣᠯᠬᠤ ᠪᠥᠭᠡᠳ
ᠰᠢᠷ᠎ᠠ ᠪᠤᠷᠴᠠᠭ ᠤᠨ ᠮᠥᠷ ᠦᠨ ᠵᠠᠢ ᠨᠢ ᠮᠥᠷ ᠦᠨ 2 ~ 4 ᠳᠠᠬᠢᠨ ᠲᠠᠷᠢᠯᠠᠩ ᠤᠨ ᠲᠠᠯᠠᠪᠠᠢ ᠲᠠᠢ ᠪᠠᠢᠵᠤ ᠪᠣᠯᠤᠨ᠎ᠠ ᠃ ᠪᠤᠰᠤᠳ
ᠲᠠᠷᠢᠯᠠᠩ ᠤᠨ ᠬᠤᠪᠢ ᠶᠢᠨ ᠬᠠᠷᠢᠴᠠᠭ᠎ᠠ ᠪᠣᠯ 45% ~ 55% ᠢ ᠡᠵᠡᠯᠡᠬᠦ ᠪᠥᠭᠡᠳ ᠲᠠᠷᠢᠯᠠᠩ ᠤᠨ ᠦᠷ᠎ᠡ ᠠᠰᠢᠭ ᠢ ᠨᠡᠮᠡᠭᠳᠡᠭᠦᠯᠦᠨ᠎ᠡ ᠃

* ᠬᠣᠯᠢᠮᠠᠭ ᠲᠠᠷᠢᠬᠤ : ᠬᠣᠯᠢᠮᠠᠭ ᠲᠠᠷᠢᠯᠠᠩ ᠤᠨ ᠲᠠᠯᠠᠪᠠᠢ ᠶᠢᠨ ᠬᠤᠪᠢ ᠶᠢ ᠲᠣᠬᠢᠷᠠᠭᠤᠯᠬᠤ ᠪᠣᠯᠤᠨ᠎ᠠ ᠂ ᠬᠣᠯᠢᠮᠠᠭ
ᠲᠠᠷᠢᠯᠭ᠎ᠠ ᠶᠢᠨ ᠠᠷᠭ᠎ᠠ ᠪᠠᠷ ᠰᠢᠷ᠎ᠠ ᠪᠤᠷᠴᠠᠭ ᠤᠨ ᠦᠷ᠎ᠡ ᠠᠰᠢᠭ ᠢ ᠨᠡᠮᠡᠭᠳᠡᠭᠦᠯᠬᠦ ᠪᠣᠯᠤᠨ᠎ᠠ ᠂ ᠬᠣᠷᠣᠭᠠᠯᠠᠯ ᠢ ᠪᠠᠭᠤᠷᠠᠭᠤᠯᠬᠤ ᠪᠣᠯᠤᠨ᠎ᠠ ᠃

二、豌豆（*Pisum sativum*）

1. 植物学与生物学特性

一年生植物。托叶心形，下缘具细齿，小叶卵圆形，花于叶腋单生或数朵排列为总状花序。荚果肿胀，长椭圆形。种子圆形，青绿色，干后变为黄色，千粒重110 ～ 400 g。豌豆为半耐寒性作物，喜温和、湿润的气候，不耐燥热。豌豆对土壤的适应性较广，对土质要求不高，以保水力强、通气性好并富含腐殖质的砂壤土和壤土最适宜。

2. 利用价值

豌豆营养丰富且富含蛋白质，是一种良好的饲料资源。但其抗营养物质的存在，限制了其在动物日粮中的添加量。通过加工处理能进一步提高其利用率。

3. 栽培技术要点

* 播种时间：气温1℃以上时即可播种。

* 播种量：15 ～ 150 kg/hm^2。

* 播种方式：条播，行距15 ～ 30 cm。

* 管理与收获：豌豆出苗后杂草较多，应人工拔除。及时浇灌，保证土壤湿润。田间要搭架供其自由攀缘。从下而上成熟，持续50多天。

* 注意事项：避免使用低湿田地。

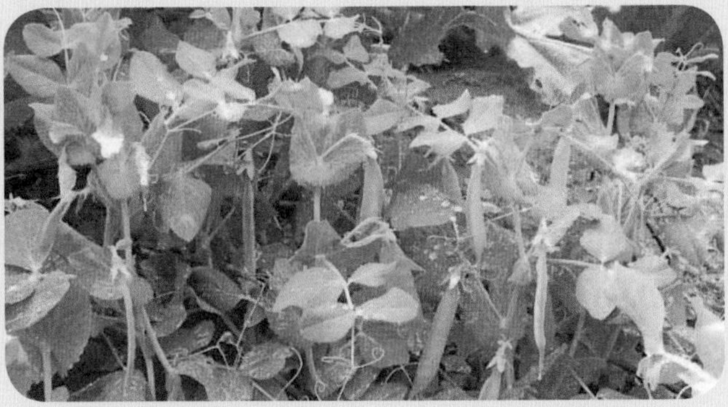

ᠪᠤᠷᠴᠠᠭ ᠂ ᠲᠠᠷᠢᠮᠠᠯ ᠪᠤᠷᠴᠠᠭ (*Pisum sativum*)

1. ᠲᠠᠷᠬᠠᠯᠲᠠ ᠶᠢᠨ ᠬᠦᠷᠢᠶᠡᠯᠡᠩ ᠪᠠ ᠠᠮᠢᠳᠤᠷᠠᠬᠤ ᠣᠷᠴᠢᠨ ᠤ ᠬᠦᠷᠢᠶᠡᠯᠡᠩ ᠦ ᠲᠣᠪᠴᠢ ᠲᠠᠨᠢᠯᠴᠠᠭᠤᠯᠭ᠎ᠠ

[illegible]

[illegible] 110 ~ 400 g [illegible]

[illegible]

2. [illegible]

[illegible]

3. [illegible]

[illegible]

* [illegible] 1°C [illegible]
* [illegible]: 15 ~ 150 kg/hm² ᠃
* [illegible] 15 ~ 30 cm [illegible]
* [illegible]

[illegible]

50 [illegible]

* [illegible]

三、蚕豆（*Vicia faba*）

1. 植物学与生物学特性

一年生植物。主根短粗，多须根。茎粗壮、直立，偶数羽状复叶，总状花序腋生，花萼钟形，千粒重110 ～ 400 g。蚕豆喜温、喜湿、畏暑。

2. 利用价值

蚕豆茎叶可作青饲料，马、牛采食，羊和兔少食。种子泡制后，生喂马、驴、骡、牛等均喜食，常作为耕牛越冬或春耕期的主要补充饲料。

3. 栽培技术要点

＊ 播种时间：当地温稳定在5℃即可播种。

＊ 播种量：大粒中晚熟蚕豆品种为360.0 ～ 405.0 kg/hm^2，小粒早熟蚕豆品种为216.0 ～ 229.5 kg/hm^2。

＊ 播种方式：点播。

＊ 管理与收获：查苗补苗，中耕培土，摘顶打尖。在成花后表现缺肥时，喷施磷酸二氢钾和尿素各750 ～ 1 500 g/hm^2。植株上豆荚有2/3以上变为黑褐色、叶片枯黄脱落时即可收获。

＊ 注意事项：蚕豆贮藏时的含水量应在13%左右为宜，以防霉烂。

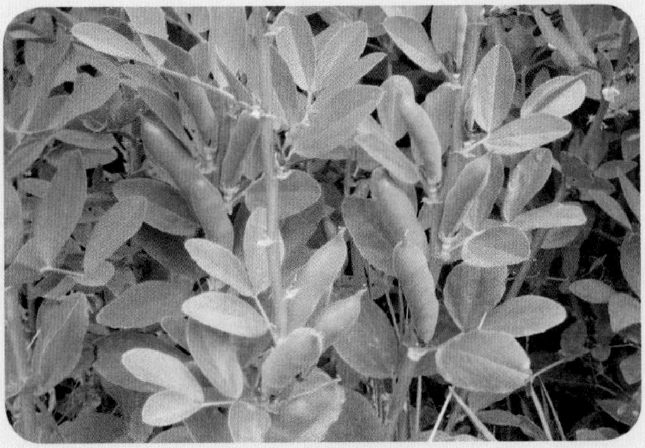

ᠬᠣᠶᠠᠷ᠂ ᠮᠣᠷᠢᠨ ᠪᠤᠷᠴᠠᠭ（*Vicia faba*）

ᠬᠡᠮᠵᠢᠶ᠎ᠡ ᠨᠢ ᠮᠢᠩᠭᠠᠨ ᠦᠷ᠎ᠡ ᠶᠢᠨ ᠵᠢᠩᠭᠢᠨ ᠢ 110 ~ 400 g ᠪᠣᠯᠤᠨ᠎ᠠ ᠃ ᠮᠣᠷᠢᠨ ᠪᠤᠷᠴᠠᠭ ᠢ ᠲᠠᠷᠢᠬᠤ᠂ ᠰᠠᠴᠤᠬᠤ ᠪᠠ ᠮᠥᠷ ᠲᠠᠷᠢᠬᠤ᠂ ᠨᠦᠬᠡ ᠲᠠᠷᠢᠬᠤ ᠲᠠᠢ ᠬᠠᠮᠲᠤ ᠃

* ᠬᠠᠳᠠᠭᠠᠯᠠᠬᠤ ᠳᠤᠯᠠᠭᠠᠴᠠ: ᠥᠪᠡᠰᠦ ᠶᠢᠨ ᠦᠷ᠎ᠡ ᠶᠢᠨ ᠴᠢᠭᠢᠭ ᠨᠢ 5°C ᠡᠴᠡ ᠳᠣᠣᠷ᠎ᠠ ᠪᠠᠢᠬᠤ ᠬᠡᠷᠡᠭᠲᠡᠢ ᠃

* ᠬᠠᠳᠠᠭᠠᠯᠠᠬᠤ ᠴᠢᠭᠢᠭ: ᠪᠣᠯᠪᠠᠰᠤᠷᠠᠭᠰᠠᠨ ᠬᠡᠮᠵᠢᠶ᠎ᠡ ᠲᠠᠢ ᠮᠣᠷᠢᠨ ᠪᠤᠷᠴᠠᠭ ᠤᠨ ᠦᠷ᠎ᠡ ᠶᠢᠨ ᠭᠠᠷᠤᠯᠲᠠ 360.0 ~ 405.0 kg/hm^2 ᠪᠣᠯᠬᠤ᠂ ᠬᠡᠮᠵᠢᠶ᠎ᠡ ᠬᠡᠮᠵᠢᠶ᠎ᠡ

ᠲᠠᠢ ᠮᠣᠷᠢᠨ ᠪᠤᠷᠴᠠᠭ ᠤᠨ ᠦᠷ᠎ᠡ ᠶᠢᠨ ᠭᠠᠷᠤᠯᠲᠠ 216.0 ~ 229.5 kg/hm^2 ᠪᠣᠯᠤᠨ᠎ᠠ ᠃

ᠪᠣᠯᠪᠠᠰᠤᠷᠠᠭᠰᠠᠨ ᠦᠷ᠎ᠡ ᠨᠢ ᠬᠡᠮᠵᠢᠶ᠎ᠡ ᠲᠠᠢ ᠬᠠᠳᠠᠭᠠᠯᠠᠬᠤ ᠬᠠᠳᠠᠭᠠᠯᠠᠬᠤ ᠶᠢᠨ ᠡᠮᠦᠨ᠎ᠡ ᠬᠡᠮᠵᠢᠶ᠎ᠡ ᠶᠢᠨ ᠦᠷ᠎ᠡ 750 ~ 1 500 g/hm^2 ᠬᠡᠷᠡᠭᠯᠡᠬᠦ ᠬᠡᠷᠡᠭᠲᠡᠢ ᠃

四、鹰嘴豆（*Cicer arietinum*）

1. 植物学与生物学特性

一年生或多年生植物。茎直立，托叶呈叶状，花于叶腋单生或双生。荚果卵圆形，千粒重15 ～ 25 g。鹰嘴豆对土壤要求不严，从沙土、沙壤土到重壤土均可生长。适应性强，耐旱、耐贫瘠、耐高温。

2. 利用价值

鹰嘴豆营养丰富，富含多种优质植物蛋白、异黄酮、皂苷类、糖类、维生素、粗纤维，以及钙、镁、铁、锌、磷等微量元素。小粒型鹰嘴豆籽粒还是优良的蛋白质饲料，磨碎后是饲喂骡、马的精料。茎、叶是喂牛的好饲草。

3. 栽培技术要点

* 播种时间：地温在5℃以上、土壤表层解冻到10 cm时即可播种。

* 播种量：43.3 ～ 53.4 kg/hm^2。

* 播种方式：以行距40 cm距离开沟，在沟底以株距15 ～ 20 cm的距离点播。播种后及时将土回填，将沟填平。

* 管理与收获：出苗后中耕一次，幼苗长至15 cm后，中耕、除草、培土，苗长至25 cm时第二次中耕、除草、培土，开花期5 ～ 8天追施氮肥8 ～ 14 kg/hm^2。黄熟后期为最佳收获时期。

* 注意事项：收获和晾晒期间防止雨淋。

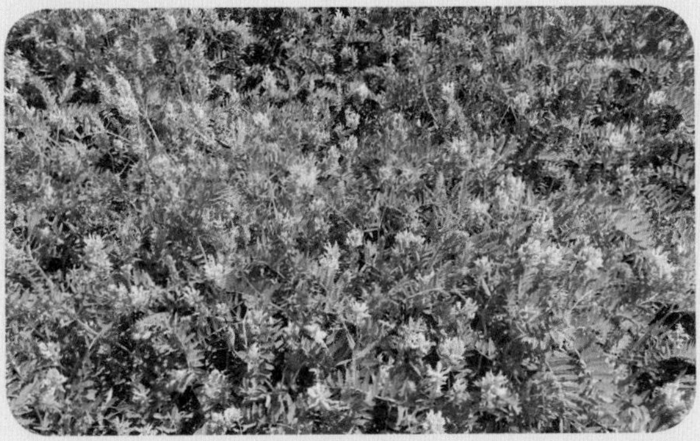

ᠲᠠᠪᠤᠳᠤᠭᠠᠷ᠂ ᠬᠠᠷᠴᠠᠭᠠᠢ ᠬᠣᠰᠢᠭᠤᠲᠤ ᠪᠤᠷᠴᠠᠭ （*Cicer arietinum*）

ᠵᠢᠷᠤᠮ ᠶᠣᠰᠤᠭᠠᠷ ᠪᠣᠯᠪᠠ ᠲᠠᠷᠢᠬᠤ ᠬᠡᠷᠡᠭᠲᠡᠢ ᠂ ᠬᠠᠪᠤᠷ ᠤᠨ ᠲᠠᠷᠢᠮᠠᠯ ᠢ ᠬᠣᠪᠢᠶᠠᠵᠤ ᠂ ᠬᠠᠪᠤᠷ ᠢ ᠬᠣᠶᠠᠷ ᠬᠤᠪᠢ ᠲᠠᠷᠢᠵᠤ ᠪᠣᠯᠤᠨ᠎ᠠ ᠂ ᠰᠢᠷᠣᠢ ᠶᠢ ᠲᠠᠷᠢᠬᠤ ᠡᠴᠡ ᠡᠮᠦᠨ᠎ᠡ ᠪᠣᠭᠣᠳ ᠪᠣᠯᠭᠠᠬᠤ ᠬᠡᠷᠡᠭᠲᠡᠢ ᠂ ᠬᠠᠪᠤᠷ ᠤᠨ ᠲᠠᠷᠢᠮᠠᠯ ᠳᠤ ᠨᠢᠭᠡ ᠭᠠᠷ ᠤᠨ ᠲᠠᠷᠢᠯᠠᠩ ᠢ 15 ~ 25 g ᠪᠣᠯᠭᠠᠨ᠎ᠠ ᠃ ᠲᠠᠷᠢᠮᠠᠯ ᠤᠨ ᠬᠠᠮᠠᠭᠠᠯᠠᠯᠲᠠ ᠶᠢ ᠰᠠᠶᠢᠵᠢᠷᠠᠭᠤᠯᠬᠤ ᠬᠡᠷᠡᠭᠲᠡᠢ ᠂ ᠪᠣᠭᠣᠳ ᠳᠤ ᠦᠨᠳᠦᠰᠦᠯᠡᠯ ᠲᠤ ᠰᠢᠷᠣᠢ ᠶᠢ ᠬᠦᠷᠬᠡᠭᠡᠨ ᠤᠰᠤᠯᠠᠬᠤ ᠦᠶ᠎ᠡ ᠳᠦ ᠪᠣᠯᠪᠠ ᠬᠡᠷᠡᠭᠲᠡᠢ ᠃ ᠬᠣᠶᠢᠨ᠎ᠠ ᠂ ᠦᠷ᠎ᠡ ᠪᠠ ᠲᠠᠷᠢᠮᠠᠯ ᠤᠨ ᠪᠣᠳᠣᠰ ᠤᠨ ᠣᠯᠠᠨ ᠡᠷᠡᠬᠦᠯᠡᠯ ᠃

* ᠲᠠᠷᠢᠬᠤ ᠴᠠᠭ ᠄ ᠬᠥᠷᠥᠰᠦᠨ ᠦ ᠲᠡᠮᠫᠡᠷᠠᠲᠤᠷ ᠪᠣᠯᠤᠨ 5°C ᠡᠴᠡ ᠳᠡᠭᠡᠭᠰᠢ ᠂ ᠬᠥᠷᠥᠰᠦᠨ ᠦ ᠭᠦᠨ 10 cm ᠬᠦᠷᠲᠡᠯ᠎ᠡ ᠲᠠᠷᠢᠨ᠎ᠠ ᠃

* ᠲᠠᠷᠢᠬᠤ ᠬᠡᠮᠵᠢᠶ᠎ᠡ ᠄ 43.3 ~ 53.4 kg/hm² ᠃

* ᠲᠠᠷᠢᠬᠤ ᠵᠠᠢ ᠄ ᠮᠥᠷ ᠦᠨ ᠵᠠᠢ ᠨᠢ 40 cm ᠪᠣᠯᠤᠨ ᠲᠣᠭᠲᠠᠭᠠᠬᠤ ᠂ ᠲᠠᠷᠢᠯᠠᠩ ᠤᠨ ᠬᠣᠭᠣᠷᠣᠨᠳᠣᠬᠢ ᠵᠠᠢ ᠨᠢ 15 ~ 20 cm ᠪᠠᠶᠢᠬᠤ ᠶᠣᠰᠤᠲᠠᠢ

* ᠲᠠᠷᠢᠬᠤ ᠭᠦᠨ ᠄ ᠬᠥᠷᠥᠰᠦᠨ ᠦ ᠴᠢᠭ ᠤᠨ ᠪᠠᠶᠢᠳᠠᠯ ᠢ ᠬᠠᠷᠭᠠᠯᠵᠠᠨ ᠲᠣᠭᠲᠠᠭᠠᠨ᠎ᠠ ᠂ 15 cm ᠡᠴᠡ ᠳᠣᠣᠷ᠎ᠠ ᠥᠩᠭᠡ ᠲᠠᠢ ᠭᠡᠵᠦ ᠂ ᠡᠭᠦᠨ ᠡᠴᠡ ᠳᠡᠭᠡᠭᠰᠢ ᠳᠤ 5 ~ 8 ᠲᠣᠭ᠎ᠠ ᠪᠣᠯᠤᠨ᠎ᠠ ᠃ ᠲᠠᠷᠢᠮᠠᠯ ᠤᠨ ᠪᠣᠯᠵᠢᠶ᠎ᠠ ᠳᠠᠭᠠᠵᠤ ᠲᠠᠷᠢᠬᠤ ᠶᠢ ᠰᠠᠶᠢᠵᠢᠷᠠᠭᠤᠯᠬᠤ ᠬᠡᠷᠡᠭᠲᠡᠢ ᠃

* ᠪᠣᠳᠣᠩᠭᠢ ᠲᠤᠪᠢ ᠄ ᠲᠠᠷᠢᠯᠠᠩ ᠤᠨ ᠪᠦᠲᠦᠭᠡᠭᠳᠡᠬᠦᠨ ᠦ ᠬᠡᠮᠵᠢᠶ᠎ᠡ ᠨᠢ 8 ~ 14 kg/hm² ᠪᠣᠯᠤᠨ᠎ᠠ ᠃ ᠬᠠᠳᠤᠯᠠᠭᠰᠠᠨ ᠦᠷ᠎ᠡ ᠶᠢᠨ ᠬᠡᠮᠵᠢᠶ᠎ᠡ 25 cm ᠬᠦᠷᠲᠡᠯ᠎ᠡ ᠬᠦᠷᠦᠭᠰᠡᠨ ᠪᠣᠯ ᠬᠠᠳᠤᠯᠠᠨ᠎ᠠ ᠂ ᠡᠭᠦᠨ ᠦ ᠬᠠᠳᠤᠯᠠᠭᠠ ᠶᠢᠨ ᠬᠡᠮᠵᠢᠶ᠎ᠡ ᠶᠢ ᠰᠠᠶᠢᠵᠢᠷᠠᠭᠤᠯᠬᠤ ᠬᠡᠷᠡᠭᠲᠡᠢ ᠃

第五章　其他饲用牧草

一、菊苣（*Cichorium intybus*）

1. 植物学与生物学特性

多年生植物。根肉质、短粗，茎直立，头状花序多数，舌状小花蓝色、有色斑。瘦果倒卵状、椭圆状或倒楔形，种子千粒重1.2 g ～ 1.5 g。菊苣性喜温暖、湿润的气候，也能适应冷凉的气候，耐寒、耐旱、较耐盐碱。

2. 利用价值

菊苣茎叶柔嫩多汁，叶量丰富、鲜嫩，富含蛋白质及动物必需氨基酸和其他各种营养成分，最适宜喂养小型草食家畜。可切碎或打浆后与精饲料混合饲喂。菊苣以青饲为主，也可与无芒雀麦、紫花苜蓿等混合青贮。因其水分含量高，调制干草比较困难。

3. 栽培技术要点

＊ 播种时间：在气温达到8℃以上时均可常年播种，结合耕作制度，以春播和秋播为最佳。春播4月中旬，秋播9月上旬至10月上旬较为适宜。

＊ 播种量：根据种子发芽率、播种方式、整地情况、墒情、土壤肥力确定用种量。一般单播情况下，条播3.75 ～ 6 kg/hm^2，撒播可适量增加播量，穴播2.25 ～ 3.75 kg/hm^2。

＊ 播种方式：条播，行距30 cm。播种深度视土壤墒情和质地而定，土干宜深，土湿宜浅；轻壤土宜深，重壤土宜浅。一般播种深度0.5 ～ 1.0 cm，特别干热地区可达1.5 ～ 2.0 cm。

＊ 管理与收获：结球期水分要供应充足，结球后水分不宜过多，采收前10天停止肥水供应。定植后15 ～ 20天便可间收。

＊ 注意事项：定植后1个月，需中耕培土1 ～ 2次。

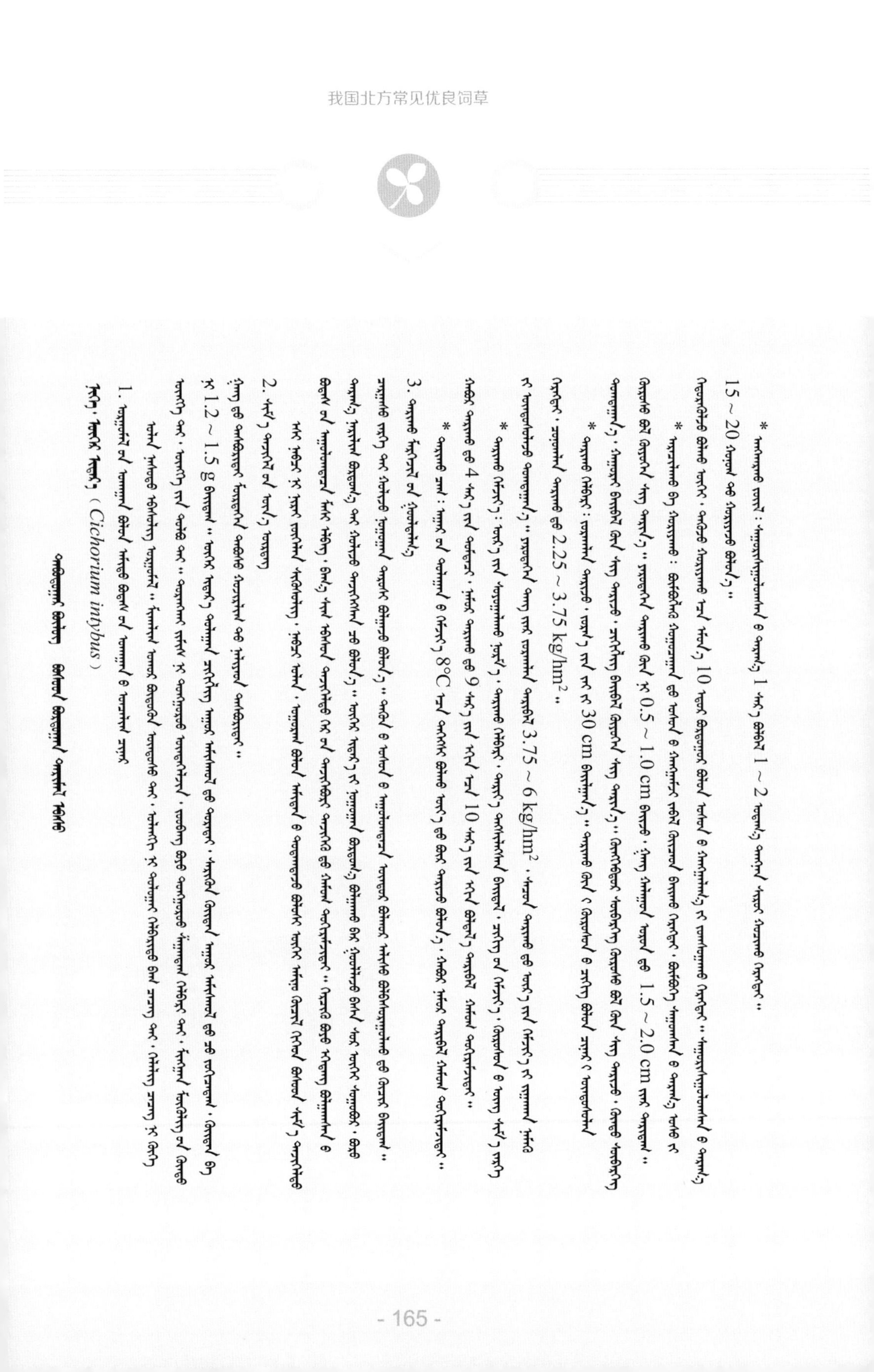

[illegible]

[illegible] · [illegible] （*Cichorium intybus*）

1. [illegible]

[illegible] ·· [illegible] · [illegible] ·· [illegible] 1.2 ~ 1.5 g [illegible] ·· [illegible] · [illegible] ··

2. [illegible]

[illegible] ·· [illegible] ·· [illegible] ·· [illegible]

3. [illegible]

* [illegible] : [illegible] 8°C [illegible] · [illegible] ·· [illegible] 4 [illegible] · [illegible] 9 [illegible] 10 [illegible] ··

* [illegible] : [illegible] · [illegible] 3.75 ~ 6 kg/hm² · [illegible] ·· [illegible] · [illegible] 2.25 ~ 3.75 kg/hm² ··

* [illegible] : [illegible] · [illegible] 30 cm [illegible] ·· [illegible] · [illegible] 0.5 ~ 1.0 cm [illegible] · [illegible] 1.5 ~ 2.0 cm [illegible] ··

* [illegible] : [illegible] · [illegible] 10 [illegible] ·· [illegible] 15 ~ 20 [illegible] ··

* [illegible] : [illegible] 1 [illegible] 1 ~ 2 [illegible] ··

二、聚合草（*Symphytum officinale*）

1. 植物学与生物学特性

丛生型多年生植物。根发达，主根粗壮，淡紫褐色。茎数条，直立或斜升，有分枝。叶片带状披针形、卵状披针形至卵形，茎中部和上部叶较小。花序含多数花，种子千粒重9.2 g。聚合草适应性广，耐寒、耐高温。

2. 利用价值

聚合草富含各种维生素和蛋白质，纤维素含量低，产量高，利用期长，枝叶青嫩多汁，气味芳香，质地细软，适口性好，消化率高。青草经切碎或打浆后散发出清淡的黄瓜香味，各种畜禽均喜食，并可显著促进畜禽的生长发育。除制草粉及颗粒饲料外，制成的青贮料具备酸、甜、香的味道，是难得的冬春贮备料。

3. 栽培技术要点

＊ 播种时间：春季4月，秋季9月。

＊ 播种量：土壤肥力差的地块，株行距为50 cm × 40 cm，保苗45 000 ～ 52 500株/hm^2，土壤肥沃的地块，株行距为70 cm × 50 cm或60 cm × 50 cm，保苗27 000 ～ 30 000株/hm^2。

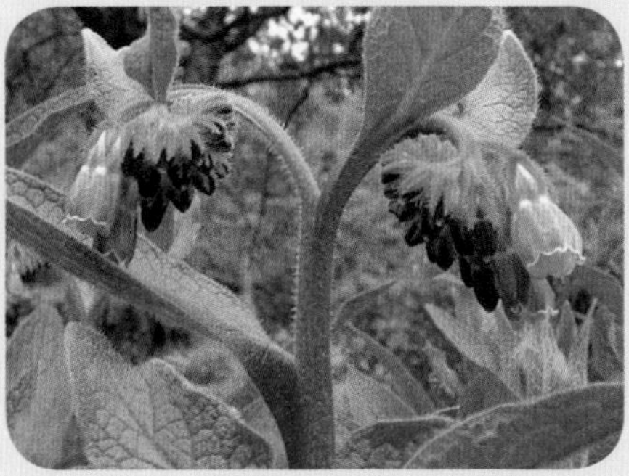

＊ 播种方式：分株，切根。

＊ 管理与收获：栽种成活后要中耕除草1次，并在每次刈割利用后浅中耕除草1次。在高温干旱季节，要及时在早晨或傍晚浇水。虫害可用敌百虫防治。株高50 cm时可刈割，可青饲、青贮。

＊ 注意事项：多雨季节注意开沟排水，以防积水引起烂根。

ᠰᠢᠭᠤᠳ᠂ ᠭᠠᠳᠠᠭᠠᠳᠤ ᠤᠪᠠᠰᠤ (*Symphytum officinale*)

g ᠪᠣᠯᠳᠠᠭ ᠃ ᠭᠠᠳᠠᠭᠠᠳᠤ ᠤᠪᠠᠰᠤ ᠶᠢᠨ ᠦᠷ᠎ᠡ ᠲᠠᠷᠢᠬᠤ ᠶᠢᠨ ᠠᠷᠭ᠎ᠠ ᠂ ᠦᠨᠳᠦᠰᠦ ᠂ ᠰᠢᠯᠪᠢ ᠪᠡᠷ ᠦᠷᠡᠵᠢᠭᠦᠯᠦᠨ᠎ᠡ ᠃

* ᠲᠠᠷᠢᠬᠤ ᠠᠷᠭ᠎ᠠ : ᠦᠨᠳᠦᠰᠦ ᠪᠡᠷ ᠦᠷᠡᠵᠢᠭᠦᠯᠬᠦ ᠳᠤ ᠮᠥᠷ ᠬᠣᠭᠣᠷᠣᠨᠳᠣ ᠶᠢᠨ ᠵᠠᠢ 50 cm × 40 cm ᠪᠠᠢᠬᠤ ᠂ 45 000 ~ 52

500 ᠰᠢᠷᠬᠡᠭ/ hm^2 ᠭᠠᠵᠠᠷ ᠲᠤ ᠲᠠᠷᠢᠨ᠎ᠠ ᠂ ᠰᠢᠯᠪᠢ ᠪᠡᠷ ᠦᠷᠡᠵᠢᠭᠦᠯᠬᠦ ᠳᠤ ᠮᠥᠷ ᠬᠣᠭᠣᠷᠣᠨᠳᠣ ᠶᠢᠨ ᠵᠠᠢ 70 cm × 50 cm ᠪᠤᠶᠤ 60 cm ×

50 cm ᠪᠠᠢᠬᠤ ᠂ 27 000 ~ 30 000 ᠰᠢᠷᠬᠡᠭ/ hm^2 ᠭᠠᠵᠠᠷ ᠲᠤ ᠲᠠᠷᠢᠬᠤ ᠴᠢᠬᠤᠯᠠ ᠃

ᠪᠠᠭ᠎ᠠ ᠬᠡᠰᠡᠭ ᠲᠤ ᠬᠤᠪᠢᠶᠠᠵᠤ ᠂ ᠬᠡᠰᠡᠭ ᠪᠦᠷᠢ ᠳᠤ ᠨᠢᠰᠦᠯᠡ ᠪᠠᠢᠬᠤ ᠴᠢᠬᠤᠯᠠ ᠃ ᠲᠠᠷᠢᠯᠠᠩ ᠤᠨ ᠭᠦᠨ 50 cm ᠪᠠᠢᠬᠤ ᠳᠤ ᠲᠤᠬᠢᠷᠠᠮᠵᠢᠲᠠᠢ

三、苦荬菜（*Luctuca indica*）

1. 植物学与生物学特性

一年生或越年生叶菜。根垂直直伸，生多数须根。茎直立，基生叶丛生、无柄，茎生叶互生、披针形。头状花序排列成圆锥状，舌状花淡黄色。种子为瘦果，紫黑色，千粒重1.2 g。苦荬菜喜温暖、湿润气候，对不同气候和土壤的适应性强，耐寒、抗病虫害、抗热、耐阴。

2. 利用价值

苦荬菜茎叶柔嫩多汁，适口性好，同时还具有促进畜禽食欲、帮助消化、祛火防病之功效。猪、禽、鱼、牛等都特别喜食。喂猪时可切碎或打浆后喂，也可与精料拌匀饲喂，对提高母猪泌乳力和仔猪的增重有显著效果。

3. 栽培技术要点

＊ 播种时间：4月下旬，10月下旬至11月上旬。

＊ 播种量：直播15 kg/ hm^2，育苗移栽7.5 kg/ hm^2。

＊ 播种方式：穴播，每穴下种6 ～ 10粒，播深1 cm。播后盖土，浇水。

＊ 管理与收获：成活后施尿素7.5 ～ 11.2 kg/ hm^2，每刈割一次追施一次，株高40 ～ 50 cm时可刈割、青贮，定植30 ～ 40天可剥叶利用。

＊ 注意事项：干旱适时灌溉，多雨及时排水。

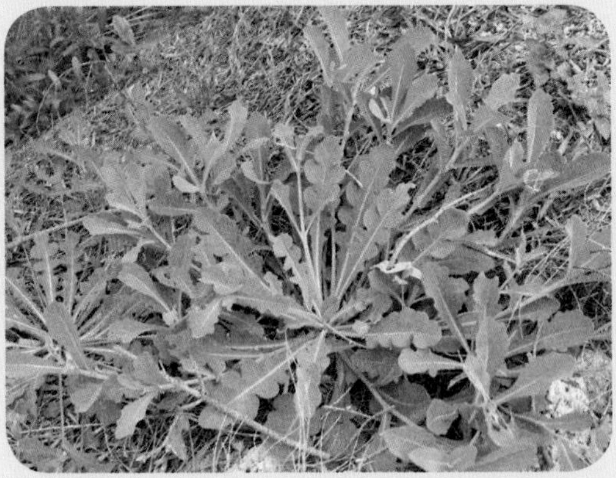

* ᠲᠠᠷᠢᠬᠤ ᠴᠠᠭ : 4 ᠰᠠᠷ᠎ᠠ ᠶᠢᠨ ᠳᠤᠮᠳᠠ · 10 ᠰᠠᠷ᠎ᠠ ᠶᠢᠨ ᠳᠤᠮᠳᠠ ᠡᠴᠡ 11 ᠰᠠᠷ᠎ᠠ ᠶᠢᠨ ᠡᠬᠢᠨ ᠪᠣᠯᠳᠠᠭ ᠲᠠᠷᠢᠨ᠎ᠠ ::

* ᠲᠠᠷᠢᠬᠤ ᠬᠡᠮᠵᠢᠶ᠎ᠡ : ᠰᠢᠭᠤᠳ ᠲᠠᠷᠢᠬᠤ 15 kg/hm² · ᠮᠥᠷ ᠪᠣᠯᠭᠠᠨ ᠲᠠᠷᠢᠬᠤ 7.5 kg/hm² ᠪᠣᠯᠤᠨ᠎ᠠ ::

* ᠲᠠᠷᠢᠬᠤ ᠠᠷᠭ᠎ᠠ : ᠮᠥᠷᠯᠡᠨ ᠲᠠᠷᠢᠨ᠎ᠠ · ᠮᠥᠷ ᠬᠣᠭᠣᠷᠣᠨᠳᠤ ᠶᠢᠨ ᠵᠠᠢ 6 ~ 10 ᠰᠠᠨᠲᠢᠮᠧᠲᠷ · 1 cm ᠭᠦᠨ ᠪᠣᠯᠭᠠᠨ᠎ᠠ :: ᠲᠠᠷᠢᠯᠭ᠎ᠠ ᠶᠢᠨ ᠳᠠᠷᠠᠭ᠎ᠠ ᠳᠠᠷᠤᠵᠤ ᠥᠭᠭᠦᠨ᠎ᠡ ::

* ᠪᠣᠷᠤᠭᠤ ᠪᠤᠶᠤ ᠪᠣᠳᠣᠰ : ᠭᠡᠬᠡᠯᠵᠢ ᠶᠢᠨ ᠪᠣᠳᠣᠰ ᠢ 7.5 ~ 11.2 kg/hm² ᠬᠡᠷᠡᠭᠯᠡᠵᠦ · ᠪᠣᠳᠣᠰ ᠪᠣᠷᠤᠭᠤ ᠬᠡᠮᠵᠢᠶ᠎ᠡ ᠶᠢ ᠲᠣᠬᠢᠷᠠᠭᠤᠯᠤᠨ᠎ᠠ · ᠪᠣᠭᠣᠨ ᠬᠤᠭᠤᠴᠠᠭᠠᠨ ᠳᠤ ᠬᠤᠷᠢᠶᠠᠬᠤ :: ᠬᠠᠳᠤᠯᠠᠬᠤ ᠳᠤ ᠥᠨᠳᠥᠷ ᠨᠢ 40 ~ 50 cm ᠬᠦᠷᠬᠦ ᠦᠶ᠎ᠡ ᠳᠦ ᠬᠠᠳᠤᠯᠵᠤ ᠪᠣᠯᠤᠨ᠎ᠠ ::
30 ~ 40 ᠡᠳᠦᠷ ᠲᠤᠲᠠᠮ ᠨᠢᠭᠡ ᠤᠳᠠᠭ᠎ᠠ ᠬᠠᠳᠤᠯᠵᠤ ᠪᠣᠯᠤᠨ᠎ᠠ ::

* ᠤᠰᠤᠯᠠᠬᠤ ᠴᠠᠭ : [illegible] ::

3. ᠲᠠᠷᠢᠬᠤ ᠠᠷᠭ᠎ᠠ ᠶᠢᠨ ᠰᠢᠨᠵᠢᠯᠡᠯ

[illegible] ::

2. [illegible]

ᠪᠣᠭᠣᠨ [illegible] 1.2 g [illegible] ::

1. [illegible]

ᠬᠡᠭᠡᠷ᠎ᠡ ᠪᠤᠶᠤ ᠰᠠᠯᠠᠭᠠᠯᠠᠭᠰᠠᠨ ᠰᠢᠯᠪᠢ ᠨᠣᠭᠣᠭ᠎ᠠ (*Luctuca indica*)

四、驼绒藜（*Ceratoides latens*）

1. 植物学与生物学特性

多年生植物。轴根系，根系发达。茎直立，叶互生、具短柄，叶较小，条形、条状披针形、披针形或矩圆形。花单性。胞果，椭圆形或倒卵形，千粒重约 4 g。驼绒藜耐旱、抗寒。

2. 利用价值

驼绒藜为高产、优质的半灌木优良牧草，其当年枝及叶片等为各类家畜喜食。秋季羊特别喜食其果实，是抓秋膘的优良牧草。马、驼、羊四季喜食，春季母畜啃食嫩枝叶后能增加产乳量。牛的适口性较差。驼绒藜的亮氨酸、赖氨酸含量均较高，对羊毛、肉、乳、蛋的生产较好。

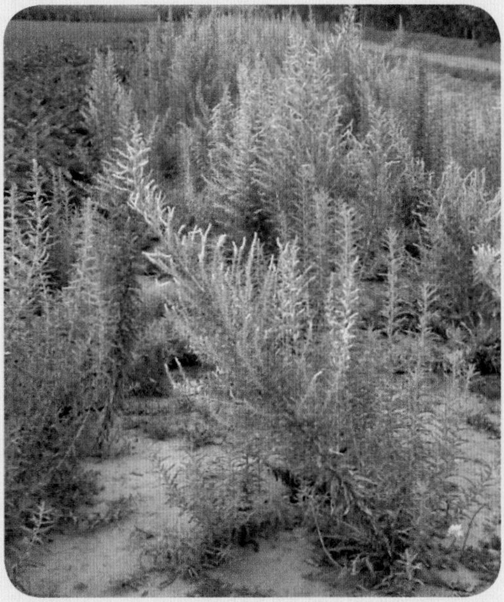

3. 栽培技术要点

＊ 播种时间：5月中旬为最适播种时期。

＊ 播种量：7.5 kg/ hm^2。

＊ 播种方式：条播，行距 30 ～ 45 cm。

＊ 管理与收获：播种前的秋季应灭茬翻耕，并进行细耙磨整地。田间管理应注意中耕培土。成熟时刈割、晒干打种。

＊ 注意事项：种子细小，不宜覆土过深。

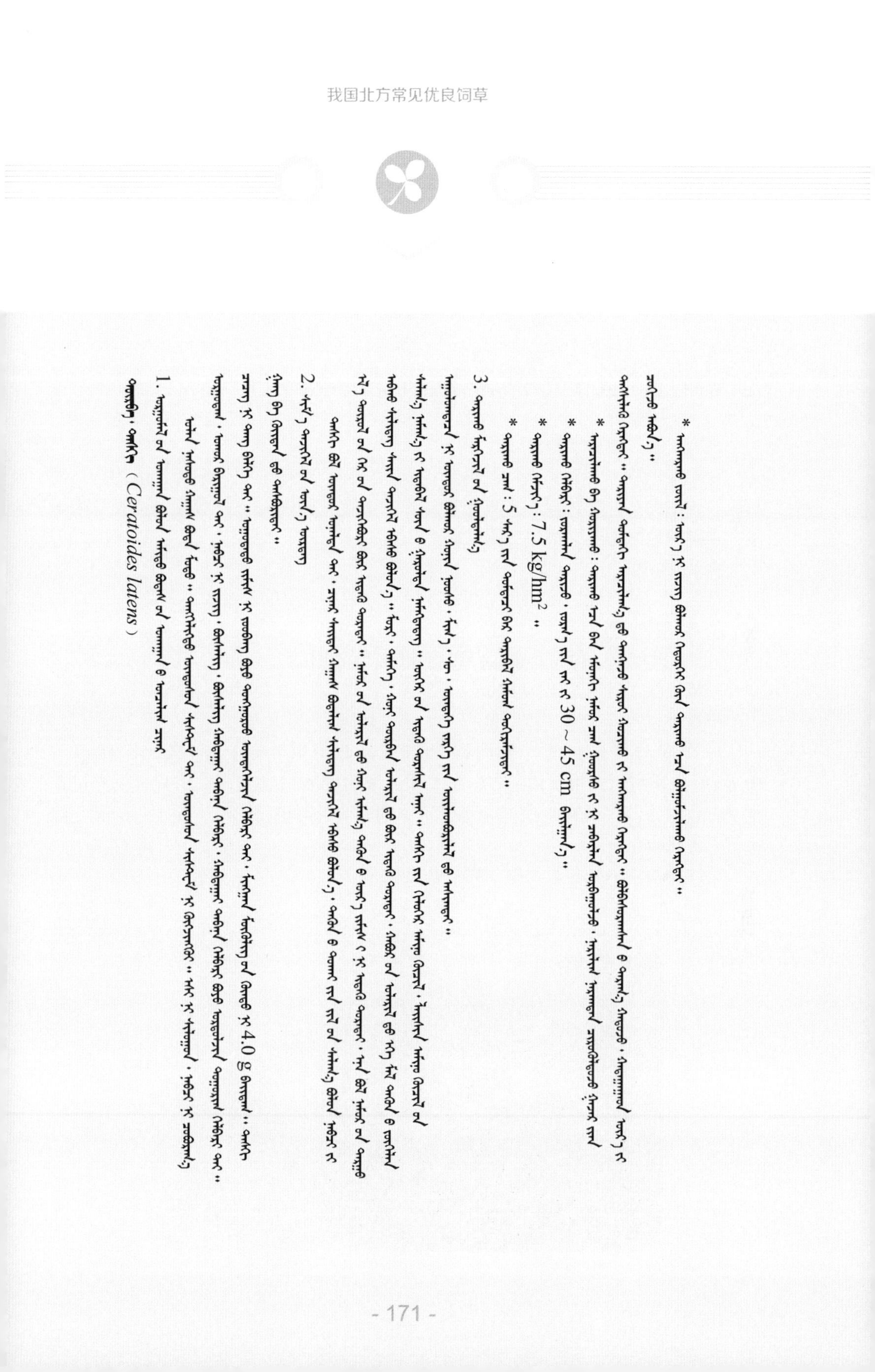

[illegible] （*Ceratoides latens*）

1. [illegible]

[illegible]

[illegible] 4.0 g [illegible]

[illegible]

2. [illegible]

[illegible]

[illegible]

3. [illegible]

[illegible]

* [illegible] : 5 [illegible]

* [illegible] : 7.5 kg/hm^2

* [illegible] 30 ~ 45 cm [illegible]

* [illegible]

[illegible]

* [illegible]

五、籽粒苋（*Amaranthus hypochondriacus*）

1. 植物学与生物学特性

一年生植物。茎直立，叶片卵形或菱状卵形。花序顶生，细长，由穗状花序而成。胞果卵形，环状横裂。种子近球形，千粒重约0.5 g。籽粒苋最适宜于半干旱、半湿润地区生长，抗旱、耐盐碱。

2. 利用价值

产量高，适口性好，消化率高，尤以蛋白质、赖氨酸含量高而著称。

3. 栽培技术要点

＊ 播种时间：一般为春播，4月中下旬进行，当土温达到14 ℃以上即可播种。

＊ 播种量：0.75 ～ 1.5 kg/hm^2。

＊ 播种方式：条播，行距30 ～ 50 cm，播深1 ～ 1.5 cm。

＊ 管理与收获：两叶期时除杂草，苗期中耕除草1 ～ 2次，株高40 ～ 60 cm时分期刈割饲用，留茬20 ～ 25 cm。头茬草水分含量高，适宜青饲；二茬草水分含量下降，适宜收获调制青干草。刈后要及时进行除草、松土、追肥、灌水等，促进再生。

＊ 注意事项：刈割后及时饲喂，以防变质。

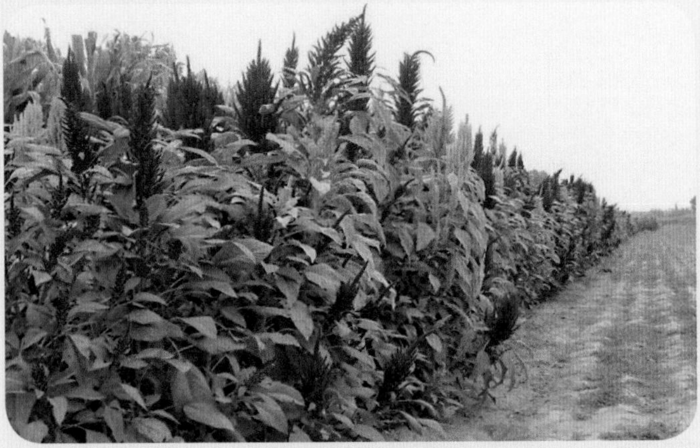

[illegible] (*Amaranthus hypochondriacus*)

1. [illegible]

[illegible]

2. [illegible]

[illegible] 0.5 g [illegible]

3. [illegible]

* ᠲᠠᠷᠢᠬᠤ ᠴᠠᠭ : [illegible] 4 [illegible] 14°C [illegible]
* ᠲᠠᠷᠢᠬᠤ ᠬᠡᠮᠵᠢᠶ᠎ᠡ : 0.75 ~ 1.5 kg/hm^2 ᠃
* ᠲᠠᠷᠢᠬᠤ [illegible] : [illegible] 30 ~ 50 cm ᠂ [illegible] 1 ~ 1.5 cm [illegible]
* [illegible] : [illegible] 1 ~ 2 [illegible]

[illegible] 40 ~ 60 cm [illegible] 20 ~ 25 cm [illegible]

* [illegible]